中国岩溶石漠化

——现状、成因与防治

刘　拓　周光辉　但新球　杨维西　熊智平　主编

中国林业出版社

内容简介

本书以我国首次石漠化监测成果为基础，全面介绍了我国石漠化土地的现状与分布，展现了当前石漠化研究的最新科研成果和发展动态，并对近二十余年的石漠化防治经验进行系统总结、归纳。本书由林业部门组织，农业、水利和中国科学院等部门相关的科研院所和大专院校共同参与完成，凝聚了3600多名调查技术人员一年多的辛勤劳动，也体现了几十位科研人员长期的研究成果，汇集了西南岩溶地区广大人民群众几十年进行石漠化防治的宝贵经验。

本书是各级政府、科研单位和石漠化防治部门相关人员关注和了解石漠化的工具书，也是一本进行石漠化防治的实用技术手册，是关于石漠化防治、规划设计和科学研究最新、实用的参考书籍。

图书在版编目(CIP)数据

中国岩溶石漠化：现状、成因与防治/刘拓等　主编．－北京：中国林业出版社，2009.7
ISBN 978-7-5038-5655-6

Ⅰ．中…　Ⅱ．刘…　Ⅲ．岩溶－沙漠化－研究－中国　Ⅳ．P642.252.2

中国版本图书馆CIP数据核字（2009）第119948号

中国林业出版社·环境景观与园林园艺图书出版中心
责任编辑：吴金友　李　顺
电话：83226967　83229512　**传真：**83226967

出版　中国林业出版社(100009　北京西城区刘海胡同7号)
E-mail　cfphz@public.bta.net.cn　**电话**　83224477
网址　www.cfph.com.cn
发行　新华书店北京发行所
印刷　三河市富华印刷包装有限公司
版次　2009年7月第1版
印次　2009年7月第1次
开本　787mm×1092mm　1/16
印张　13.25
字数　325千字
印数　1～1500册

定价　80.00元

本书委员会

主　编： 刘　拓　周光辉　但新球　杨维西　熊智平

主要编撰人员：（按姓氏笔画为序）

王世杰　王德炉　尹国平　叶金盛　宁晓波　朱守谦
刘　茜　刘映良　孙继霖　杨明兴　李梦先　吴协保
吴照柏　但新球　邹恒芳　张铁平　陆志星　陈昌久
陈晓萍　罗夕谷　胡　铭　柯善新　贺东北　徐志高
殷怀清　屠志方　彭耀强　蒋忠诚　喻　甦　赖兴会
蔡凡隆　蔡会德　滕秀荣

前　　言

石漠化是我国西南地区首要的生态问题，也是我国当前最为严重的三大生态问题之一。严重的土地石漠化，不仅加剧了水土流失，恶化生态环境，引发自然灾害，而且也压缩了人民群众的生存与发展空间，对区域国土生态安全和生态文明建设构成了严重威胁。

为全面掌握岩溶地区石漠化土地的面积、分布、程度、成因，为岩溶地区生态环境改善和区域经济发展提高基础地质资料和切实可行的整治示范经验，为有效遏制石漠化扩展趋势服务，国家林业局从 2002 年始着手石漠化监测工作，2004 年 8 月，《西南岩溶地区石漠化监测技术规定》正式通过专家的评审论证，同年 11 月，国家林业局以林沙发[2004]211 号下发了《关于开展西南岩溶地区石漠化监测工作的通知》，正式启动了新中国成立以来的首次石漠化调查工作。此次监测采用以地面调查为主的技术方法，监测范围涉及湖北、湖南、广东、广西、贵州、云南、重庆、四川八省(直辖市、自治区)的 460 个县(市、区)，监测区总面积 107.14 万 km^2，监测区内岩溶面积为 45.10 万 km^2。参与监测的技术人员达 3600 人，共区划和调查图斑 61. 2 万个，获取各类信息记录 5000 多万条。2006 年 6 月，正式对外发布了石漠化状况公报。监测结果表明，我国石漠化土地主要分布在八省区的 451 个县(市)中，截至 2005 年底，石漠化土地总面积为 12.96 万 km^2，占监测区总面积的 12.1%，占监测区岩溶面积的 28. 7%。同时，还有 12.38 万 km^2 潜在石漠化土地，如果不积极预防，可能转化为石漠化土地，潜在威胁巨大。专题监测也表明，西南岩溶地区石漠化土地面积扩展态势未得到遏制，石漠化程度仍在加深，面积有扩大的趋势，其扩展速率在 0.8% ~3.2%。

通过此次监测，全面、系统地掌握了西南岩溶地区石漠化现状，为科学编制西南岩溶地区石漠化生态治理规划和制订石漠化防治政策与措施提供了翔实可靠的数据，为全面启动西南岩溶地区石漠化防治专项工程打下了坚实基础。2007 年，国家发展改革委牵头组织财政、林业、农业、水利、国土等部(委、局)，依据首次石漠化监测数据编制完成了《岩溶地区石漠化综合治理规划大纲》。2008 年初，国务院正式批准实施该规划大纲。《中国岩溶石漠化——现状、成因与防治》正是基于首次石漠化监测的相关数据资料产生的，它全面介绍了我国石漠化土地的现状、分布及危害，展现了当前我国石漠化研究的最新成果和发展动态，并对近 20 余年的石漠化防治经验进行系统总结、归纳，展示了石漠化长期以来的研究成果，汇集了西南岩溶地区几十年来石漠化防治的宝贵经验。

本书分为三大部分：1 ~ 3 章，主要介绍我国首次石漠化监测的成果数据，包括岩溶地区以及相关省区的石漠化现状与分布，并对石漠化的危害、防治可行性及利用状况进行了剖析；4 ~ 10 章，主要介绍石漠化的内涵及形成原因、石漠化土壤演替变化规律、地质背景及生态系统特征变化、石漠化区域的地下水资源的开发利用等方面的研究；11 ~ 15 章，主要介绍目前石漠化防治的现状、石漠化防治的技术和模式以及典型案例等。

本书的出版旨在让国内外广大读者对当前岩溶地区石漠化状况及其时空分布有一概观的了解，以唤起更多的人士关心石漠化防治工作。本书既可满足开展研究石漠化的需要，同时也可为石漠化防治提供技术支持。由于研究时间短，编写比较仓促，不足和疏漏之处在所在难免，希望广大读者不吝指正。

编者

目　　录

第1章 岩溶的概念与分布状况

第1节 岩溶的概念

岩溶主要指水对可溶性岩石如碳酸盐岩(石灰岩、白云岩等)、硫酸盐岩(石膏、硬石膏等)和卤化物岩(岩盐)等的溶蚀作用，及其所形成的地表及与地下的各种景观与现象。

在岩溶发育过程中所发生的各种作用，都是以可溶岩被水溶解的作用为基础的，所以岩溶作用最本质的现象就是“岩石的溶解”，即是以地下水为主，地表水为辅；以化学过程(溶解与沉淀)为主，机械过程(流水侵蚀和沉积，重力崩塌和堆积)为辅的对可溶性岩石的破坏和改造作用。岩溶作用发生的条件，就岩石而言，必须是可溶的，水才能进行溶蚀。其次，岩石必须是渗水的，这样地表水才能转化为地下水，因为在岩溶过程中，地下水起着主导作用，使之形成作为岩溶标志的地下溶洞。就水而言，首先水必须具有溶蚀力，当水中含有 CO_2 时，溶蚀力便会增大，其次，水必须是流动的，因为停滞的水很快就变成了饱和溶液而失去了溶蚀力。因此岩石的可溶性、透水性，水的溶蚀性、流动性就成为岩溶作用的基本条件。

岩溶在国外称为 Karst(音译为喀斯特)，Karst 是南斯拉夫西北部伊斯的利亚半岛的石灰岩高原的地名，19 世纪末，南斯拉夫学者司威杰(J. Cvijic)首先对该地区进行研究，并借用喀斯特(Karst)一词作为石灰岩地区一系列作用过程的现象的总称。我国在描述或研究这种石灰岩地貌时，沿用这一专有名词，并音译为“喀斯特”。1966 年 3 月，在广西桂林召开的中国地质学第一次全国岩溶学术会议上，认为碳酸盐等可溶岩类(喀斯特)在我国广泛分布，且与群众生产生活及经济建设密切相关，而且用音译的“喀斯特”不易为群众所理解，通过百多位学术界人士的讨论，最后选用“岩溶”这一名称，并逐渐被国内学者及群众所接受，但在国外发表文章及外语交流中，仍沿用 Karst(喀斯特)一词。

第2节 全球岩溶分布

世界上岩溶地貌广泛分布。据专家测算，全球岩溶面积共有 510.0 万 km^2，占全球总面积的 10.0%，而陆地岩溶约有 210.0 万 km^2，占陆地总面积的 12.0%。由中国向西，经中东到地中海，分布着一条引人注目的碳酸盐岩带，并与大西洋西岸美国东部碳酸盐岩分布区相望。在这条全球性碳酸盐岩带上，发育了三大块分布集中的喀斯特区，即欧洲地中海沿岸、美国东部和中国西南岩溶区(东亚岩溶区)。具体地域包括中国西南地区(云贵高原、湘桂丘陵、青藏高原)和中南欧的阿尔卑斯山、法国中央高原、俄罗斯乌拉尔山地、北美洲东部的印地安纳州和肯塔基州、澳大利亚南部、越南北部以及西印度群岛的古巴、牙买加等地区，是全球的主要生态脆弱区域。在五大洲中，岩溶分布主要国家有欧洲的法国、德国、英国、爱尔兰、意大利、奥地利、俄罗斯、立陶宛、乌克兰、挪威、西班牙、南斯拉夫、斯洛文尼亚、波斯尼亚、阿尔巴尼亚、希腊、土耳其、瑞士、瑞典、匈牙利、捷克、波兰、罗马尼亚等；美洲的美国、加拿大、巴西、古巴、墨西哥、波多黎各等；亚洲的中国、日本、印度尼西亚、泰国、缅甸、新加坡、马来西亚、越南、柬埔寨、韩国、朝鲜、菲律宾、沙特阿拉伯、伊拉克、黎巴嫩等；非洲的阿尔及利亚、津巴布韦、赞比亚、埃及、马达加斯加等；以及大洋洲的澳大利亚、巴布亚新几内亚等国，都有各具特色的岩溶发育。

地中海沿岸岩溶区包括阿尔卑斯山、法国中央高原等，夏季干热，冬季温湿，水热条件不及热带，所以岩溶地貌发育不如热带典型。但地表和地下岩溶仍相当发育，以南斯拉夫喀斯特高原为代表，高原上有厚层的石灰岩，其上以溶斗、落水洞、溶蚀洼地、坡立谷、干谷和盲谷最为多见，也有少数河流切割高原，形成槽形峡谷。美国东部岩溶位于肯塔基州中部至密西西比高原地区，面积在 2.5 万 km^2，主要是起伏不大的波状准平原，地下各种岩溶洞穴通道系统发育。此外，该区域的石膏和岩盐岩溶也有相当规模的发育。

中国西南岩溶区是指以云贵高原为中心的亚热带岩溶区，以其连续分布面积最大、发育类型最齐全、景观最秀丽和生态环境最脆弱而著称于世。

岩溶按出露条件可分为：裸露型岩溶、覆盖型岩溶、埋藏型岩溶。按气候带可分为：热带岩溶、亚热带岩溶、温带岩溶、寒带岩溶、干旱区岩溶。岩溶按可溶岩的物质构成可划分为：碳酸盐岩类、硫酸盐岩类、氯化物岩类 3 大类。

根据资料对比研究表明，世界上（除中国外）的主要岩溶区，其分布最广的碳酸盐岩都比较年轻，如地中海沿岸及中欧、东欧是以中生界碳酸盐岩为主；而东南亚，澳大利亚中部的纳拉伯平原、巴黎盆地、美国东南各州及加勒比海岩溶区，则以第三系碳酸盐岩为主，但国外几个主要岩溶区的第三系碳酸盐岩的成岩程度较差，孔隙度较高。如美国佛罗里达州，据取自地下 100 余米深处的钻孔岩心的新鲜第三系碳酸盐岩测试，其石灰岩的孔隙度为 16.0%，白云岩的孔隙度为 31%~44%，白云质灰岩的孔隙度为 40%。东欧中生界碳酸盐岩的成岩程度也较差，如俄罗斯克里木地区的上侏罗统及下白垩统灰岩，孔隙度为 1.8%~3.8%，抗压强度为 720~930kg/m^2。

世界上具有不同生态地质环境背景的岩溶区，岩溶系统与人类活动相互作用的环境效应是极不相同的。例如世界岩溶分布的另外两个中心——地中海沿岸和拉丁美洲等地的新生界碳酸盐岩，孔隙度高达 16%~44%，具有较好的持水性，新生代地壳抬升也较小，人口及社会经济压力相对较轻，所以，岩溶双层结构带来的环境负效应和石漠化问题都不很严重。

在气候条件与我国类似的东南亚、加勒比海地区，虽然也有峰林地形，但其形态因岩性较松软而远不如我国南方岩溶那样的高耸挺拔秀丽，通常表现为低矮、圆缓的馒头状峰林。岩性坚硬也为我国岩溶地区发育和保存丰富多彩的微小岩溶形态（溶痕、溶盘、边槽、贝窝）等提供了良好基础，它们常常是研究环境变迁，特别是古气候、古水文条件的直接证据，这在松软的碳酸盐岩表面是比较少见的。但是，国外在第三系松软灰岩表面，由于季风地区暴雨的迅速渗透、饱和、蒸发、沉积而产生的钙壳，在中国坚硬碳酸盐岩地区则较少见。

中国的岩溶分布地域有较大的环境跨度，且处于世界三大岩溶地貌集中分布区之一的东亚片区的中心地带，出露岩溶以西南地区面积最大，分布最集中。可溶岩以古老的、坚硬的碳酸盐岩为主，具有保存各种岩溶形态的良好基础，加上新生代以来地壳大幅度的上升，第四纪的最后一次冰期又没有遭受大陆冰盖的刨蚀，使得各个地质时期，特别是新生代以来发育的岩溶形态得以较好的保存，具有较大的、较连续的岩溶发育的历史记录。尤其是贵州锥状喀斯特地形，是全球锥状喀斯特地形中发育演化过程最完整、保存相关遗迹最丰富、集中连片分布面积最大和地貌景观最典型的地区。因而中国岩溶研究，以其一系列地域上的优势，而被世界各国同行所瞩目。

第 3 节　中国岩溶分布

在中国，岩溶地貌发育的重要物质基础——可溶性盐岩(如石灰石、白云岩、石膏和岩盐等)广泛分布，由北纬 3°的南海礁岛直到北纬 48°的小兴安岭地区；由东经 74°的帕米尔高原直到东经 122°的台湾岛；由海拔 8848m 的珠穆朗玛峰直到东部海滨都有岩溶分布。各岩溶区纬度、海拔及其与海洋距离的差异，造成岩溶地区气候类型多样，岩溶地貌类型丰富多彩，岩溶结构成因类型之多，为世界罕见。中国大陆的碳酸盐岩，几乎分布于各个地质时代，除西藏地区有较多的侏罗、白垩系碳酸盐岩外，大多数是三叠系以前的古老坚硬的碳酸盐岩，尤以古生界的碳酸盐岩分布最广。我国碳酸盐岩沉积总厚度在 10 000m 以上，分布面积广，在适宜的多种气候条件作用下，使我国成为世界上岩溶洞穴资源最为丰富的国家。

一、不同物质构成的岩溶分布状况

1. *碳酸盐岩类*

中国按有碳酸盐岩分布区域的面积计(含埋藏在非可溶岩之下碳酸盐岩)，可达 346.0 万 km^2，占国土面积的 1/3；按含碳酸盐岩地层出露的面积计，为 206.0 万 km^2；按碳酸盐岩出露的面积计，约有 91.0 万 km^2，其中我国西南部以云贵高原为中心，包括贵州、云南、广西、湖南、湖北、重庆、四川、广东 8 省(直辖市、自治区)的碳酸盐岩出露面积超过 50.0 万 km^2。

中国碳酸盐岩主要是以碳酸钙($CaCO_3$)为主的石灰岩，以及主要成分为碳酸钙($CaCO_3$)和碳酸镁($MgCO_3$)的白云岩，且酸不溶物含量较低，成分较纯，成土极为困难。在同一地区，碳酸盐岩的年代愈老，白云石含量愈高。碳酸盐岩按其成因可分为三大类：①各种成分的大理岩及结晶灰岩：主要是在变质作用过程中形成，常呈粒状变晶镶嵌结构。②白云岩：主要是在成岩后生阶段由于化学作用形成，常呈晶粒结构。③石灰岩：主要是浅海相碳酸盐台地沉积的碎屑成因或生物成因石灰岩，常呈泥晶结构，颗粒泥晶结晶，亮晶颗粒结构及生物结构。绝大部分石灰岩的孔隙度都小于 2%，渗透率几乎为零。白云岩的孔隙度大部分都小于 4%，但比石灰岩要高，渗透率也相应较高。

我国碳酸盐岩的主要特点是碳酸岩分布相对集中、成分较纯、连续厚度大、分布稳定、年代老。主要集中分布于西南、华北和华南三大地块，厚度都在 1000m 以上，除了西藏地区有出露的侏罗—白垩系碳酸盐岩及南海诸岛有现代沉积的碳酸盐岩以外，大部地区都是三叠纪以前的碳酸盐岩。而岩石成岩后受到地壳强烈作用，碳酸盐岩又具有孔隙低、力学强度大的特点。

从空间变化规律看，中国东部从北方到南方，碳酸盐岩出露层位愈来愈新，华北地块主要是中上元古界和下古生界；杨子地块主要是古生界，而华南准地地块主要是上古生界，由于石灰岩连续型主要出露于较新的地层中，所以从岩性条件看，中国南方的岩溶发育条件比北方好。

2. 硫酸盐岩类

包括石膏、硬石膏和芒硝，产地遍布全国各地。自前寒武纪至第四纪都有产出，但主要产于第三纪、三叠纪、白垩纪、石炭纪和奥陶纪。主要分布在中南地区的湖南，西南地区的云南、贵州、四川以及西北地区的新疆的西部，青海、陕西等。

3. 氯化物类

包括岩盐、光卤石等，主要形成于中—新生代，其中新生代岩盐产地占3/4以上，主要分布于西北地区，中生代岩盐产地主要分布于西南地区。

二、岩溶分布区域划分

参照《岩溶——奇峰异洞的世界》(卢耀如)，结合我国岩溶分布实际状况及对区域生态环境的影响程度，我国岩溶区域划分为以下几个区：

1. 西南岩溶地区

西南岩溶地区指以云贵高原为中心，包括贵州、广西、云南、湖南、四川、重庆、湖北及广东8个省(直辖市、自治区)的岩溶分布集中而又连成片的地区，其中出露碳酸盐岩面积超过50万 km^2。是我国岩溶地区基岩裸度最高、岩溶生态问题最突出的区域。该区域岩溶又以贵州、广西北部和云南东部地区面积分布最广、最集中，岩溶地貌特征最典型，岩溶景观最丰富，生态问题最严重；湘西、鄂西、川东南、渝南部及粤西北等地分布面积也较广，因气候、岩性等条件各地不同，岩溶发育程度差异较大。在近200万 km^2 的区域内，山区面积达65.0%，丘陵占20.0%左右，平原、大平坝及盆地为15.0%。本区域属亚热带—热带气候，雨量充沛(1000～2200mm)、平均气温高(16～22℃)，适合于岩溶发育。我国岩溶地貌景观最典型的桂林、石林、九寨沟和黄龙、黄果树等都分布于本区域。

2. 华北岩溶地区

包括阴山以南、贺兰山以东、秦岭—大别山及淮河与长江分水岭以北的广大地区，东临黄河、渤海。碳酸盐岩主要分布在太行山、太岳山、山西高原、吕梁山、鲁中南山地、燕山和北京市的西山地区等地带，该区域也是我国重要的岩溶分布区，其中裸露、半裸露岩溶面积达40.0余万平方千米，发育了我国北方典型的岩溶地貌类型。该区域年降水量400～800mm，年均气温为4～12℃，属半干旱气候。

3. 东南岩溶地区

包括我国东南部的江苏、浙江、江西、上海、福建等地。由于地质构造受太平洋板块运动的影响，以及多期火成岩侵入的结果，碳酸盐岩多呈破碎状散布。地表奇峰亦有发育，但以水流侵蚀性特征为显著。本区多属北亚热带季风气候，年平均气温15.0℃，降水量1070mm左右，适宜岩溶发育。

4. 东北岩溶地区

主要分布在辽东半岛金州—大连一带、太子河流域、小兴安岭小西林和辽宁本溪等地，因受海洋气候影响，由海蚀形成的岩柱和洞穴通道是该区域的一种独特岩溶景观，此外在三江平原及松辽盆地的深处也有碳酸盐岩分布。如辽宁本溪发育了可行船2km的水洞；辽东半岛金州—大连一带海蚀形成的岩柱和洞穴通道等。该区域年降水量300~1200mm，年均气温为4~8℃。

5. 蒙新岩溶地区

新疆至内蒙古一带的阿尔泰山、天山、昆仑山、祁连山和阴山等山脉，虽然也有不少碳酸盐岩分布，但因年降水量100~300mm，有的甚至只有20~25mm，年平均气温8~10℃，又受到风力侵蚀、冰水侵蚀等影响，山峰的溶蚀特征不鲜明。塔里木盆地、准噶尔盆地以及内蒙古草原的地下数千米及万米深处也有大片的碳酸盐岩分布。

6. 青藏高原岩溶地区

青藏高原上既有碳酸盐岩的分布，又有硫酸盐岩及卤化物岩分布。其岩溶分布于海拔4000m以上的高寒高原上，是世界岩溶的一种特殊类型。因受冰雪侵蚀作用和水溶蚀作用而形成的山峰、残余峰林等，与温热地带、亚热带相比，有其自身的特征，具有高原岩溶的特殊性。在青藏高原上，残余峰林分布甚广，东起昌都地区邦达，西至日土县和班公湖，北起昆仑山，南至喜马拉雅山北麓。分布在安多县北山的峰林海拔达5100m，是目前世界上已知的海拔最高的热带残余峰林。现代岩溶主要是河谷旁的小溶洞[海拔通常在4400~4600m，西藏东部江达以东(海拔4000m左右)]，穿洞、天然桥和溶洞甚多。青藏高原年降水量25~400mm，年平均气温2~12℃。柴达木盆地下部隐伏着硫酸岩。

7. 台湾、海南及南海诸岛

台湾岛、海南岛及南海诸岛和我国海域内，也有碳酸盐岩分布。台湾中央山脉有大理岩石，太鲁阁一带尚有热液作用的洞穴及热矿水，垦丁一带有珊瑚礁灰岩，已抬升至高处的礁灰岩中，有洞穴发育，也有岩溶塌陷现象。海南岛的碳酸盐岩岩溶有尖棱的溶蚀痕迹，是热带岩溶的一种奇特现象。在我国海域内，有很多第三系以前(几千万年前)沉积的碳酸盐岩，沉降于海底下数千米处，这些碳酸盐岩，也有古老的岩溶景观与洞穴通道系统，成为生成或富集油气的场所。

我国西南岩溶地区因地质构造独特、山高坡陡、高温多雨、降水季节分布不均、岩溶地貌发育最充分，是世界岩溶发育的典型代表。加之该区域人口密集，人为干扰超过岩溶土地的承载压力，生态环境问题日趋突出，已成为我国目前三大生态问题之一。

第 2 章

西南岩溶地区石漠化现状

2005 年，国家林业局组织对西南岩溶地区石漠化状况进行了监测，监测范围涉及贵州、广西、云南、湖南、四川、重庆、湖北、广东 8 省(直辖市、自治区)的 460 个岩溶县(市，区)，监测区总面积为 107.1 万 km^2，其中岩溶土地面积 45.10 万 km^2。监测的内容主要为石漠化、潜在石漠化土地的分布、面积和程度及其生态状况因子等，同时调查和收集监测范围内的自然及社会经济因子。本次监测严格按照国家林业局组织制定的《西南岩溶地区石漠化监测技术规定》的要求进行，采用地面调查与遥感技术(RS)、全球卫星定位系统技术(GPS)、地理信息系统技术(GIS)相结合，以现地调查为主的监测技术路线。参加监测工作的技术人员达 3600 多人，历时一年多，共区划和调查地面图斑 61.2 万个，获取各类信息记录 5000 多万条，建立 GPS 特征点 18 000 余个，拍摄实地景物照片 1800 余张。本次监测全面、系统地掌握了西南岩溶地区的石漠化现状，为石漠化科学防治提供了翔实的基础数据。

第 1 节　西南岩溶地区自然和社会经济概况

西南岩溶地区是指位于青藏高原东南，以云贵高原为中心，北起秦岭山脉南麓，南至广西盆地，西至横断山脉，东抵罗霄山脉西侧，地理坐标为东经 98°36′~116°05′，北纬22°01′~33°16′，是世界上连片分布面积最大、发育规模最大的三大岩溶中心之一，其碳酸盐岩出露面积超过 50.0 万 km^2，是全球最为典型的热带、亚热带岩溶。跨中国大地貌单元的三级阶梯，主要分布于第二级阶梯的云贵高原，总体地势西北高、东南低。该区内地形地貌、岩性、气候条件极其复杂多变。

一、地质

西南地区特定的地质演变过程奠定了脆弱的环境背景。以挤压为主的中生代燕山构造运动使西南地区发生褶皱作用，以升降为主、叠加其上的新生代喜马拉雅构造运动塑造了现代陡峻而破碎的岩溶高原地貌景观，由此造成较大的地表切割度和地形坡度；而古环境演化为岩溶石漠化提供了碳酸盐岩物质，特别是纯碳酸盐岩的大面积出露。自元古代震旦纪到中生代三叠系均有碳酸盐岩沉积，沉积碳酸盐岩系地层发育较全，分布面积广，沉积厚度从百米至数千米，为土地石漠化发育提供了广泛的物质基础。

二、地形地貌

西南岩溶地区地形地貌以山地地貌为主，山岭河谷交错，相对高差较大，山地面积占岩溶地区总面积的 80.0% 以上。从地形地貌条件来看，山地可分为两大类：一类是以高原向丘陵、平原或盆地转折的斜坡地带，即贵州向广西、湖南过渡的斜坡地带和云南向贵州过渡的斜坡地带；另一类是分水岭向河谷的过渡地带。丰富的碳酸盐岩在热带、亚热带湿热气候条件下，强烈溶蚀与侵蚀，导致岩溶地貌形态与景观的形成、地下岩溶发育，岩溶地貌广泛分布，形成小至石芽、落水洞、漏斗、竖井、岩溶洼地，大至峰丛、峰林、孤峰、残丘、石林，甚至广大的岩溶高原、平原、盆地等岩溶地貌。

三、气候

西南岩溶地区气候温暖湿润，干湿季节明显，无霜期长，属亚热带、热带湿润季风气候区。热量条件较好，大部分地区年均气温14～24℃。降水充沛，年降水量在800～1800mm，绝大部分地区达1000～1400mm，降水量呈自东南向西北和由南向北递减的趋势，降水季节分布不均，降雨多集中在5～9月，通常占全年降水量的70.0%左右，降雨强度大，年均暴雨日数多为2～6日。且因海拔高度变化和地势、地形及地面坡向、坡度的差异造成了光、热、水等的分异，形成了复杂多变的小气候。此外，因岩溶地貌形态及下垫面性质的特异性，造成局部小气候的差异十分显著。

四、水文

西南岩溶地区河流众多，分属长江、珠江、红河、澜沧江、怒江水系，且其中不乏国际性河流，如红河、澜沧江等。河流水量丰富、落差大，具有夏涨冬枯和暴涨暴落的特性，季节性明显。水能及地下水资源较为丰富，水能资源蕴藏量约5×10^{7}kW。由于岩溶地表下垫面透水性强，岩溶地下水文过程活动强烈，以地下河管道为主的地下水资源比较丰富，远大于其地表径流量，是西南岩溶地区的一大特色。据统计，川、滇、黔、湘、鄂相邻的岩溶区，共有地下河2836条，其长度达13 919km，总流量$4.67\times10^{10}m^{3}$/年，相当于黄河多年平均流量。由于长期不合理的人为活动干扰，致使森林植被遭到破坏，森林生态系统调蓄地表水和地下水能力减弱，且地下水水位深，勘探、开采难度大，导致岩溶地区的水资源有效利用率低，局部地区季节性缺水严重。

五、土壤

西南岩溶地区地处热带、亚热带，地域辽阔，作为成土母质的基岩风化物各地不同，土壤类型丰富。岩溶地区成土母岩主要为纯灰岩，间或少部分泥质灰岩或硅质灰岩。碳酸盐岩质地较纯，含不溶成分较少，风化成土速率极慢。岩溶土壤土被不连续，缺少母质层，土层薄，土壤松散，水源易漏失，石多土少，岩土间附着力极低，在植被遭到破坏的情况下土被极易被冲刷，严重制约着植物的生长和林草植被盖度的提高，生态系统脆弱，生产力低下。由碳酸盐岩溶蚀残余物发育的石灰岩土通常分为黄色石灰土、棕色石灰土、红色石灰土和黑色石灰土4个亚类。

六、植被

西南岩溶地区植被类型多样，岩溶退化植被突出。西南地区几乎包含了东部季风区从海南岛直到东北北端的所有地带性植被，植被类型具有明显的亚热带性质，主要有南亚热带常绿季雨林、亚热带常绿阔叶林、亚热带落叶阔叶林、常绿落叶阔叶混交林、暖性针叶林、温带暗针叶林、竹林、灌木林和灌草丛。区域内岩溶小生境差异明显，岩溶植物种类繁多、植被类型多样化、生物种质资源丰富、生物多样性高。如广西弄岗国家级自然保护区在10 000 hm^2 的面积中维管束植物多达 1282 种。但由于人为破坏活动频繁，原生性岩溶植被仅在贵州茂兰、广西弄岗、木论等自然保护区内尚有保留，其余区域属明显的岩溶退化植被。植被退化主要表现为森林覆盖率降低、生物多样性下降、植被结构简单化、灌木和草被比例增加。

七、社会经济状况

西南岩溶地区涉及贵州、广西、云南、湖南、湖北、重庆、四川、广东 8 省(直辖市、自治区)的 460 个县(市、区)，国土总面积达 107.1 万 km^2，人口 22 237.8 万人，农村人口 17 648 万人，除汉族外，还居住着壮族、苗族、回族、瑶族等少数民族，人口达 4500 万人，是少数民族聚居地区，同时也是革命老区、边疆地区和我国的经济欠发达区域。2004 年国内生产总值为 11 279 亿元，人均国民生产总值为 5072 元，农民人均纯收入为 2190 元。岩溶地区由于生态环境脆弱，人口众多，生产生活方式落后，科教文化水平低，能源、交通、通讯、水利等基础建设滞后，经济发展的总体水平仍较低，与非岩溶地区及全国平均水平相比仍存在较大差距。社会经济状况的主要特点为：

1. 人口密度大，农业人口比重大，劳动力资源丰富

西南岩溶地区有人口 22 237.8 万人，占全国人口的 17.1%，人口密度 208 人/km^2，为 8 省(直辖市、自治区)平均人口密度的 86.1%，是全国人口密度的 153.3%。其中农业人口 17 648万人，占区域总人口的 79.4%；农业劳动力人数达 9447 万人，其中农村剩余劳动力超过 4000 万人。

2. 经济总量小，农民人均纯收入低，贫困面大

2004 年西南岩溶地区 460 个监测县的国内生产总值为 11 279 亿元，占 8 省国内生产总值的 25.0%；人均国内生产总值为 5072 元，仅为 8 省人均国内生产总值的 51.9%，经济发展相对滞后。农民人均纯收入仅有 2190 元，为 8 省平均的 83.0%，其中以贵州省农民人均纯收入最少，仅 1586 元。区域内有国家级贫困县 152 个，占 8 省国家级贫困县的 66.1%，贫困人口约 1000 万，约占全国贫困人口的一半，为我国经济发展落后、贫困面大、贫困人口最多的地区之一。

3. 人均耕地面积小，坡耕地比重大，人地矛盾突出

西南岩溶地区内人均耕地仅 1.2 亩*，部分石漠化严重县更少，仅为 0.5 亩。现有耕地中中低产田(土)比重超过 70.0%，坡耕地比重达 40.0%，其中坡度超过 25°的坡耕旱地(石旮旯地)面积超过 60.0 万 hm^2，占坡耕旱地面积的 1/4。

4. 生活能源构成以薪材为主，沼气比例较低

西南岩溶地区内农村生活能源构成中以薪材所占比例最高，为 38.50%；煤炭居第二，为 28.08%；电为 16.26%；沼气为 9.53%；其他能源为 7.66%。由于每年樵采薪材数量大，导致过度樵采，加快了石漠化的形成。

---

* 1 公顷 =15 亩

5. 少数民族聚居，文化教育落后

西南岩溶地区是我国少数民族主要聚居地之一，现有少数民族自治县 49 个，居住着苗族、壮族、侗族、瑶族、布依族、水族、回族、哈尼族、彝族等 45 个主要少数民族，人口超过 4500 万。因地处边远、交通不便、信息闭塞、经济发展滞后，使得该地区文化教育、生产生活方式相对落后，经济建设过程中环保意识较差，毁林开垦、陡坡耕种、过度樵采等不合理的生产、生活方式较为普遍。

6. 生态区位重要，但基础设施状况整体较差

西南岩溶地区深居内陆，且地形切割强烈，所处区域基础设施整体落后，如交通建设困难，距我国东部发达的上海、北京、广州等大城市较远，公路、铁路路网密度较低，路况较差、等级较低。西南岩溶地区由于地处我国长江、珠江上游或分水岭地区，其生态环境的变化直接影响着长江、珠江中下游地区的生态安全，对我国国民经济的持续发展产生重大影响。

7. 旅游资源独特，发展潜力巨大

西南岩溶地区蕴育有孤山、秀水、奇峰、幽洞、瀑布、天生桥等奇丽多姿的岩溶景观。有"山水甲天下"美誉的桂林；有世界第三大瀑布——贵州黄果树瀑布；有岩溶奇洞——贵州织金洞；有岩溶原始森林——贵州茂兰、广西木论、广西弄岗国家级自然保护区；有世界"天坑博物馆"之美称的广西乐业大石围岩溶漏斗奇观；有云南石林等享誉国内外的岩溶旅游资源，旅游开发潜力巨大。

第 2 节　石漠化土地现状

在西南岩溶地区 460 个县(市、区)中，有 451 个县(市、区)的 5572 个乡(镇)分布有石漠化土地，石漠化土地总面积为 1296.2 万 hm^2，占该地区国土面积的 12.1%，占该地区岩溶土地面积的 28.7%。

一、石漠化土地分布状况

1. 按省(直辖市、自治区)分

在西南岩溶地区 8 省(直辖市、自治区)中，以贵州石漠化土地面积最大，为 331.6 万 hm^2，占全国石漠化土地面积的 25.6%，以下依次为云南、广西、湖南、湖北、重庆、四川和广东，分别为 288.1 万 hm^2、237.9 万 hm^2、147.9 万 hm^2、112.5 万 hm^2、92.6 万 hm^2、77.5 万 hm^2 和 8.1 万 hm^2，分别占 22.2%、18.4%、11.4%、8.7%、7.1%、6.0% 和 0.6%。

其中，贵州、云南和广西 3 省(自治区)石漠化土地总面积为 857.6 万 hm^2，占全国石漠化土地面积的 66.2%(图 2-1)。

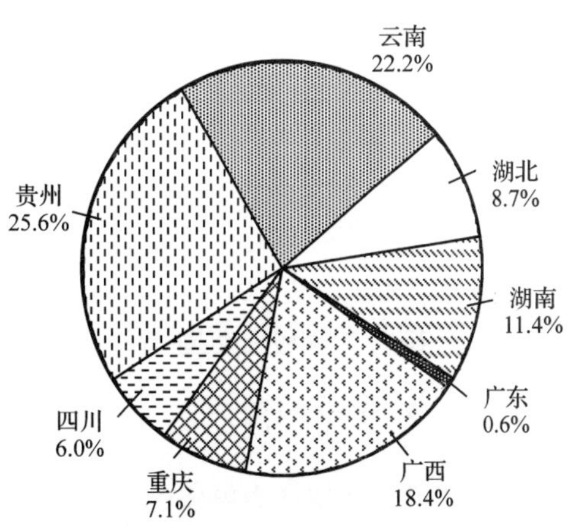

图 2-1　石漠化土地按省分布图

2. 按流域分

石漠化土地主要分布在长江流域和珠江流域，其中长江流域为732.1万hm^2，占全国石漠化土地面积的56.5%；珠江流域为486.5万hm^2，占37.5%；红河流域52.3万hm^2，占4.0%；怒江流域17.7万hm^2，占1.4%；澜沧江流域7.6万hm^2，占0.6%（表2-1、图2-2）。

表2-1 石漠化土地按流域统计表 单位：hm^2

监测单位＼流域	合计	长江流域	珠江流域	澜沧江流域	怒江流域	红河流域
合计	12 962 265.5	7 321 170.2	4 864 617.4	76 190.3	177 479.4	522 808.2
湖北	1 124 828.3	1 124 828.3				
湖南	1 478 860.2	1 425 735.5	53 124.7			
广东	81 364.8		81 364.8			
广西	2 379 080.3	52 278.0	2 326 802.3			
重庆	925 658.3	925 658.3				
四川	775 022.5	775 022.5				
贵州	3 316 074.7	1 981 704.2	1 334 370.5			
云南	2 881 376.4	1 035 943.4	1 068 955.1	76 190.3	177 479.4	522 808.2

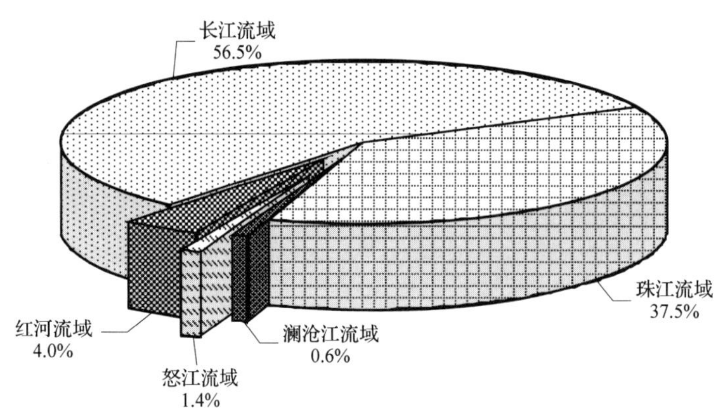

图2-2 石漠化土地按流域分布图

3. 按土地利用类型分

在现有石漠化土地中，乔灌木林地510.2万hm^2，占全国石漠化土地面积的39.3%；耕地270.6万hm^2，占20.9%；牧草地15.4万hm^2，占1.2%；未利用地174.6万hm^2，占13.5%；其他土地利用类型325.4万hm^2，占25.1%（表2-2）。

二、石漠化程度状况

在西南岩溶地区石漠化土地中，轻度石漠化土地面积356.4万hm^2，占全国石漠化土地面积的27.5%；中度石漠化591.8万hm^2，占45.7%；重度石漠化293.5万hm^2，占22.6%；极重度石漠化54.5万hm^2，占4.2%。由此可见，西南岩溶地区的石漠化土地以中度石漠化为主，轻度、重度石漠化土地次之，极重度石漠化土地面积最少，比例最小(表 2-3、图 2-3)。

表 2-2　石漠化土地按土地利用类型统计表　单位：hm^2

监测单位 \ 地类	小计		乔灌木林地		耕地		牧草地		其他土地利用类型		未利用地	
	面积	%	面积	%	面积	%	面积	%	面积	%	面积	%
合计	12 962 265. 5	100	5 102 376. 4	39. 4	2 706 315. 5	20. 9	153 824. 6	1. 2	3 253 452. 4	25. 1	1 746 296. 6	13. 5
湖北	1 124 828. 3	100	677 030	60. 2	137 046. 7	12. 2	6206. 5	0. 6	288 417. 7	25. 6	16 127. 4	1. 4
湖南	1 478 860. 2	100	765 305. 6	51. 7	119 245. 9	8. 1	2467. 1	0. 2	531 393. 5	35. 9	60 448. 1	4. 1
广东	81 364. 8	100	33 479. 3	41. 1	12 369. 2	15. 2			19 439. 7	23. 9	16 076. 6	19. 8
广西	2 379 080. 3	100	1 404 790. 4	59. 0	112 718. 0	4. 7	14 569. 6	0. 6	177 886. 5	7. 5	669 115. 8	28. 1
重庆	925 658. 3	100	312 143. 4	33. 7	251 326. 4	27. 2	2996. 7	0. 3	265 862. 9	28. 7	93 328. 9	10. 1
四川	775 022. 5	100	162 576. 4	21. 0	266 897. 5	34. 4	55 063. 3	7. 1	136 199. 3	17. 6	154 286. 0	19. 9
贵州	3 316 074. 7	100	571 768. 5	17. 2	1 184 764. 5	35. 7	50 518. 3	1. 5	1 165 742. 8	35. 2	343 280. 6	10. 4
云南	2 881 376. 4	100	1 175 282. 8	40. 8	621 947. 3	21. 6	22 003. 1	0. 8	668 510. 0	23. 2	393 633. 2	13. 7

表 2-3　石漠化土地按省(直辖市、自治区)分程度统计表　单位：hm^2

监测单位 \ 地类	石漠化		轻度石漠化		中度石漠化		重度石漠化		极重度石漠化	
	面积	%	面积	%	面积	%	面积	%	面积	%
合计	12 962 265. 5	100	3 563 802. 6	27. 5	5 918 207. 9	45. 7	2 935 196. 2	22. 6	545 058. 8	4. 2
湖北	1 124 828. 3	100	497 260. 6	44. 2	477 055. 7	42. 4	135 721. 2	12. 1	14 790. 8	1. 3
湖南	1 478 860. 2	100	463 358. 1	31. 3	635 859. 4	43. 0	307 236	20. 8	72 406. 7	4. 9
广东	81 364. 8	100	14 146. 5	17. 4	30 332. 5	37. 3	36 394. 7	44. 7	491. 1	0. 6
广西	2 379 080. 3	100	235 210. 6	9. 9	669 401. 2	28. 1	1 296 300	54. 5	178 168. 5	7. 5
重庆	925 658. 3	100	270 985. 7	29. 3	526 930. 2	56. 9	113 720. 6	12. 3	14 021. 8	1. 5
四川	775 022. 5	100	134 698. 2	17. 4	481 645. 6	62. 1	129 486. 2	16. 7	29 192. 5	3. 8
贵州	3 316 074. 7	100	1 058 589. 4	31. 9	1 732 953. 8	52. 3	432 807. 3	13. 1	91 724. 2	2. 8
云南	2 881 376. 4	100	889 553. 5	30. 9	1 364 029. 5	47. 3	483 530. 2	16. 8	144 263. 2	5. 0

1. 按省(直辖市、自治区)分

在西南岩溶地区 8 省(直辖市、自治区)中，除广东、广西的石漠化土地以重度石漠化土地面积居多外，其他省(直辖市、自治区)主要以中度、轻度石漠化土地为主。广西的重度石漠化土地面积为 129. 6 万 hm^2，占全区石漠化土地面积的 54. 5%；广东的重度石漠化土地面积为 3. 64 万 hm^2，占全省石漠化土地面积的 82. 0%；湖北轻度、中度石漠化土地面积为 97. 4 万 hm^2，占全省石漠化土地面积的 86. 6%；四川、重庆、贵州、云南和湖南以中度石漠化土地面积最大，分别占石漠化土地面积的 62. 1%、56. 9%、52. 3%、47. 3% 和 43. 0%(表 2-3)。

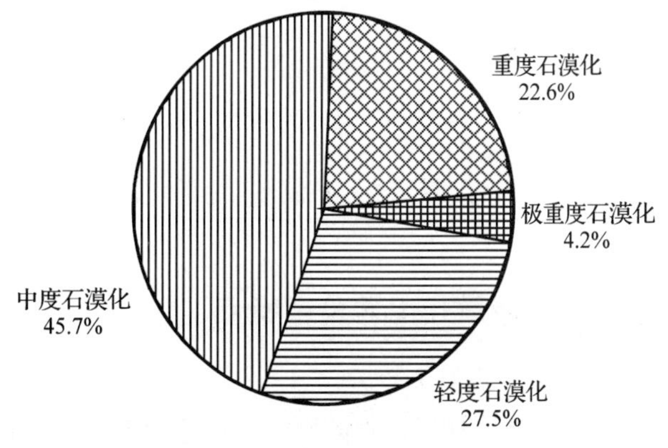

图 2-3　石漠化程度分布图

2. 按流域分

长江流域以轻度、中度石漠化土地为主，占该流域石漠化土地面积的 82.3%；珠江流域的中度、重度石漠化土地比重大，占该流域石漠化土地面积的 75.5%，该流域极重度石漠化占西南岩溶地区极重度石漠化土地总面积的 54.0%，石漠化程度较深；澜沧江、怒江和红河流域以中度、重度石漠化土地为主，分别占各流域石漠化土地面积的 62.6%、57.4% 和 68.2%（表 2-4）。

表 2-4　石漠化土地按流域分程度统计表　　单位：hm^2

流　域	合　计	轻度石漠化	中度石漠化	重度石漠化	极重度石漠化
合　计	12 962 265.5	3 563 802.6	5 918 207.9	2 935 196.2	545 058.8
长江流域	7 321 170.2	2 418 242.5	3 604 270.7	1 070 377.8	228 279.2
珠江流域	4 864 617.4	898 093.6	1 905 036.9	1 767 430.6	294 056.3
澜沧江流域	76 190.3	28 178.7	37 549.9	10 174.8	286.9
怒江流域	177 479.4	75 522.1	90 159.8	11 709.1	88.4
红河流域	522 808.2	143 765.7	281 190.6	75 503.9	22 348.0

3. 按土地利用类型分

在现有石漠化土地中，乔灌木林地的石漠化程度以轻度、中度为主，面积为3 793 200 hm^2，占乔灌木林地的 74.3%；耕地的石漠化程度以中度为主，占耕地的 72.5%；牧草地的石漠化程度以轻度、中度石漠化为主，面积为 126 831.6hm^2，占牧草地的 82.5%；未利用地的石漠化程度以中度、重度、极重度石漠化为主，面积为 1 661 101.8hm^2，占未利用地的 95.1%，这些石漠化土地由于基岩裸露度在 70.0% 以上，立地条件极差，实施生态工程治理难度较大；其他土地利用类型的石漠化程度以轻度、中度为主，面积为 2 699 410.5hm^2，占其他土地利用类型的 83.0%（表 2-5、图 2-4）。

表 2-5　石漠化土地按土地利用类型分程度统计表　　单位：hm^2

地　类	合　计	轻度石漠化	中度石漠化	重度石漠化	极重度石漠化
合　计	12 962 265.5	3 563 802.6	5 918 207.9	2 935 196.2	545 058.8
乔灌木林地	5 102 376.4	1 677 557.4	2 115 642.6	1 308 941.3	235.1
耕地	2 706 315.5	346 338.4	1 962 450.4	380 978.5	16 548.2
牧草地	153 824.6	32 423.4	94 408.2	24 062.2	2930.8
其他土地利用类型	3 253 452.4	1 422 288.6	1 277 121.9	459 775.8	94 266.1
未利用地	1 746 296.6	85 194.8	468 584.8	761 438.4	431 078.6

三、石漠化土地分布特点

1. 分布相对集中

石漠化土地以云贵高原为中心集中分布，边缘区域呈块状或带状分布。从地理范围看，石漠化土地虽然涉及 451 个县，但是，在以云贵高原为中心的 81 个县中，其石漠化土地面积占全国石漠化土地面积的 53.4%，而其国土面积仅占该区域国土面积的 27.1%，其岩溶土地面积只占该区域岩溶面积的 39.8%。

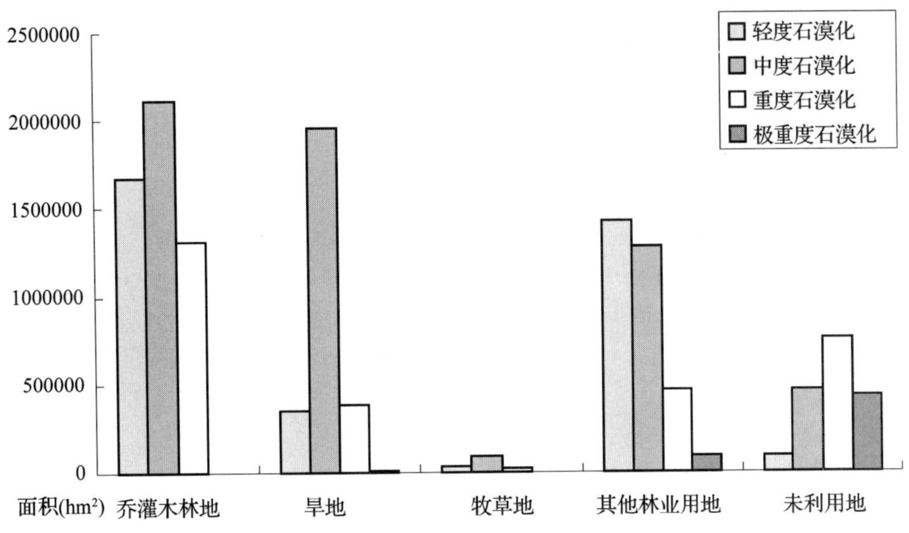

图 2-4　石漠化程度与土地利用类型关系图

2. 主要发生在坡度较大的坡面

监测结果显示，发生在坡度 16°以上坡面的石漠化土地面积达 1100 万 hm^2，占石漠化土地总面积的 84.9%。

3. 石漠化程度以轻度、中度为主

西南岩溶地区的轻度、中度石漠化土地占该区域石漠化土地面积的 73.2%，表明绝大多数石漠化土地还未退化到不可治理的程度，当前还是可以治理的，是实施治理的关键时期。

4. 石漠化发生率与贫困状况密切相关

调查表明，在西南岩溶地区 451 个石漠化县(市、区)中，县级财政收入低于 2000 万元的 18 个县，平均石漠化发生率为 40.7%，比监测区平均发生率(28.7%)高出 12.0 个百分点；在农民年均纯收入低于 800 元的 5 个县，石漠化发生率高达 52.8%，比监测区平均发生率高出 24.1 个百分点。这些都反映了石漠化与贫困具有紧密的关系，贫困面较大的区域，石漠化发生率明显较高(图 2-5)。

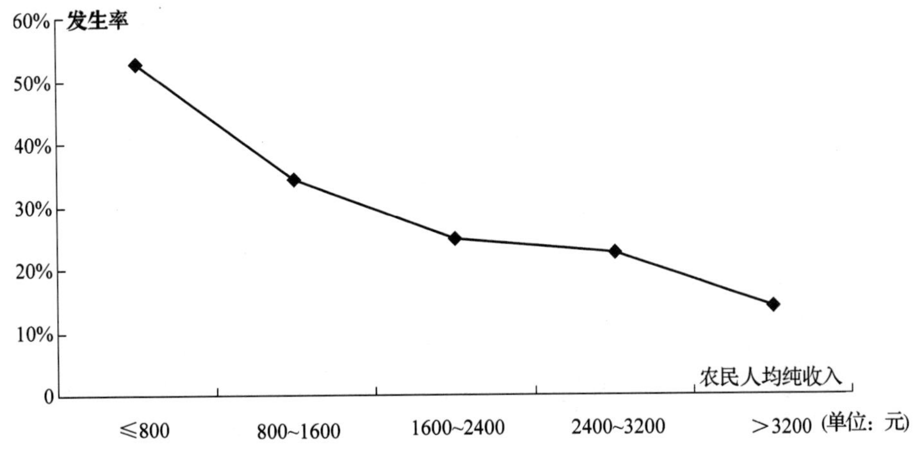

图 2-5　石漠化发生率与农民人均纯收入关系图

第3节 潜在石漠化土地现状

潜在石漠化土地是一种非石漠化土地，由于其岩性为碳酸盐岩类，基岩裸露度(或砾石含量)在30%以上，目前虽有较好的植被覆盖或已经梯土化，但如遇不合理的人为活动干扰，极有可能变为石漠化土地。

西南岩溶地区8省(直辖市、自治区)中，潜在石漠化土地面积为1237.9万hm^2，分别占该地区国土面积、岩溶土地面积的11.6%、27.5%。

一、按省(直辖市、自治区)分

潜在石漠化土地面积以贵州省最大，为298.4万hm^2，占全国潜在石漠化土地面积的24.1%；广东省潜在石漠化土地面积最小，为40.5万hm^2，占3.3%；湖北、广西、云南、湖南、重庆和四川潜在石漠化土地面积分别为236.5万hm^2、186.7万hm^2、172.6万hm^2、143.8万hm^2、85.8万hm^2、73.7万hm^2，分别占19.1%、15.1%、13.9%、11.6%、6.9%、6.0%(表2-6、图2-6)。

表2-6 潜在石漠化土地按省(直辖市、自治区)统计表 单位：hm^2、%

项目	合计	湖北	湖南	广东	广西	重庆	四川	贵州	云南
面积	12 378 842.1	2 364 831.8	1 437 717.9	404 716.6	1 867 091.3	858 032.5	736 863.8	2 983 952.8	1 725 635.4
比例	100.0	19.1	11.5	3.3	15.1	6.9	6.0	24.1	14.0

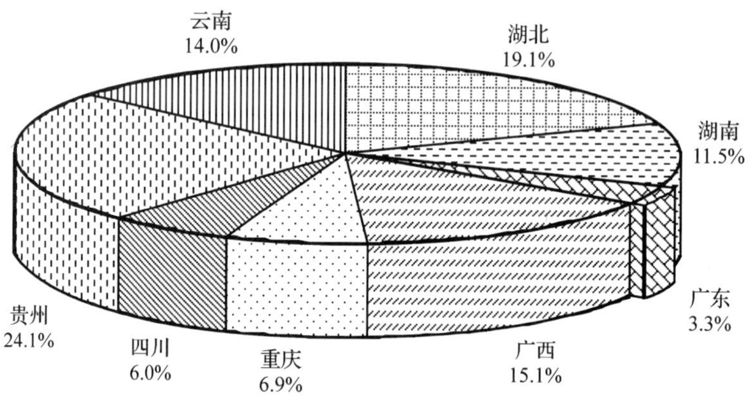

图2-6 潜在石漠化土地按省分布比例图

二、按流域分

长江流域潜在石漠化土地面积最大，为835.3万hm^2，占全国潜在石漠化土地总面积的67.5%；珠江流域次之，为355.4万hm^2，占28.7%；红河流域21.0万hm^2，占1.7%；怒江流域17.5万hm^2，占1.4%；澜沧江流域8.6万hm^2，占0.7%(表2-7)。

表 2-7　潜在石漠化土地按流域统计表　单位：hm^2

监测单位＼流域	合计	长江流域	珠江流域	澜沧江流域	怒江流域	红河流域
合计	12 378 842.1	8 353 479.8	3 553 918.0	86 006.0	175 014.8	210 423.5
湖北	2 364 831.8	2 364 831.8				
湖南	1 437 717.9	1 414 024.1	23 693.8			
广东	404 716.6		404 716.6			
广西	18 67 091.3	34 799.5	1 832 291.8			
重庆	858 032.5	858 032.5				
四川	736 863.8	736 863.8				
贵州	2 983 952.8	2 235 824.8	748 128.0			
云南	1 725 635.4	709 103.3	545 087.8	86 006.0	175 014.8	210 423.5

从表 2-7 可知，潜在石漠化土地除在红河、怒江、澜沧江流域有少量分布外，主要分布在长江和珠江流域。

三、按土地利用类型分

在潜在石漠化土地中，乔灌木林地为 1197.7 万 hm^2，占全国潜在石漠化土地总面积的 96.7%；耕地为 35.4 万 hm^2，占 2.9%；牧草地为 4.8 万 hm^2，占 0.4%（表 2-8）。

表 2-8　潜在石漠化土地按土地利用类型统计表　单位：hm^2

类别＼地类	小计	乔灌木林地	耕地	牧草地
合计	12 378 842.1	11 976 573.5	354 247.3	48 021.3
湖北	2 364 831.8	2 350 038.5	13 557.4	1235.9
湖南	1 437 717.9	1 429 713.8	7935.0	69.1
广东	404 716.6	403 693.6	522.7	500.3
广西	1 867 091.3	1 794 124.6	67 523.7	5443
重庆	858 032.5	850 633.2	7073.3	326
四川	736 863.8	726 624.1	2596.3	7643.4
贵州	2 983 952.8	2 752 272.1	202 210.4	29 470.3
云南	1 725 635.4	1 669 473.6	52 828.5	3333.3

第 4 节　石漠化的成因分析

石漠化的形成是一个自然与经济社会相关联，以人为活动为主导，人为因素与特殊的自然环境背景共同作用的结果。石漠化问题给当地经济社会发展和人民的生存状况造成了严重影响，已成为西南地区首要生态问题。

一、自然因素

在石漠化土地形成过程中，西南地区以碳酸盐岩为主的地质条件、陡峻而破碎的地形地貌、丰富而集中的降雨、温暖的气候以及现代经济建设所导致的酸雨是石漠化土地形成的自然环境前提。监测数据显示：因自然因素为主导形成的石漠化土地面积为 332.67 万 hm^2，占石漠化土地总面积的 25.76%。

1. 碳酸盐岩是石漠化形成的物质基础

西南地区岩溶广泛分布，岩溶面积超过 50.0 万 km^2，是石漠化土地形成的重要物质基础。碳酸盐岩主要成分是 $CaCO_3$ 和 $CaMg(CO_3)_2$，虽坚硬致密、抗风化抗冲刷能力强，但可溶性组分高，易于溶蚀。不溶性的残留物仅为 4% 左右，成土过程非常缓慢，形成的土壤层次发育不全，加之岩层渗漏强，蓄水保水能力差，是石漠化形成的内在基础。

2. 陡峻而破碎的地貌，为石漠化形成提供了侵蚀势能

西南地区的多级台阶总体地势具有西北高，东南低，高山低地，崎岖不平、地形陡峭，切割深，是该区域的基本地形轮廓，如乌江干流相对高差达 700 ~ 1000m，南北盘江、红水河下切 500 ~ 800m。另外在地质构造运动中，地层褶皱、断裂、塌陷等变形和岩体破裂，加上众多河流溯源侵蚀，塑造了陡峭而破碎的地形特征，为石漠化形成提供了侵蚀势能。据路洪海等研究，陡峻而破碎的岩溶地表结构不但使降水极易流失，而且加大了降水对土壤的侵蚀能力，随着坡度增加，土壤侵蚀量成倍增加。而在石漠化土地中，发生在 16°以上坡面面积占 84.9%。表明切割深，陡峭而破碎的地形对石漠化土地形成具有重要影响(表 2-9)。

表 2-9　不同坡度和植被状况下的土壤流失率对比表　单位：t/km^2

坡度	落叶阔叶林	针叶林	灌木丛	草地	坡耕地	裸地
2.5°	0	0	18	134	785	1253
5.0°	2	10	55	191	1114	1425
10.0°	6	21	65	1154	1421	2541
15.0°	8	28	87	1421	1765	4587
20.0°	12	35	101	1547	2885	6847
25.0°	15	39	157	1874	5642	8945

3. 丰沛而集中的降水为石漠化形成提供了强大的侵蚀动能

西南岩溶地区年降水量在 800 ~ 1800mm，绝大部分地区在 1000 ~ 1400mm，丰沛的降水量加剧了岩溶土壤的冲蚀。同时，降水时空分布不均，降水多集中在 5 ~ 9 月，通常占全年降水量的 70% 以上，降雨强度大，年均暴雨日数多在 2 ~ 6 日，集中的降雨为石漠化形成提供了强大的侵蚀动能。受地形地貌影响、降水空间分布不均，局部干旱现象较为普遍，如云南、贵州干热河谷地带，严重影响到林草植被的生长和当地群众生态状况，加剧了土地石漠化。

此外，绝大多数地区年均气温处于 15 ~ 20℃，为岩溶发育提供了良好的热量条件。据专家测定，气温每升高 10℃，岩溶溶蚀速度提高 1 倍以上。

4. 酸雨为碳酸盐岩溶蚀提供了丰富的溶解介质

近年来我国经济高速发展，但能源结构仍以高硫煤为主，酸雨发生的广度和强度逐年增加，为碳酸盐岩溶蚀提供了溶解介质，长期的酸性淋洗使碳酸盐岩溶蚀加剧。同时，酸雨抑制岩溶地区林草植被的生长，破坏岩溶地表植被，加速岩溶表面的土壤侵蚀。

另外，因暴雨导致的泥石流、崩塌等地质灾害以及持续干旱气候等因素也加速了土地石漠化。

二、人为因素

在石漠化形成过程中，落后的农业耕作方式、过度垦荒、乱砍滥伐、过度樵采等不合理的人为活动是石漠化形成的重要因素。监测数据显示：人为因素形成的土地石漠化高达963.6万 hm^2，占石漠化土地的74.3%。

1. 过度樵采

岩溶地区经济相对落后，农村能源种类单一，砍柴割草是岩溶地区农民群众的主要能源来源。往往是砍完乔木砍灌木，砍完灌木割草本与藤本，有的甚至连树蔸都被挖掉。由于过度樵采，致使许多地区宝贵的林草植被受到大面积的破坏。据云南省广南县2000年调查统计，全县薪材年消耗51万 m^3，占森林资源总消耗的82.0%，且仍以9000m^3/年的速度递增，按每公顷薪材产量8m^3，相当于每年破坏林地6.4万 hm^2，已成为云南省广南县石漠化扩展的主要原因。特别是在一些缺煤、少电等燃料匮乏的地区，樵采是植被破坏的重要原因，如贵州农村平均每年消耗薪柴达2000万t，其中过度樵采占79.4%（屠玉麟，1994）。监测数据表明：监测区中薪材比重高达50%以上的县占36.0%，因过度樵采西南地区形成的石漠化土地达302.6万 hm^2，占人为因素形成的石漠化土地面积的31.4%。

2. 不合理的耕作方式

西南岩溶地区是一个多山少土，经济不发达的地区。长期以来，农业生产一直未走出传统的"刀耕火种"、陡坡耕种、广种薄收的方式。特别是农业生产中缺乏必要的水保措施和科学的耕种技术，在当地丰富降雨的作用下，有限的土壤极易被雨水冲刷而流失，表土层逐渐丧失，生产力逐年下降，直至丧失基本的耕种价值，形成石漠化土地。据相关研究资料，在坡度为20°的坡耕地，当植被覆盖度小于30%，且8h内降雨达80mm以上时，一场暴雨即可冲走2mm以上土层，而形成这么厚的土层至少需要1000年。监测结果显示，监测区现有的耕地中，坡度15°以上的耕地面积为274.87万 hm^2，占监测区耕地面积的19.7%；而在石漠化坡耕地中15°以上的占到66.7%，其中坡度25°以上的石漠化坡耕地面积达61.9万 hm^2。在珠江上游209.65万 hm^2 坡耕地中，大于25°以上坡耕地占该区域坡耕地面积的26.7%。监测数据表明：由于不合理耕作方式导致的石漠化土地面积为204.04万 hm^2，占人为因素形成的石漠化土地的21.2%。

3. 过度开垦

西南岩溶地区是一个人多耕地少，生产力水平相对较低的地区。新中国成立以来，随着人口的增加，人地矛盾越来越突出，当地群众为了解决温饱问题，往往通过毁林毁草开垦耕地的方式来增加粮食生产。开垦范围从平缓坡扩展到斜陡坡、从山脚扩展到山顶、从土层深厚扩展到土层瘠薄、从基岩裸露度小扩展到基岩裸露度高的岩溶土地。许多不具备开垦和耕种条件的陡坡地也被开垦为农地。据熊康宁研究，贵州从新中国成立初期到1985年，全省毁林毁草开垦面积达60万hm^2，有的区域35°以下土地基本遭开垦。另据广西百色市调查显示，该市岩溶地区历年来毁林开荒面积达7.6万hm^2，其中坡度在25°以上的就达5.7万hm^2。百色市石漠化坡耕地面积已经达到4.8万hm^2，占广西全省石漠化坡耕地面积的42.7%。在这些毁林开垦的耕地中，1994～1999年间新开垦的就有2.27万hm^2。这些新开垦地一般采取粗放经营的耕作方式，由于缺乏必要的水土保持措施，水土流失十分严重，最终导致“树没了、草没了、土没了、石头长出来了”，由于失去继续耕种的条件，只好撂荒，但为了满足生存需要，只得再开垦新的土地，边垦边撂，加快了土地石漠化的进程。监测表明：由于过度开垦导致的石漠化土地面积达144.66万hm^2，占人为因素形成的石漠化土地面积的15.1%。

4. 乱砍滥伐

新中国成立以来，西南岩溶地区先后出现几次大规模砍伐森林资源，导致森林面积大幅度减少。乱砍滥伐导致大面积的森林资源受到严重破坏，使地表失去了生态保护屏障，加速了水土流失和土地石漠化的进程。监测数据表明：因乱砍滥伐形成的石漠化土地达129.67万hm^2，占人为因素形成的石漠化土地面积的13.4%。

此外，石漠化地区由于自由放牧，破坏林草植被和土壤结构，导致土壤抗侵蚀能力减弱，加剧土地石漠化。在当前的城镇化建设、社会经济发展过程中，由于工矿工程建设、非法开矿等造成生态破坏、土地石漠化的现象也比较突出。由于在这些工矿工程建设中缺乏科学规划以及技术落后、资金不足、监督管理和保护不到位等原因，随意开采挖掘、加工和乱堆乱放废弃的碎石等现象较普遍，导致林草植被遭到破坏，表土流失殆尽，基岩裸露，形成石漠化土地。

三、造成石漠化的深层次原因分析

应该说，盲目垦荒、粗放耕作、乱砍滥伐、过度樵采等不合理的人为活动是导致土地石漠化的表面原因。究其深层次原因，主要有以下几个方面。

1. 人口增长过快，人地矛盾突出

人口密度的大小，决定了对资源需求的程度。人口密度越大，人口对资源的需求就越大，矛盾越尖锐，破坏程度也越大。如果人口密度超过了岩溶地区的环境容量，就会使石漠化的发展加剧。据杨汉奎等研究，依据现今的生产力水平，岩溶山区人口容量通常不宜大于100人/km^2。据统计，目前监测区的平均人口密度达208.0人/km^2，而石漠化最为严重的贵州、云南和广西三省(自治区)监测区的平均人口密度为175.2人/km^2。据熊康宁等研究，1950年贵州人口仅1417.20万人，人口密度为80人/km^2，可见当时人口密度还处于环境容量以下，然而到了1980年，人口达到2776.67万人，30年增长了近1倍，人口密度达158人/km^2，2000年第五次人口普查时，更是达到了210人/km^2，是1950年的2.6倍，远远超出了环境的承载力，人地矛盾更加突出。

2. 经济发展相对滞后，贫困面大

石漠化地区是我国典型的“老、少、边、山、穷”地区，是我国主要的经济欠发达地区，财政收入少，农民人均纯收入低，贫困面大。据统计，在监测区的460个县(市、区)中，现有国家级贫困县152个，占监测区总县数的33%，贫困人口达1000万人，占全国贫困人口的近一半。目前，监测区农民人均纯收入仅为2190元，仅为全国农民人均纯收入的

74.6%。在监测区 460 个县中，农民人均纯收入低于 1500 元的就有 119 个，占 1/4 强。其中，低于 1200 元的县尚有 35 个，占 7.6%。贵州石漠化地区至今尚有贫困人口 200 多万，人均国民生产总值仅为全国平均水平的 28.8%，农民人均纯收入仅为全国平均水平的 54.0%。云南省广南县国土面积为 7754km^2，石漠化土地面积达 18.4 万 hm^2，而全县财政收入仅 4400 万元，农民人均纯收入仅 749 元，贫困人口近 5.0 万，当地农民对土地及其他资源的依赖程度高，其结果是对有限土地进行掠夺式开发利用，导致越穷越垦，越垦越荒，越荒越穷的恶性循环，大大加快了石漠化进程。

3. 政策影响

新中国成立以来，岩溶地区森林植被先后遭到三次较大规模的破坏：第一次是 20 世纪 50 年代末，主要用木柴炼钢铁，致使大片原始林、次生林毁于一旦；第二次是在 20 世纪 50 到 60 年代大搞开山造田，大肆砍伐林木、毁林开垦；第三次是 20 世纪 70 年代末至 80 年代初，我国农村实行以家庭联产承包责任制为主要内容的经济体制改革，在林业上，各地在推行林权制度改革、实行山林承包责任制时，由于有关政策及配套措施不完善，群众担心政策多变，将许多承包的集体林场林木几乎全部砍光，又一次导致森林植被严重破坏。例如，贵州 1975 年森林面积 256 万 hm^2，森林覆盖率为 14.5%，由于过度砍伐，1984 年森林面积 222 万 hm^2，森林覆盖率降为 12.6%。贵州西部的六盘水市和毕节地区 20 世纪 50 年代的森林覆盖率为 11.6% 和 16.87%，到 1985 年降为 3.4% 和 8.5%，天然林资源几乎枯竭，森林生态的保护作用大幅度丧失。由于岩溶地质环境先天脆弱，这种破坏对岩溶植被是毁灭性的，导致了整个岩溶地区原有生态系统的崩溃，这些时期亦是土地石漠化发生的高峰期。

4. 生态环保意识淡薄

石漠化地区由于山高谷深、交通不便、信息不畅，经济发展水平低下，文化教育相对落后，当地干部群众生态保护意识淡薄，特别是在当前没有彻底解决温饱问题的情况下，进行生态保护和建设更难。这样导致当地群众在进行农业生产、经济开发和项目建设中，不注意保护原有植被，盲目开垦、乱砍滥伐、过度樵采、随意开矿采石等掠夺性的、短期性的行为较为普遍，对西南岩溶地区的生态造成了极大破坏，加剧了土地石漠化。

第 5 节　石漠化的危害状况

土地石漠化恶化生态环境，吞噬人们的生存空间，导致自然灾害频发，给当地人民群众生产生活和区域经济发展造成了极大危害。

1. 严重危及我国国土生态安全，缩小了中华民族的生存与发展空间

石漠化最初表现为土层变薄、土壤养分含量降低、耕作层粗化、农作物产量下降，继而导致以森林植被为主体的岩溶生态系统的生态功能逐渐削弱和退化，土地承载能力降低甚至丧失，形成“生态恶化—口粮不足—毁林开垦—生态恶化”的恶性循环。据测算，贵州省石漠化地区每年大约流失表土 1.95 亿 t，致使大面积耕地因土壤流失而废弃。贵州省在 1974 ~ 1979 年间，石漠化土地面积增加了 62 400hm^2，每年因此丧失耕地面积 12 500hm^2，约占全省总耕地面积 1.6%。广西岩溶地区仅石漠化严重的 46 个县(市、区)，因失去生存条件需生态移民的人口高达 44.3 万人；广西 2000 年与 1975 年对比，岩溶地区因土地石漠化，耕地面积约减少 10.0%。云南省砚山县红甸乡、莲花乡 2000 年与 1975 年对比，岩溶区因土地

石漠化导致原有耕地面积减少10.0%左右。石漠化严重的广西都安、大化，贵州省紫云等部分地区被联合国教科文组织专家认为是不适宜于人类居住的地方，缩小了中华民族的生存与发展空间。

2. 影响重点水利工程设施的安全运行和人民的生命财产安全

“上泛则下滥，上治则下安”。西南岩溶地区位于长江和珠江两大水系的上游，该区域地形起伏大，河流纵横，沟谷遍布，生态区位极其重要。但由于人为破坏，以森林植被为主体的岩溶生态系统严重退化，蓄水保水功能大大下降，许多天然泉溪枯竭，直接危及下游区域的水资源正常供给。加上该区域雨热同期，暴雨集中，尤其是一遇暴雨，造成土壤侵蚀加剧，河床逐渐抬高，淤塞大江、大河和湖泊、水库，直接影响到流域内的水利、水电设施的安全运行和综合效能发挥，不仅造成重大经济损失，而且还对其下游地区，乃至长江三角洲、珠江三角洲和港澳特区人民群众的生命财产安全和生态安全构成严重威胁。

据调查，由于土地石漠化，乌江流域内每年流失表土1.4亿吨，有6000多万吨泥沙通过乌江输入三峡库区；云南省仅金沙江流域年流失表土1.7亿吨，直接影响到三峡水电站及其他水利水电设施的正常运营。湖南辰溪县岩溶地区的长田丸水库火马冲灌区东干渠，以前能灌溉7个村的180hm^2稻田，由于渠道受泥沙淤积，目前经清淤后，仅能维持灌溉3个村的76hm^2稻田，减少灌溉面积58.0%。辰水20世纪50年代时载重20吨的船在枯水期可行至麻阳县城，而目前10t的空船都无法行驶。

据水利部门资料，红水河流域水土流失面积占土地总面积的25.0%以上，红水河每立方米河水含沙量为0.7kg，流域土壤年均侵蚀模数为1622t/km^2。近年来，石漠化问题已成为红水河梯级电站（包括珠江主干流红水河流域的大化、岩滩、龙滩、天生桥等国家大中型水电站）建设的心腹大患，另外广西库容最大的百色澄碧河水库自1961年建成以来，坝首库区泥沙淤积739.2万吨，厚达12.0m，蓄水防洪能力大大降低。贵州省贞丰县鲁贡镇坡搞水库建成不到15年便被泥沙淤平报废，下游农田被冲毁；管路水库建成不到20年也被泥沙淤平报废，下游的300多hm^2农田因此不能灌溉。贵州省关岭县石板桥水库，集雨面积为56km^2，1982年建成投入运行至2004年，22年来共淤积泥沙26.0万m^3，设计20.0万m^3的库容被淤平。

3. 加剧了区域贫困，不利于社会安定和民族团结

石漠化地区是我国少数民族的主要聚集地区，也是主要的经济欠发达地区和边疆地区，国家级贫困县的石漠化土地面积占西南岩溶地区石漠化土地总面积的59.3%。石漠化已成为岩溶地区贫困之源。我国西南岩溶地区绝大多数贫困人口分布在石漠化严重地区，贫困与石漠化互为因果。据统计，2004年西南岩溶县（市、区）人均国民生产总值仅为全国平均值的48.3%，为西南岩溶8省（直辖市、自治区）平均值的51.9%；农民人均纯收入仅为全国平均值的74.6%，为西南岩溶8省（直辖市、自治区）平均值的83.0%，与东部发达地区差距更大。

贵州石漠化地区，至今尚有贫困人口200多万，全省石漠化地区人均国民生产总值仅为全国平均水平的28.8%，人均工农业产值为全国平均水平的29.3%，农民人均纯收入仅为全国平均水平的54.0%。尤其是近10年来石漠化地区经济发展水平与全国平均水平的差距在逐步拉大，如贵州省1996年农民人均纯收入、人均国内生产总值分别为1277元和2006元，为全国平均值的66.3%和37.3%，与全国平均值相差649元和3474元，而2004年贵

州省农民人均纯收入、人均国内生产总值为1722元和4078元，为全国平均值的58.6%和38.8%，与全国平均值相差达1215元和6424元。

广西28个国家级贫困县中，有23个属石漠化严重县。全区1999年人均收入在1000元以下的贫困人口有160多万，其中，绝大部分分布在石漠化严重的岩溶地区。如石漠化比较严重的河池市、百色市，2004年两个市人均GDP为4180.00元，农民人均纯收入1436.00元，均低于广西平均水平。

石漠化问题导致土地生产力下降，生存环境恶化，区域贫富差距拉大，已成为岩溶地区经济贫困的主要根源，并直接影响到经济发展、社会安定和民族团结。

4. 生存状况进一步恶化，自然灾害频发，严重制约经济社会协调持续发展

土地石漠化导致岩溶生态系统减弱或退化，失去了森林水文效应，发挥不了森林调蓄地表水和地下水的能力，造成"地表水贵如油，地下水滚滚流"的现象，可有效利用的水资源枯竭，缺水现象日益严重。据调查，贵州、云南、广西三省(自治区)石漠化地区目前至少有300多万人存在饮水困难，许多石漠化地区的群众，每年缺水4~5个月，有的要到5km外的地方挑生活用水，生产用水更是紧缺。更为严重的是近几年枯水季节，珠江淡水资源供水量急剧下降，导致海水倒灌产生的重大咸潮危机，危及到我国珠江三角洲主要城市及港、澳特区居民的正常生产生活和社会稳定，2005年初，通过从贵州水库调水来缓解淡水危机。湖南辰溪县大水田乡以前共有泉、井、洞水137处，因石漠化导致水源枯竭，近年共减少了48处，已变成严重干旱区，只要稍遇干旱，就会造成农作物受灾减产，人畜饮水困难。在辰溪县石漠化较严重的国有仙人岩林场、国有苗圃，长田湾乡的雷家坡、枫香坪、石南村，谭家场乡黄洋屯、柘木屯、道光屯等乡村，一旦持续干旱20d以上，人畜饮水就无法保障，入冬以后溪河水干涸断流，据调查统计，全县石漠化地区尚有3万~5万人没有解决饮水问题。

土地石漠化使得其调蓄水功能减弱，石漠化地区旱涝灾害频频发生，发生频率由过去的8~9年一遇变成两三年一遇，尤其是近年来旱涝灾害更加频发，基本每年都会发生，且交替出现。据统计，1999年，贵州、云南、广西三省(自治区)岩溶区内200余个县遭受干旱、洪涝等自然灾害，农作物受灾430.0万hm^2，损坏耕地6.0万hm^2，因灾减产粮食300.0万t，损坏房屋37.8万间，损坏公路、铁路300余千米，因灾造成直接经济损失121.0亿元。近5年来广西岩溶地区平均每年受旱、涝灾害的农作物面积达116.7万hm^2，造成粮食减收11.2亿kg，经济损失达4.5亿元。贵州省2000年6月，仅一个月时间，由于连降暴雨，发生洪涝灾害，岩溶区内49个县有548.0万人受灾，损坏房屋7.7万间，交通干线、通讯供电、供水等多处中断，造成直接经济损失14.1亿元，其中农业直接经济损失8.5亿元。红水河流域岩溶地区2004年年底至2005年年初出现重大干旱。在2005年，从6月18日至22日，广西受强盛的西南暖湿气流和冷弱空气共同影响，出现持续性暴雨天气过程，岩溶地区的桂江、柳江、黔江、浔江、西江等大江大河洪水暴涨。洪灾造成771.6万人受灾，4.5万户共17.0万多间房屋倒塌，近41.0万hm^2农作物受灾，近12.0万hm^2农作物绝收，因灾死亡54人，失踪23人。地质灾害也日益频繁，桂西北峰丛山地的边坡变形、矿坑突水和岩溶渗漏等；桂东北—桂西南峰林石山区的塌陷、地裂、土洞等较为普遍，岩溶渗漏严重，危及到当地群众正常生产生活。

另外享誉"桂林山水甲天下"的漓江，因其上游石漠化逐年加剧，其枯水期已由20世纪

60 ~ 70 年代的 4 个月延长到现在的 6 个月，枯水期流量由过去的 12 ~ 13m^3/s 减少到现在的 8m^3/s，严重制约着桂林市旅游业的蓬勃发展。

5. 生物储备与生物产能降低，威胁到岩溶地区的生物多样性

脆弱的岩溶生态系统普遍具有基岩裸露度大、土被不连续、土层结构不完整、土体浅薄且分配不均、水分下渗严重、生境保水保肥性差等生态特征。而土地石漠化导致岩溶生态系统的进一步退化，生境恶化，加剧了岩溶系统的脆弱性，降低了环境容量。土壤浅薄，土壤颗粒的吸附能力差，造成土壤肥力下降，岩溶生态系统内植物种群数量下降，植被结构简单化，破坏了生物种群多样性；特定的土壤条件对岩溶生物群落的控制作用强烈，仅有岩生性、旱生性及喜钙性的植物种群适宜于在严酷的石灰岩山地条件生存，而植被一旦遭受破坏，逆向演替快，而顺向演替慢，且生长速率缓慢、绝对生长量小，生物总储备量低。据朱守谦 1997 年测定，茂兰岩溶森林中分布最广的典型类型，圆果化香、青冈栎林的乔木层地上部分总生物量为 164. 07t/hm^2，山脊针阔混交林乔木层地上部分总生物量为 102. 08t/hm^2，漏斗岩溶森林为 147. 74t/hm^2。当环境逐渐退化，温度变幅加剧，土壤总量进一步减少，水分和养分流失加快，土地生产力急剧下降，石漠化末期阶段的群落生物量仅为未退化阶段的 1/200。

西南岩溶地区日趋严重的土地石漠化，导致水土流失加剧，生态环境恶化，自然灾害频发，贫困加剧，社会矛盾激发，对当地人民的生产生活造成重大危害，严重制约着岩溶地区经济社会的发展，已经成为这一地区实现经济和社会可持续发展及社会主义新农村建设的主要制约因素。同时，土地石漠化也给江河下游区域带来重大危机，如 1998 年长江流域的特大洪涝灾害导致长江中下游区域河水居高不下，威胁到沿岸居民的生命财产安全，严重影响到江苏、上海、浙江等省(直辖市)的经济社会发展；近年来珠江下游入海口区域出现的咸潮危机，引发了珠江三角洲地区及港澳地区的水危机；红河、澜沧江和怒江等国际性河流的生态问题引起了国际社会的关注。因此，土地石漠化不仅是岩溶地区严重的生态问题，而且危及到我国国民经济稳定持续发展、社会主义新农村建设和全面构建和谐社会的宏伟目标。

第 6 节　西南岩溶地区石漠化的发展趋势

为深入了解西南岩溶地区石漠化动态变化情况，采用遥感调查方法对我国石漠化分布具有典型性的广西都安、贵州钟山、云南麒麟、湖南慈利 4 个县级行政单位自 1990 年和 2002 年的石漠化现状、分布特征及演变规律进行了研究和分析，掌握了这些区域的石漠化土地现状及动态变化情况，为分析和掌握西南岩溶地区石漠化动态土地变化提供依据。这些典型区域的石漠化状况如下：

一、广西都安瑶族自治县

1. 2002 年石漠化土地现状

据遥感调查，都安县 2002 年岩溶区石漠化土地为 173 374. 84hm^2，占全县岩溶区面积的 45. 5%。其中：轻度石漠化土地 16 111. 03hm^2，占全县岩溶区面积的 4. 2%，主要分布在该县的东南部、西北部；中度石漠化土地 30 106. 20hm^2，占 7. 9%，主要分布在该县的东南部、西北部；重度石漠化土地 71 804. 53hm^2，占 18. 8%。全县重度石漠化土地大面积出露，

尤以东南部、东北部居多；极重度石漠化 55 353. 08hm²，占 14. 5%。全县极重度石漠化土地主要分布在该县的西南部（图 2-7）。

未石漠化区域主要分布在都安县成片的负地形、平地、缓坡梯田和梯土、覆盖度高的林地以及水体、城镇，以及地形较为平缓或土层较厚的地区。

2. 1990 年石漠化土地状况

都安县 1990 年岩溶区石漠化土地面积 158 352. 02hm²，占岩溶区面积的 41. 5%。其中：轻度石漠化土地 58 176. 86hm²，占全县岩溶区面积的 15. 3%，主要分布在该县的中部。中度石漠化土地 67 230. 41hm²，占 17. 6%，主要分布在该县的南部；重度石漠化土地 27 213. 97hm²，占 7. 2%，主要分布在该县北部；极重度石漠化土地 5730. 78hm²，占 1. 5%。主要分布在该县西南部澄江两岸（图 2-7）。

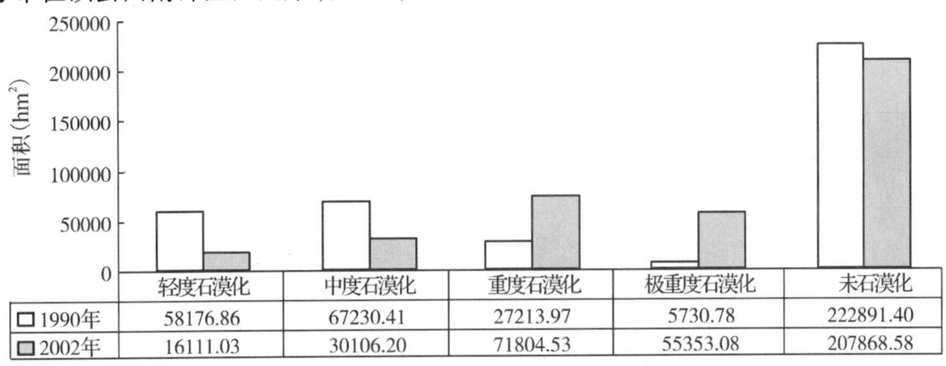

	轻度石漠化	中度石漠化	重度石漠化	极重度石漠化	未石漠化
□1990年	58176.86	67230.41	27213.97	5730.78	222891.40
▨2002年	16111.03	30106.20	71804.53	55353.08	207868.58

图 2-7　都安县两期石漠化数据对比图

3. 石漠化土地动态变化特征

从调查结果看，从 1990 年到 2002 年，都安县石漠化土地面积从 158 352. 02hm² 增加到 173 374. 84hm²，净增 15 022. 82hm²，平均每年净增 1251. 90hm²，年平均增长率为 0. 76%。其中，轻度石漠化减少了 42 065. 83hm²，中度石漠化减少了 37 124. 21hm²，重度石漠化增加了 44 590. 56hm²，极重度石漠化增加了 49 622. 3hm²（图 2-7）。

全县石漠化局部地区虽有改善，但总体上呈加剧趋势，改善的区域空间分布是零星和分散的。石漠化加剧面积 151 244. 37hm²；改善面积为 70 725. 65hm²。石漠化加剧和改善面积的比为 2. 14∶1。

通过分析可知（图 2-8），1990 年极重度石漠化中有 1505. 58hm² 得到不同程度的改善，占当年石漠化面积的 0. 95%，占改善面积的 2. 13%；重度石漠化中有 13 348. 11hm² 得到不同程度的改善，占石漠化面积的 8. 43%，占改善面积的 18. 87%；中度石漠化中有 27 995. 61hm² 得到改善，占石漠化面积的 17. 68%，占改善面积的 39. 58%；轻度石漠化中有 27 876. 34hm² 得到改善，占石漠化面积的 17. 60%，占改善面积的 39. 41%。都安县石漠化改善大多数发生在中度和轻度石漠化土地上。

1990 年重度石漠化中有 5167. 50hm² 程度加剧，占当年石漠化加剧面积的 3. 42%；中度石漠化中有 35 869. 16hm² 程度加剧，占石漠化加剧面积的 23. 72%；轻度石漠化中有 27 911. 12hm² 程度加剧，占加剧面积的 18. 45%；有 82 296. 59hm² 未石漠化土地变为石漠化土地，占加剧面积的 54. 41%。因此，都安县石漠化加剧主要是：一是未石漠化土地变为石漠化土地，二是轻度和中度石漠化土地程度加重（图 2-9）。

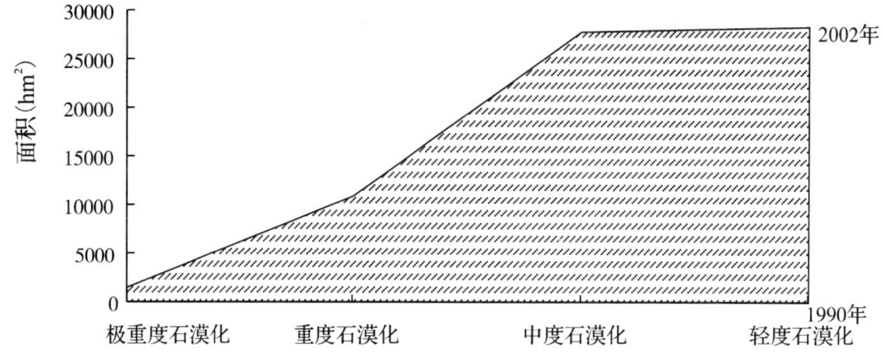

图 2-8 都安县 1990 ~ 2002 年石漠化改善面积分布图

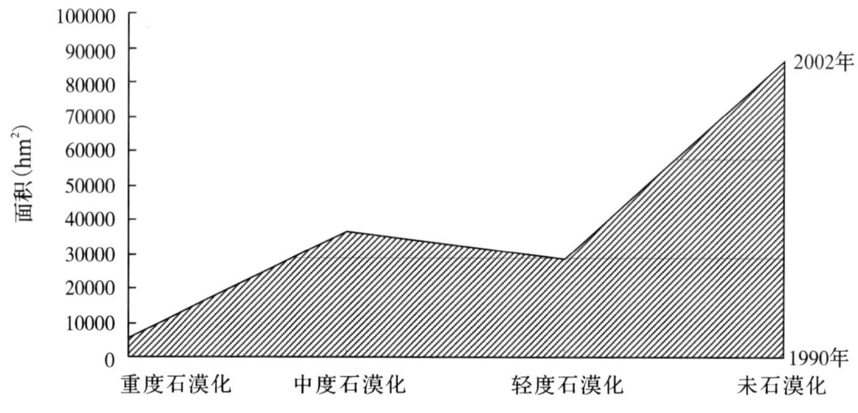

图 2-9 都安县 1990 ~ 2002 年石漠化加剧面积分布图

二、贵州钟山区

1. 2002 年石漠化土地现状

根据遥感调查，钟山区碳酸盐岩面积 47 600hm^2，占土地总面积的 100%。石漠化土地 16 982.87hm^2，占岩溶区面积的 35.68%。其中：轻度石漠化面积 5284.28hm^2，占岩溶区面积的 11.10%，主要分布在钟山区的中部。中度石漠化面积 11 152.74hm^2，占 23.43%，中度石漠化土地大面积出露，尤以西北部、南部和东部居多。重度石漠化面积 459.91hm^2，占 0.97%，主要分布在钟山区的西北部及中东部。极重度石漠化面积 85.94hm^2，占 0.18%，分布在钟山区中南部。

未石漠化土地分布在钟山区东面的石板河、北面的周家寨、西面的羊场坡和西北面的韭菜坪等地。

2. 1990 年石漠化土地状况

钟山区 1990 年石漠化土地为 13 399.50hm^2，占岩溶区面积的 28.15%。其中：轻度石漠化面积 7421.61hm^2，占岩溶区面积的 15.59%，主要分布在该区的西北部及中部。中度石漠化面积 5442.34hm^2，占 11.43%，主要分布在该区的西南部及中东部。重度石漠化面积 459.42hm^2，占 0.97%，主要分布在该区的中北部。极重度石漠化面积 76.13hm^2，占 0.16%，分布在该区的中南部。

3. *石漠化土地动态变化特征*

从调查结果看，从 1990 年到 2002 年，钟山区石漠化土地面积从 13 399. 50hm² 增加到 16 982. 87hm²，石漠化土地净增 3583. 37hm²，年均净增 298. 61hm²，年均增长率为 1. 99% 。其中轻度石漠化土地减少了 2137. 33hm²，中度石漠化土地增加了 5710. 40hm²，重度石漠化土地增加了 0. 49hm²，极重度石漠化土地增加了 9. 81hm²(图 2-10)。

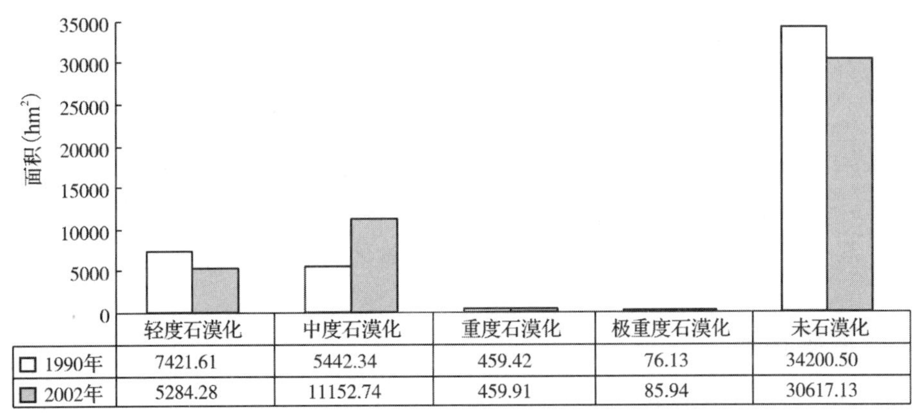

	轻度石漠化	中度石漠化	重度石漠化	极重度石漠化	未石漠化
□ 1990年	7421.61	5442.34	459.42	76.13	34200.50
■ 2002年	5284.28	11152.74	459.91	85.94	30617.13

图 2-10　钟山区两期石漠化数据对比图

该区石漠化土地局部虽有改善，总体上呈加剧趋势，石漠化加剧的面积为12 076. 82 hm²；石漠化改善的面积为 7050. 25hm²。石漠化土地加剧和改善面积之比为 1. 71∶1。

通过分析可知(图 2-11)，1990 年的极重度石漠化土地中有 19. 07hm² 得到不同程度的改善，占当年石漠化土地面积的 0. 14% ，占改善面积的 0. 27% ；重度石漠化土地中有 439. 58hm² 得到不同程度的改善，占石漠化土地面积的 3. 28% ，占改善面积的 6. 23% ；中度石漠化土地中有 2883. 29hm² 得到改善，占石漠化土地面积的 21. 52% ，占改善面积的 40. 9% ；轻度石漠化土地中有 3708. 31hm² 得到改善，占石漠化土地面积的 27. 68% ，占改善面积的 52. 60% 。钟山区石漠化土地改善面积多数发生在中度和轻度石漠化土地上。

1990 年重度石漠化土地中无程度加重现象；中度石漠化土地中有 135. 95hm² 程度加剧，占石漠化加剧面积的 1. 13% ；轻度石漠化土地中有 2264. 95hm² 程度加剧，占加剧面积的 18. 75% ；未石漠化中有 9675. 90hm² 成为石漠化土地，占加剧面积的 80. 12% 。钟山区石漠化加剧区域多数是由未石漠化土地演变而来的(图 2-12)。

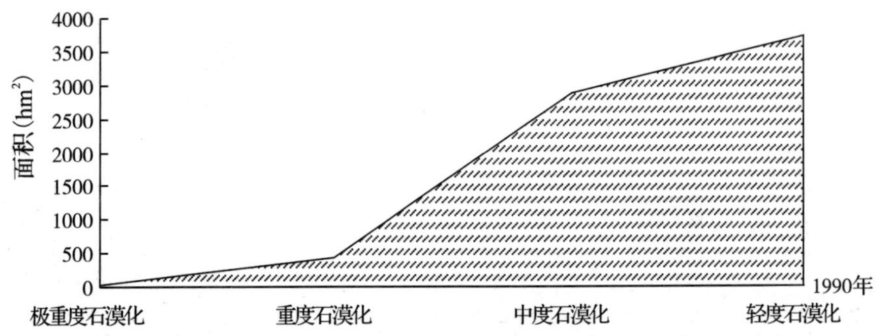

图 2-11　钟山区 1990 ~ 2002 年石漠化改善面积分布图

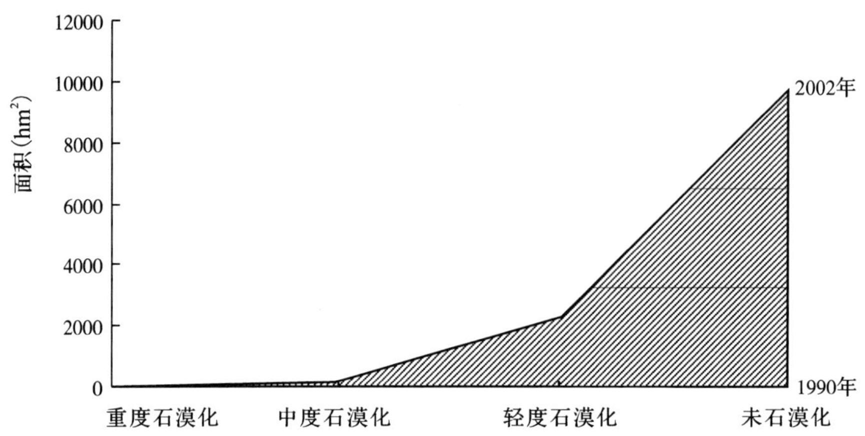

图 2-12　钟山区 1990～2002 年石漠化加剧面积分布图

三、云南麒麟区

1. 2002 年石漠化土地现状

根据遥感调查，麒麟区岩溶土地面积 58 918. 53hm^2，占全区国土面积的 37. 94%。石漠化土地为 13 184. 33hm^2，占岩溶区面积的 22. 37%。其中，轻度石漠化 11 090. 35hm^2，占岩溶区面积的 18. 82%；全区轻度石漠化土地大面积出露，尤以北部居多。中度石漠化 1768. 18hm^2，占 3. 00%，主要分布在麒麟区的北部。重度石漠化 325. 80hm^2，占 0. 55%，主要分布在麒麟区的中南部。全区无极重度石漠化发生。

2. 1990 年石漠化土地状况

麒麟区 1990 年石漠化土地面积为 10 260. 46hm^2，占岩溶区面积的 17. 42%。其中：轻度石漠化面积 4435. 00hm^2，占岩溶区面积的 7. 53%，主要分布在麒麟区的北部。中度石漠化面积 3546. 29hm^2，占 6. 02%，主要分布在麒麟区的中部和南部。重度石漠化面积 2279. 17hm^2，占 3. 87%，主要分布在麒麟区的北部。全区无极重度石漠化土地发生。

3. 石漠化土地动态变化特征

从调查结果看，从 1990 年到 2002 年，麒麟区石漠化土地从 10 260. 46hm^2 增加到 13 184. 33hm^2，石漠化土地净增 2923. 87hm^2，年均净增 243. 66hm^2，年平均增长率为

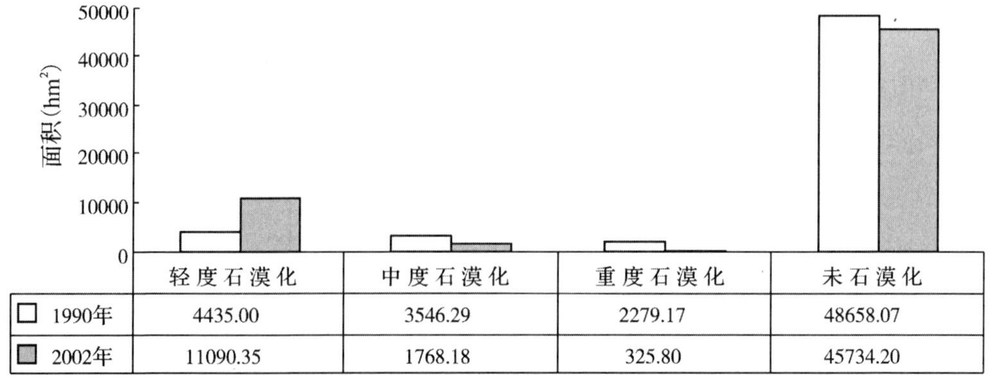

	轻度石漠化	中度石漠化	重度石漠化	未石漠化
□ 1990年	4435.00	3546.29	2279.17	48658.07
■ 2002年	11090.35	1768.18	325.80	45734.20

图 2-13　麒麟区两期石漠化数据对比图

2.119%。其中，轻度石漠化土地增加了 6655.35hm^2，中度石漠化土地减少了 1778.11hm^2，重度石漠化土地减少了 1953.37hm^2（图 2-13）。

全区石漠化土地总体呈加剧趋势，加剧面积为 7680.40hm^2，改善面积为 7074.10hm^2。加剧和改善面积之比为 1.09∶1。

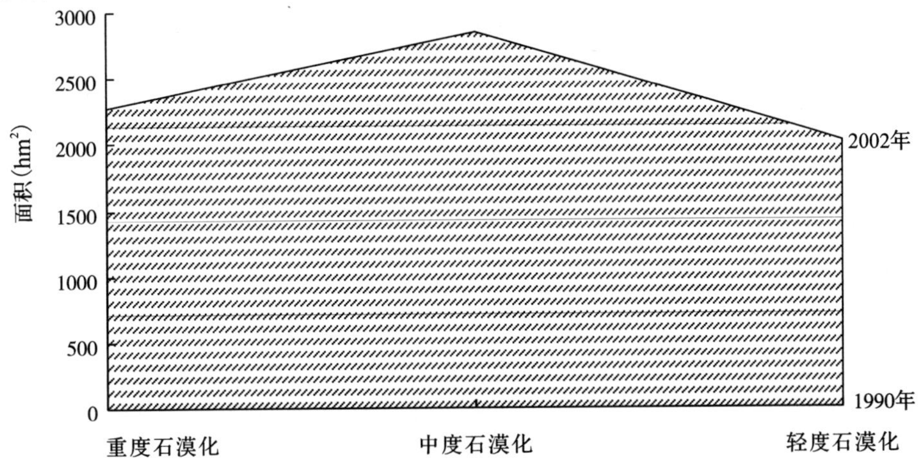

图 2-14　麒麟区 1990～2002 年石漠化改善面积分布图

通过分析可知（图 2-14），1990 年的重度石漠化土地中有 2279.17hm^2 得到不同程度的改善，占当年石漠化土地面积的 22.21%，占改善面积的 32.22%；中度石漠化土地中有 2795.00hm^2 得到改善，占石漠化土地面积的 27.24%，占改善面积的 28.27%。麒麟区石漠化改善大多数发生在中度石漠化土地上，其次是发生在重度石漠化和轻度石漠化土地上。

1990 年中度石漠化土地中有 14.10hm^2 程度加剧，占石漠化土地加剧面积的 0.18%；轻度石漠化土地中有 268.65hm^2 程度加剧，占加剧面积的 3.50%；未石漠化土地中有 7397.65hm^2 变为石漠化土地，占加剧总面积的 96.32%。麒麟区石漠化加剧主要是由未石漠化土地演变为石漠化土地（图 2-15）。

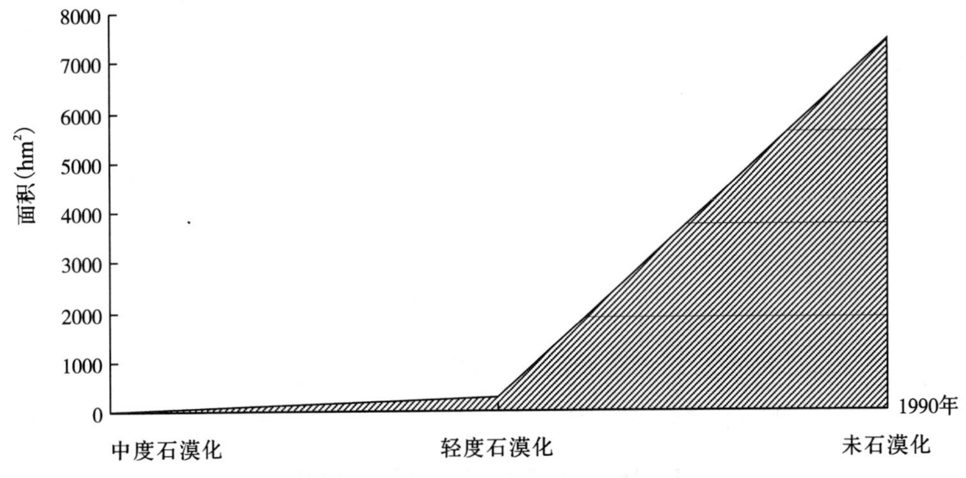

图 2-15　麒麟区 1990～2002 年石漠化加剧面积分布图

四、湖南慈利县

1. 2002 年石漠化土地现状

据调查，慈利县岩溶土地面积 220 890. 59hm^2，占国土面积的 63. 47%。全县石漠化土地面积 55 134. 15hm^2，占岩溶区面积的 24. 96%。其中：轻度石漠化面积 14 904. 02hm^2，占岩溶区面积的 6. 75%，主要分布在慈利县的西南部、在东部和南部也有分布。中度石漠化面积 26 603. 58hm^2，占 12. 04%，主要分布在慈利县的东部、北部及中南部。重度石漠化面积 11 168. 35hm^2，占 5. 06%，主要分布在慈利县的东部岩泊渡附近、西南部澧水河两岸。极重度石漠化面积 2458. 20hm^2，占 1. 11%，主要分布在慈利县的东部柳枝铺附近、西南部金岩附近。

2. 1990 年石漠化土地状况

慈利县 1990 年岩溶区石漠化土地面积 41 868. 34hm^2，占岩溶区面积的 18. 95%。其中，轻度石漠化面积 11 755. 89hm^2，占岩溶区面积的 5. 32%，主要分布在慈利县的中南部；中度石漠化面积 17 384. 59hm^2，占 7. 87%，主要分布在慈利县的中部、东部。重度石漠化面积 9494. 72hm^2，占 4. 30%，主要分布在慈利县的西北部；极重度石漠化面积 3233. 14hm^2，占 1. 46%，主要分布在慈利县的西北部龙潭溪以北及中部柳枝铺附近。

3. 石漠化土地动态变化特征

从 1990 年到 2002 年，慈利县石漠化土地面积从 41 868. 34hm^2 增加到 55 134. 15hm^2，石漠化土地净增 13 265. 81hm^2，年均净增 1105. 48hm^2，年均增长率为 2. 32%。其中，轻度石漠化土地增加了 3148. 13hm^2，中度石漠化土地增加了 9218. 99hm^2，重度石漠化土地增加了 1673. 63hm^2，极重度石漠化土地减少了 774. 94hm^2(图 2-16)。

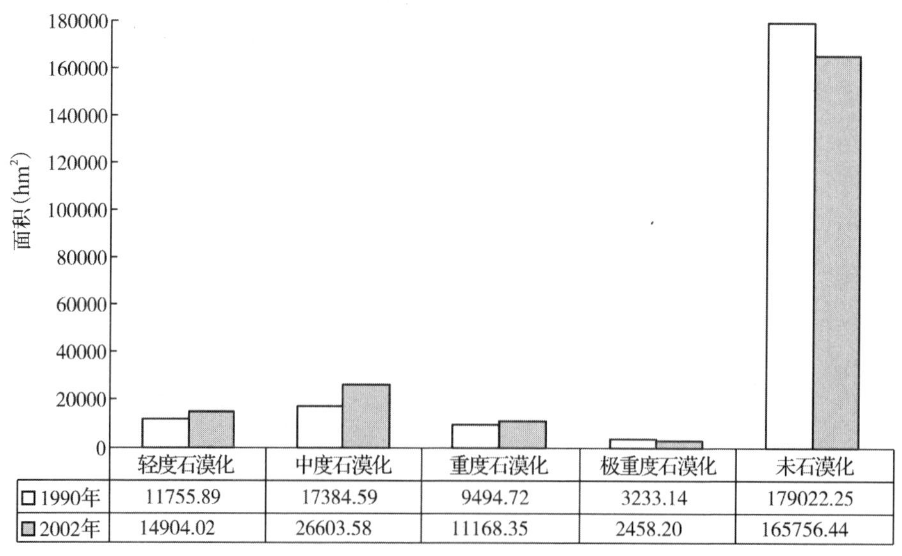

	轻度石漠化	中度石漠化	重度石漠化	极重度石漠化	未石漠化
□1990年	11755.89	17384.59	9494.72	3233.14	179022.25
■2002年	14904.02	26603.58	11168.35	2458.20	165756.44

图 2-16 慈利县两期石漠化数据对比图

全县石漠化土地在总体上呈加剧趋势，局部地区有所改善。加剧面积为40 374. 57hm^2，改善面积为 21 233. 49hm^2，加剧和改善的面积之比为 1. 90∶1。

通过分析可知(图 2-20)，1990 年极重度石漠化土地中有 1958.26hm^2 得到不同程度的改善，占当年石漠化土地面积的 5.20%，占改善面积的 9.22%；重度石漠化土地中有 5830.66hm^2 得到不同程度的改善，占 1990 年石漠化面积的 15.49%，占改善面积的 27.46%；中度石漠化土地中有 8186.96hm^2 得到改善，占石漠化面积的 21.74%，占改善面积的 38.56%；轻度石漠化土地中有 5257.62hm^2 得到改善，占石漠化面积的 13.96%，占改善总面积的 24.76%。慈利县石漠化改善大多数发生在重度、中度和轻度石漠化土地上。

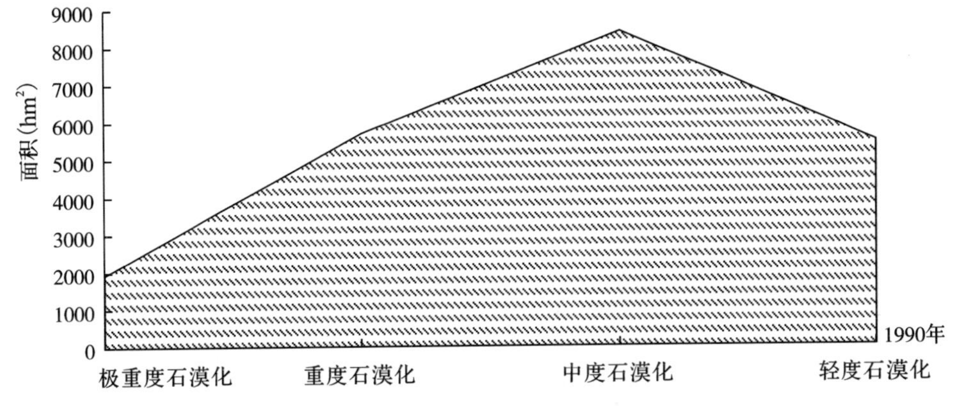

图 2-17　慈利县 1990～2002 年石漠化改善面积分布图

1990 年重度石漠化中有 521.06hm^2 程度加剧，占加剧面积的 1.29%；中度石漠化中有 2886.26hm^2 程度加剧，占加剧面积的 7.15%；轻度石漠化中有 2725.58hm^2 程度加剧，占加剧面积的 6.75%；未石漠化中有 34 241.67hm^2 演变为石漠化土地，占加剧总面积的 84.81%。慈利县石漠化加剧主要是未石漠化土地演变为石漠化土地(图 2-18)。

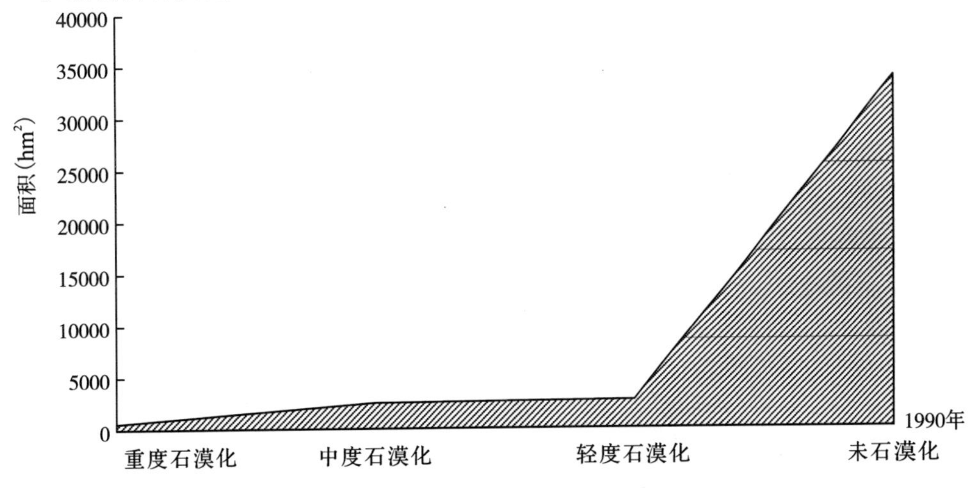

图 2-18　慈利县 1990～2002 年石漠化加剧面积分布图

五、石漠化动态总体变化及分析

通过广西都安县、云南省麒麟区、贵州省钟山区和湖南省慈利县遥感动态监测对比分析表明，从 1990 年至 2002 年，4 县石漠化土地总面积从 219 663.0hm^2 增加到258 676.2hm^2，石漠化土地净增 39 013.2hm^2，年均净增 3251.1hm^2，年均增长率为 1.37%，广西都安县、云南省麒麟区、贵州省钟山区和湖南省慈利县的石漠化年均增长率分别为0.76%、2.11%、1.99%、3.23%。

以上数据表明4个县(区)石漠化土地总体上是面积呈现扩大、程度呈现加深趋势，局部地区有所改善，改善的空间分布是零星和分散的。通过以上典型区域监测分析，表明西南岩溶地区的土地石漠化处于“生态治理小于破坏”阶段，石漠化程度加剧，面积进一步扩展，防治形势严峻。

第 3 章

西南岩溶地区分省区石漠化状况概述

第 1 节　贵州省石漠化土地状况

一、自然概况

1. 地理位置

贵州省位于我国西南部，地处东经 103°36′~109°35′、北纬 24°37′~29°13′，东与湖南交界，北与四川和重庆相连，西与云南接壤，南与广西毗邻。

贵州省岩溶土地分布广泛，分布在全省 78 个县(市、区)的 1378 个乡，岩溶区国土总面积 154 071.0km^2，占全省国土面积的 87.5%。岩溶面积为 112 238.3km^2，占全省国土面积的 63.7%，以遵义市、毕节地区、黔南州、铜仁地区、黔西南州、六盘水市所占面积较多，黔东南州面积最少，总体呈现南部多、北部少，西部多、东部少的特点。

2. 地质地貌

贵州省地处云贵高原东部，地势西高东低，自中部向北、东、南三面倾斜。贵州地貌属于中国西部高原山地的一部分，在全省总面积中，山地和丘陵占 92.5%，山间小盆地占 7.5%。境内山峦起伏，绵延纵横，主要山脉有乌蒙山、大娄山、苗岭和武陵山。据《黔南岩溶研究》，自震旦纪到三叠纪时期，海相沉积岩层厚度逾万米，其中碳酸盐岩约占岩层总厚度的 65.0%，为岩溶地貌发育提供了丰富的物质基础，并构成了我国西南地区(贵州、云南、广西、重庆、四川、湖南、湖北、广东)的岩溶分布中心，处于世界岩溶分布最集中的东亚片区的核心位置。

贵州岩溶地貌千姿百态，类型复杂多样。地表有洼地、峰林、溶丘、天生桥、穿洞等岩溶形态，地下有洞穴、地下河、石笋和卷曲石等钙质沉积形态以及流痕等多种洞穴溶蚀微形态。而且，多种岩溶个体形态又在不同区域有规律地组合，形成峰林盆地、岩溶高原峡谷等各种地貌类型。各种岩溶地貌类型规模不一、景观各异，使贵州的广袤土地成为一个色彩缤纷、气象万千的岩溶世界，对开展岩溶地貌的形成、演变和发生机理等方面研究具有很高的价值。现有著名的岩溶旅游景点黄果树瀑布、织金洞、天生桥等。

3. 水文

贵州省域内河流均处在长江和珠江两大水系上游交错地带，是长江、珠江上游的重要水源。全省水系顺地势由西部、中部向北、东、南三面分流。苗岭是长江和珠江两流域的分水岭，以北属长江流域，占全省国土面积的 65.7%，主要河流有乌江、赤水河、清水江、洪州河、㵲阳河、锦江、松桃河、松坎河、牛栏江、横江等。苗岭以南属珠江流域，占全省国土面积的34.3%，主要河流有南盘江、北盘江、红水河、都柳江、打狗河等。贵州河流数量较多，川流不息，长度在10.0km以上的河流有984条。贵州河流的山区性特征明显，大多数的河流上游河谷开阔、水流平缓、水量小；中游河谷宽窄相间，水流湍急；下游河谷深切狭窄，水量大，水力资源丰富。

4. 气候

贵州省属亚热带高原季风气候区，气候温暖湿润，冬无严寒、夏无酷暑，大部分地区年平均气温在15.0℃左右。全省气候复杂多样，各地气候差异较大，气温的垂直变化明显。降水比较丰富，年降雨量多在1300.0mm左右，降雨大多集中在5～10月。日照时数全年约1300.0小时，日照比较丰富，具有雨热同季的特点，农作物生长期长。

5. 土壤

地带性土壤属中亚热带常绿阔叶林红壤—黄壤地带。土壤类型复杂多样，主要有黄壤、石灰土、水稻土、红壤、黄棕壤和紫色土。岩溶地区的石灰土依据地带性条件、地貌和母岩等的差异，发育有黑色石灰土、棕色石灰土、黄色石灰土、红色石灰土等。

6. 植被

境内植被具有明显的亚热带性质，其地带性植被为中亚热带常绿阔叶林，但由于人为活动的影响，地带性植被现已存留不多。现有植被中以各类次生性植被占绝对优势，主要有常绿阔叶林、常绿落叶阔叶混交林、落叶阔叶林、针叶林、竹林、灌木丛和灌草丛。目前该省的茂兰自然保护区保存有全国最完整的岩溶原始森林。全省森林覆盖率39.93%。

二、社会经济状况

据统计，2004年末，岩溶区有人口3358.0万人，农村人口2999.0万人；区域国内生产总值为1283亿元，财政总收入106亿元，农业产值为304亿元，经济发展水平相对落后。农民人均纯收入为1620元，农村贫困面大，贫困程度深。

三、石漠化土地现状

贵州省石漠化土地面积为3 316 074.7hm^2，占岩溶土地的29.5%（表3-1）。

表3-1 贵州省岩溶土地按单位统计表

单位：hm^2

调查单位	岩溶面积	石漠化		潜在石漠化土地		非石漠化土地	
		面积	百分比(%)	面积	百分比(%)	面积	百分比(%)
贵州省	11 223 831	3 316 074.7	29.5	2 983 952.8	26.6	4 923 803.5	43.9
贵阳市	723 705.8	225 306.6	31.1	223 950.7	30.9	274 448.5	37.9
六盘水市	773 025.7	312 376.9	40.4	131 455.7	17.0	329 193.1	42.6
遵义市	2 196 329.8	407 849.9	18.6	725 455.0	33.0	1 063 024.9	48.4
安顺市	700 658.8	345 542.5	49.3	123 157.8	17.6	231 958.5	33.1
铜仁地区	1 121 486.4	306 767.1	27.4	351 440.3	31.3	463 279.0	41.3
黔西南州	904 421.1	379 643.1	42.0	205 234.7	22.7	319 543.3	35.3
毕节地区	2 134 406.2	652 567	30.6	433 130.6	20.3	1 048 708.6	49.1
黔东南州	548 276.2	148 818.1	27.1	202 521.5	36.9	196 936.6	35.9
黔南州	2 121 521.0	537 203.5	25.3	587 606.5	27.7	996 711.0	47.0

1. 按地(市、州)分

贵州省的石漠化土地面积中以毕节地区面积最大，为 652 567. 0hm²，占全省石漠化土地的 19. 7%；黔东南州面积最小，为 148 818. 1hm²，占 4. 5%；黔南州、遵义市、黔西南州、安顺市、铜仁地区、六盘水市和贵阳市的石漠化土地面积分别为 537 203. 5hm²、407 849. 9 hm²、379 643. 1hm²、345 542. 5hm²、306 767. 1hm²、312 376. 9hm² 和 225 306. 6hm²(图 3-1)。

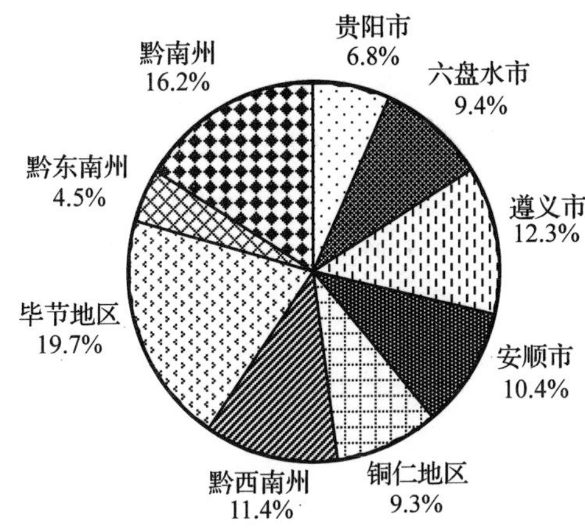

图 3-1　贵州省石漠化土地按地(市、州)分布比重图

2. 按石漠化程度分

贵州省的石漠化土地以中度、轻度石漠化土地为主，其中轻度石漠化土地面积为 1 058 589. 4hm²，占全省石漠化土地的 31. 9%；中度石漠化土地面积 1 732 953. 8hm²，占 52. 2%；重度石漠化土地面积 432 807. 3hm²，占 13. 1%；极重度石漠化土地面积91 724. 2 hm²，占 2. 8%(表 3-2)。

表 3-2　贵州省石漠化土地分程度统计表　　单位：hm²

调查单位	合计	轻度石漠化		中度石漠化		重度石漠化		极重度石漠化	
		面积	百分比(%)	面积	百分比(%)	面积	百分比(%)	面积	百分比(%)
贵州省	3 316 074. 7	1 058 589. 4	31. 9	1 732 953. 8	52. 3	432 807. 3	13. 1	91 724. 2	2. 8
贵阳市	225 306. 6	105 124. 8	46. 7	110 951. 1	49. 2	8278. 4	3. 7	952. 3	0. 4
六盘水市	312 376. 9	87 183. 9	27. 9	157 995. 5	50. 6	46 814. 3	15	20 383. 2	6. 5
遵义市	407 849. 9	169 044. 8	41. 4	195 707	48	42 339. 8	10. 4	758. 3	0. 2
安顺市	345 542. 5	63 798. 6	18. 5	181 151. 4	52. 4	92 681	26. 8	7911. 5	2. 3
铜仁地区	306 767. 1	125 811. 1	41	148 503. 6	48. 4	29 209	9. 5	3243. 4	1. 1
黔西南州	379 643. 1	65 718	17. 3	214 991. 7	56. 6	65 370. 2	17. 2	33 563. 2	8. 8
毕节地区	652 567	175 711. 2	26. 9	388 515	59. 5	78 455. 9	12	9884. 9	1. 5
黔东南州	148 818. 1	59 765. 7	40. 2	71 107. 9	47. 8	17147	11. 5	797. 5	0. 5
黔南州	537 203. 5	206 431. 3	38. 4	264 030. 6	49. 1	52 511. 7	9. 8	14 229. 9	2. 6

极重度石漠化土地以西南部的黔西南州、六盘水市面积较大，达到 53 946. 4hm²，占到

全省极重度石漠化的58.8%。轻度石漠化以贵州省中东部的贵阳市、铜仁地区、遵义市和黔东南州比重较高，占各地(市、州)石漠化土地的比重均超过40.0%。

3. 按流域分

贵州省石漠化土地分布在长江流域和珠江流域。其中，长江流域石漠化土地面积1 981 704.2hm²，占全省石漠化土地的59.8%；珠江流域面积1 334 370.5hm²，占40.2%。珠江流域石漠化土地面积所占比重较小，但石漠化程度深，全省轻度、中度石漠化占石漠化比例为84.2%，而珠江流域的轻度、中度石漠化比例为77.6%，较全省平均水平低6.6个百分点，而重度、极重度石漠化则高出6.6个百分点(表3-3)。

表3-3 贵州省石漠化土地按流域统计表 单位：hm²

流域	合计	轻度石漠化	中度石漠化	重度石漠化	极重度石漠化
合计	**3 316 074.7**	**1 058 589.4**	**1 732 953.8**	**432 807.3**	**91 724.2**
1. 长江流域	**1 981 704.2**	**701 463.6**	**1 054 713.5**	**206 000.1**	**19 527.0**
赤水河流域	216 771.8	71 276.2	124 914.9	19 470.8	1109.9
乌江流域	1 438 519.7	449 397.7	804 832.7	166 756.8	17 532.5
沅江流域	252 056.4	118 084.7	114 171.2	18 957.0	843.5
清江流域	5086.5	2368.9	2676.5		41.1
金沙江流域	69 269.8	60 336.1	8118.2	815.5	
2. 珠江流域计	**1 334 370.5**	**357 125.8**	**678 240.3**	**226 807.2**	**72 197.2**
黔江流域	143 248.0	66 526.0	57 366.4	17 894.0	1461.6
红水河流域	369 014.0	110 767.1	192 003.1	53 140.1	13 103.7
南盘江流域	171 272.5	39 287.4	89 847.4	31 332.8	10 804.9
北盘江流域	650 836.0	140 545.3	339 023.4	124 440.3	46 827.0

在贵州省长江流域二级支流中，以乌江流域石漠化土地面积最大，面积为1 438 519.7 hm²，占全省长江流域石漠化土地的72.6%；在珠江流域二级支流中以北盘江流域石漠化土地面积最大，占全省珠江流域石漠化土地的48.8%。

4. 按土地利用类型分

贵州省现有石漠化土地中，林地为1 737 511.3hm²，占全省石漠化土地的52.4%；耕地(旱地)为1 184 764.5hm²，占35.7%；未利用地为343 280.6hm²，占10.3%；牧草地为50 518.3hm²，占1.5%。未利用地上的石漠化发生率最高，达到94.3%，比全省平均值高出64.8个百分点；此外在旱地上的石漠化发生率也较高，达到85.4%(表3-4)。

表3-4 贵州省石漠化土地按土地利用类型状况表 单位：hm²

程度	合计	林地	耕地	牧草地	未利用地
合计	3 316 074.7	1 737 511.3	1 184 764.5	50 518.3	343 280.6
轻度石漠化	1 058 589.4	843 341.2	172 438.0	18 186.5	24 623.7
中度石漠化	1 732 953.8	716 906	854 339.4	26 454.7	135 253.7
重度石漠化	432 807.3	156 376.9	155 602.4	5555.4	115 272.6
极重度石漠化	91 724.2	20 887.2	2384.7	321.7	68 130.6

5. 石漠化土地分布特征

(1)石漠化土地相对集中分布在岩溶发育成熟的南部和西部地区

从空间分布来看，石漠化土地相对集中分布在岩溶发育成熟的贵州省南部和西部，以毕节地区、黔南州、遵义市、黔西南州、安顺市、六盘水市所占面积较大。其中石漠化土地面积在 66 666.67hm^2 以上的 14 个县(市、区)都分布在此区域，这些县(市、区)分别为六枝特区、水城县、盘县、关岭县、紫云县、兴义市、毕节市、大方县、黔西县、织金县、纳雍县、威宁县、平塘县、罗甸县。

(2)云贵高原向广西盆地的过渡斜坡地带石漠化发生率高、程度重

在云贵高原向广西盆地的过渡斜坡地带的安顺市、黔西南州和六盘水市的石漠化发生率均超过 40.0%，分别为 49.3%、42.0% 和 40.4%；且以重度、极重度石漠化土地比重高，达到 25.7%，比全省重度、极重度石漠化土地比重高出 9.9 个百分点。

(3)石漠化土地仍以轻度、中度为主

全省石漠化土地中，轻度、中度石漠化所占比重高，两者共计达到 84.2%。说明现阶段是石漠化土地治理的关键时期，如不及时采取措施，土地石漠化程度将加深，从而导致岩溶生态系统的进一步恶化。

(4)贵州省石漠化土地生产力低下

石漠化土地因成土母岩不溶性物质含量极低，成土速度慢，多数明显呈现外观石质化特征，土被零星、土层极薄、土壤保水保肥性能极差，植被结构简单，以灌草丛为主、覆盖率低，生态环境恶劣，土地难以利用，也难以有效发挥调节气候、涵养水源等功能。

四、潜在石漠化土地现状

贵州省的潜在石漠化土地面积为 2 983 952.8hm^2，占全省岩溶土地面积的 26.6%。

1. 按地(市、州)分

贵州省的潜在石漠化土地以遵义市面积最大，为 725 455.0hm^2，占全省潜在石漠化土地的 24.3%；安顺市面积最小，为 123 157.8hm^2，占 4.1%；黔南州、毕节地区、铜仁地区、贵阳市、黔西南州、黔东南州和六盘水市的潜在石漠化土地面积分别为 587 606.5hm^2、433 130.6hm^2、351 440.3hm^2、223 950.7hm^2、205 234.7hm^2、202 521.5hm^2 和 131 455.7 hm^2(图 3-2)。

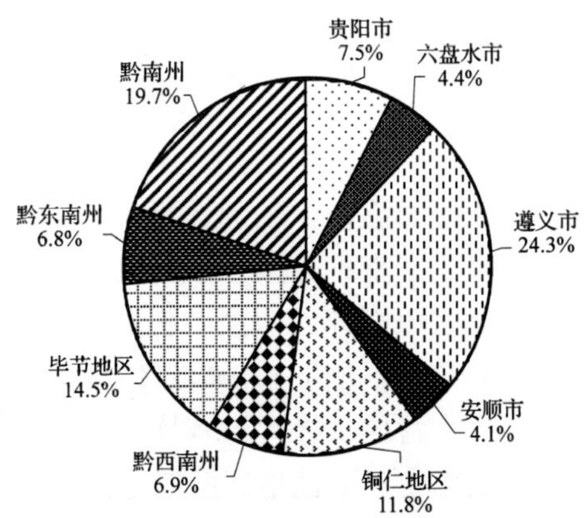

图 3-2 贵州省潜在石漠化土地按地市州分布比重图

2. 按流域分

贵州省的潜在石漠化土地主要分布在长江流域和珠江流域。长江流域潜在石漠化土地面积为2 235 824. 8hm^2，占全省潜在石漠化土地的74. 9%，而岩溶面积只占全省的68. 3%；珠江流域为748 128. 0hm^2，占25. 1%。二级支流潜在石漠化土地面积比例详见图3-3。

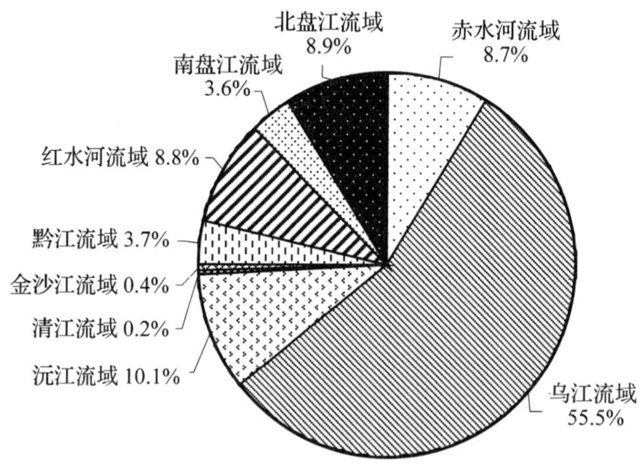

图3-3 贵州省潜在石漠化土地按二级支流分布比重图

3. 按土地利用类型分

贵州省现有潜在石漠化土地中，林地为2 752 272. 1hm^2，占全省潜在石漠化土地的92. 2%；耕地为202 210. 4hm^2，占6. 8%；牧草地为29 470. 3hm^2，占1. 0%。

第2节 云南省石漠化土地状况

一、自然概况

1. 地理位置

云南地处我国西南边陲，地理位置介于东经97°31′39″～106°11′47″，北纬21°08′32″～29°15′08″，东西距离885km，南北相距910km。全省土地总面积394 000. 0km^2。岩溶土地分布在全省65个县(市、区)的756个乡(镇)，位于东经97°31′39″～104°45′00″，北纬22°30′00″～29°15′08″。岩溶区国土面积110 875. 7 km^2，占全省土地面积的28. 1%。岩溶面积791 224. 8km^2。

2. 地貌

云南省为多山省份之一，山脉蜿蜒纵横，山间盆地星罗棋布，地形复杂多样，有高山、中山、低山、高原、盆地、丘陵等。云南省岩溶分布面积大，居全国第二位，其地貌类型复杂多样，东西差异明显。滇东北地区以溶蚀、侵蚀中低山为主，山高谷深，岩溶峡谷遍布，盆地稀少；滇东地区高原面保存较完整，地形起伏相对较小，以石芽、石笋、溶沟、溶蚀洼地、漏斗、溶丘和孤峰石山为主体，盆地边缘常有峰林；滇东南地区地形起伏较大，地貌组合以峰丛洼地、岩溶峡谷、溶蚀槽为主；滇西地区以溶蚀、侵蚀中山为主，山高谷深，其地貌组合为溶蚀洼地、残余石山、石丘等。

云南省岩溶分布相对集中成片，主要分东部和西部两大片。东部包括文山州、红河州、曲靖市、昆明市、昭通市以及玉溪市等，该区域岩溶面积占全省岩溶面积的72.6%；西部主要包括迪庆州、丽江市、保山市、大理市和临沧市等，该区域岩溶面积占全省岩溶面积的27.4%。

3. 水文

云南省岩溶地区水资源丰富，岩溶县自产水资源总量6577.9万m^3/d；但可采水资源相对缺乏，岩溶地下水资源总量为5910.0万m^3/d，可采水资源仅为1572.9万m^3/d。云南省岩溶地区年均降雨量在1000mm左右，由于岩溶发育，形成漏斗、断头河、溶蚀洼地等岩溶地貌，使降水很快渗入地下，地表难于蓄水，往往造成干旱缺水，雨季雨水集中时又易带来洪涝等自然灾害。据统计，云南省岩溶区缺水人口有488.1万人，缺水大牲畜126.0万头。

4. 气候

由于大气环流的影响，冬季受干燥的大陆季风控制，夏季盛行湿润的海洋季风，属低纬山原季风气候。全省气候类型丰富多样，有热带、亚热带、温带、寒温带等气候类型。云南岩溶地区气候类型从南至北，从低海拔到高海拔具有热带至寒温带的多种气候类型。

5. 土壤

因地质、地貌、气候、生物等的相互作用，造成了全省土壤类型的多种多样，且具有明显的水平和垂直分布特征。随着气候类型的变化，从南至北涉及砖红壤、赤红壤、红壤、黄壤及非地带性的石灰土、燥红土、紫色土等多种土壤类型。此外，岩溶土地普遍具有土被不连续、破碎，土壤瘠薄，生产力较低的特点。

6. 植被

云南拥有丰富的植物资源，素有“植物王国”、“药材之乡”的美誉，是全国植物种类最多的省份，不仅有热带、亚热带、温带、寒温带植物种类，而且还有许多古老的、特有的以及从国外引种的植物，在全国近3万种高等植物中，云南就有近1.3万种，约占全国总数的1/2。云南省岩溶地区降水丰沛、热量充足、雨热同季，使植物繁衍生长特别旺盛，分布着南亚热带季风常绿阔叶林、亚热带常绿阔叶林、云南松林、思茅松林及其他灌丛和草坡植被等植被类型，形成了云南省岩溶地区独特的生物资源。植物种类非常丰富，为全省岩溶地区经济开发、种植业及其加工业发展提供了可靠的物质基础，也为今后石漠化综合治理提供了客观的科学依据。

二、社会经济状况

据云南省2004年统计年鉴，全省岩溶区65个县(市、区)的国土总面积为17 898 814.8 hm^2，占全省国土面积的42.1%；总人口24 577 405人，占全省总人口42 359 000的58.0%，其中劳动力11 877 313.0人；社会总产值666.4亿元，其中农业总产值349.8亿元(林业产值23.9亿元)；财政收入122.8亿元；粮食总产量781.0万t，人均GDP为5338.0元，农民人均纯收入1878.4元。

三、石漠化土地现状

据监测，云南省石漠化土地面积为2 881 376.4hm^2，占全省岩溶土地总面积的36.4%(表3-5)。

表 3-5　云南省岩溶土地按单位统计表　　单位：hm^2

监测单位	岩溶面积	石漠化土地		潜在石漠化土地		非石漠化土地	
		面积	百分比(%)	面积	百分比(%)	面积	百分比(%)
云南省	7 912 248.4	2 881 376.4	36.4	1 725 635.4	21.8	3 305 236.6	41.8
迪庆州	443 542.6	213 131.3	48.1	144 662.3	32.6	85 749	19.3
丽江市	786 020.6	305 196.2	38.8	312 301.9	39.7	168 522.5	21.4
大理州	100 274.1	22 020.2	22	11 412.4	11.4	66 841.5	66.7
保山市	347 267.2	55 749.3	16.1	43 049.6	12.4	248 468.3	71.5
临沧市	483 043	147 771.6	30.6	147 703.2	30.6	187 568.2	38.8
昭通市	1 200 096.8	338 415.5	28.2	194 123.9	16.2	667 557.4	55.6
曲靖市	1 419 576.4	444 537.3	31.3	335 709.7	23.6	639 329.4	45
昆明市	545 387	118 144.6	21.7	103 330.7	18.9	323 911.7	59.4
玉溪市	193 008.2	78 656	40.8	36 512.2	18.9	77 840	40.3
红河州	1 039 519.7	326 808.1	31.4	214 397	20.6	498 314.5	47.9
文山州	1 354 512.9	830 946.3	61.3	182 432.5	13.5	341 134.1	25.2

1. 按市(州)分

云南省的石漠化土地中，以文山州面积最大，为830 946.3hm^2，以下依次为曲靖市、昭通市、红河州、丽江市、迪庆州、临沧市、昆明市、玉溪市、保山市和大理州，石漠化土地面积分别为444 537.3hm^2、338 415.5hm^2、326 808.1hm^2、305 196.2hm^2、213 131.3hm^2、147 771.6hm^2、118 144.6hm^2、78 656.0hm^2、55 749.3hm^2 和22 020.2hm^2(图3-4 和表3-5)。

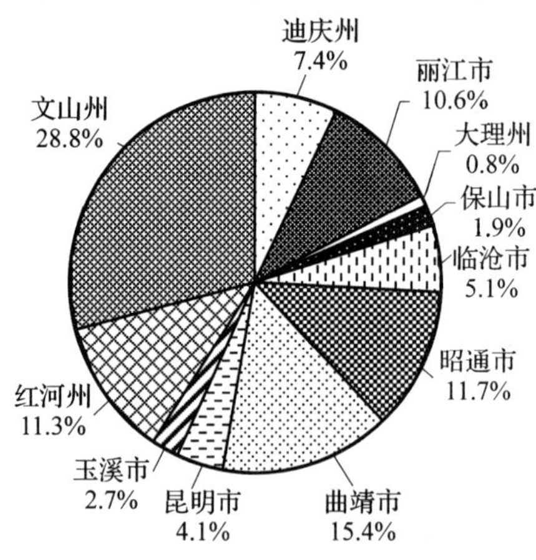

图 3-4　云南省石漠化分市(州)分布比重图

2. 按程度分

云南省的石漠化土地中，轻度石漠化土地889 553.5hm^2，占全省石漠化土地的30.9%；中度石漠化土地1 364 029.5hm^2，占47.3%；重度石漠化土地483 530.2hm^2，占16.8%；极重度石漠化土地144 263.2hm^2，占5.0%(表3-6)。

表 3-6　云南省石漠化土地分程度统计表　单位：hm^2

监测单位	合计	轻度石漠化		中度石漠化		重度石漠化		极重度石漠化	
		面积	百分比(%)	面积	百分比(%)	面积	百分比(%)	面积	百分比(%)
云南省	2 881 376. 4	889 553. 5	30. 9	1 364 029. 5	47. 3	483 530. 2	16. 8	144 263. 2	5
昆明市	118 144. 6	53 281	45. 1	44 346. 1	37. 5	15 394	13	5123. 5	4. 3
曲靖市	444 537. 3	228 903. 1	51. 5	165 321. 8	37. 2	37 958. 6	8. 5	12 353. 8	2. 8
玉溪市	78 656	19 800. 9	25. 2	46 452. 6	59. 1	10 923. 2	13. 9	1479. 3	1. 9
保山市	55 749. 3	20 515. 2	36. 8	32 548. 4	58. 4	2503. 1	4. 5	182. 6	0. 3
昭通市	338 415. 5	96 790. 9	28. 6	185 919. 7	54. 9	37 233. 1	11	18 471. 8	5. 5
丽江市	305 196. 2	117 797. 3	38. 6	108 127. 1	35. 4	37 638	12. 3	41 633. 8	13. 6
临沧市	147 771. 6	65 388. 6	44. 2	71 933. 4	48. 7	10 361. 2	7	88. 4	0. 1
红河州	326 808. 1	87 832. 8	26. 9	182 405. 5	55. 8	43 077. 3	13. 2	13 492. 5	4. 1
文山州	830 946. 3	135 196. 3	16. 3	430 363. 8	51. 8	224 496. 6	27	40 889. 6	4. 9
大理州	22 020. 2	11 325	51. 4	6977. 6	31. 7	1708. 4	7. 8	2009. 2	9. 1
迪庆州	213 131. 3	52 722. 4	24. 7	89 633. 5	42. 1	62 236. 7	29. 2	8538. 7	4

3. *按流域分*

云南省石漠化土地分布涉及长江流域、珠江流域、红河流域、澜沧江流域、怒江流域。其中：长江流域石漠化土地 1 035 943. 4hm^2，占全省石漠化土地的 36. 0%；珠江流域 1 068 955. 1hm^2，占 37. 1%；澜沧江流域 76 190. 3hm^2，占 2. 6%；怒江流域 177 479. 4hm^2，占 6. 2%；红河流域 522 808. 2hm^2，占 18. 1%（表 3-7）。

表 3-7　云南省石漠化土地分流域统计表　单位：hm^2

监测单位	合计	轻度石漠化		中度石漠化		重度石漠化		极重度石漠化	
		面积	百分比(%)	面积	百分比(%)	面积	百分比(%)	面积	百分比(%)
全省	**2 881 376. 4**	**889 553. 5**	**30. 9**	**1 364 029. 5**	**47. 3**	**483 530. 2**	**16. 8**	**144 263. 2**	**5**
1. 长江流域	**1 035 943. 4**	**358 408. 5**	**34. 6**	**435 778. 8**	**42. 1**	**160 131. 5**	**15. 5**	**81 624. 6**	**7. 9**
赤水河流域	24 773. 6	2762. 7	11. 2	16 006. 6	64. 6	5422. 3	21. 9	582	2. 3
乌江流域	5317. 8	333. 9	6. 3	3961. 1	74. 5	891. 1	16. 8	131. 7	2. 5
长江上游干流区间	1 005 852	355 311. 9	35. 3	415 811. 1	41. 3	153 818. 1	15. 3	80 910. 9	8
2. 珠江流域	**1 068 955. 1**	**283 678. 5**	**26. 5**	**519 350. 4**	**48. 6**	**226 010. 9**	**21. 1**	**39 915. 3**	**3. 7**
南盘江流域	957 337. 7	210 786	22	482 414. 1	50. 4	224 441. 8	23. 4	39 695. 8	4. 1
北盘江流域	111 617. 4	72 892. 5	65. 3	36 936. 3	33. 1	1569. 1	1. 4	219. 5	0. 2
3. 澜沧江流域	**76 190. 3**	**28 178. 7**	**37**	**37 549. 9**	**49. 3**	**10 174. 8**	**13. 4**	**286. 9**	**0. 4**
威远江流域	14 198. 7	6974. 3	49. 1	6581	46. 3	643. 4	4. 5		
漾濞江流域	11 969. 5	3407. 4	28. 5	7867. 7	65. 7	511. 8	4. 3	182. 6	1. 5
澜沧江干流	50 022. 1	17 797	35. 6	23 101. 2	46. 2	9019. 6	18	104. 3	0. 2

（续）

监测单位	合计	轻度石漠化		中度石漠化		重度石漠化		极重度石漠化	
		面积	百分比（%）	面积	百分比（%）	面积	百分比（%）	面积	百分比（%）
4. 怒江流域	**177 479.4**	**75 522.1**	**42.6**	**90 159.8**	**50.8**	**11 709.1**	**6.6**	**88.4**	
5. 红河流域	**522 808.2**	**143 765.7**	**27.5**	**281 190.6**	**53.8**	**75 503.9**	**14.4**	**22 348**	**4.3**
绿汁江流域	34 813.1	7848.6	22.5	21 829.7	62.7	4563.7	13.1	571.1	1.6
盘龙江流域	487 995.1	135 917.1	27.9	259 360.9	53.1	70 940.2	14.5	21 776.9	4.5

4. 按土地利用类型分

在云南省现有石漠化土地中，林地为1 843 792.8hm^2，占全省石漠化土地的64.0%；耕地为621 947.3hm^2，占21.6%；牧草地为22 003.1hm^2，占0.8%；未利用地为393 633.2 hm^2，占13.6%（表3-8）。

表3-8 云南省石漠化土地按土地利用类型统计表 单位：hm^2

类别		合计	林地	耕地	牧草地	未利用地
		2 881 376.4	1 843 792.8	621 947.3	22 003.1	393 633.2
轻度石漠化	面积	889 553.5	768 580.4	99 749.5	4075.2	17 148.4
	百分比(%)	30.9	41.7	16	18.5	4.4
中度石漠化	面积	1 364 029.5	838 682.5	440 800.5	10 529.8	74 016.7
	百分比(%)	47.3	45.5	70.9	47.9	18.8
重度石漠化	面积	483 530.2	222 910.4	76 312.6	6932.9	177 374.3
	百分比(%)	16.8	12.1	12.3	31.5	45.1
极重度石漠化	面积	144 263.2	13 619.5	5084.7	465.2	125 093.8
	百分比(%)	5	0.7	0.8	2.1	31.7

5. 石漠化土地分布特征

（1）云南省石漠化土地主要分布在亚热带岩溶强烈发育的区域，且集中连片，岩溶地貌景观典型，如滇东及滇东南岩溶发育地区，包括曲靖、文山、红河、昆明、玉溪、昭通等，该区域有举世闻名的云南石林等岩溶地貌景观；丽江与大理金沙江流域一带。

（2）云南省石漠化主要分布于南盘江、金沙江、红河构造活动强烈的河流上游及河谷地带，如迪庆、丽江、昭通、曲靖、红河、文山，尤其以处于云贵高原向广西盆地的过渡斜坡地带的南盘江、红河流域最为突出，如文山和红河州等。

（3）云南省石漠化发生状况与人口密度、经济状况、薪材消耗息息相关。石漠化土地集中分布区普遍存在人口增长过快、人地矛盾突出等问题，经济相对落后。全省石漠化发生率最高的文山州人口密度高，如西畴县达165人/km^2，文山县、马关县分别达146人/km^2、132人/km^2；经济相对落后，如广南县、富宁县农民人均纯收入分别只有749元、861元。土地生产力低下，粮食不能自给，经济来源单一；此外该区域缺少煤炭资源，群众的生活能源主要依靠薪材，而且该区是我国名贵中药材“三七”主产区，木材消耗数量大。

（4）云南省石漠化土地以轻度、中度为主。中度、轻度石漠化土地占全省石漠化土地面积的 78. 2%，现阶段是治理的关键时期。

四、潜在石漠化土地现状

云南省岩溶地区潜在石漠化土地为 1 725 635. 4hm²，占全省岩溶土地的 21. 8%。

1. 按市(州)分

云南省潜在石漠化土地以曲靖市面积最大，为 335 709. 7hm²，以下依次为丽江市、红河州、昭通市、文山州、临沧市、迪庆州、昆明市、保山市、玉溪市和大理州，潜在石漠化土地面积分别为 312 301. 9hm²、214 397. 0hm²、194 123. 9hm²、147 703. 2hm²、144 662. 3hm²、103 330. 7hm²、43 049. 6hm²、36 512. 2hm² 和 11 412. 4hm²。(表 3-9 和图 3-5)

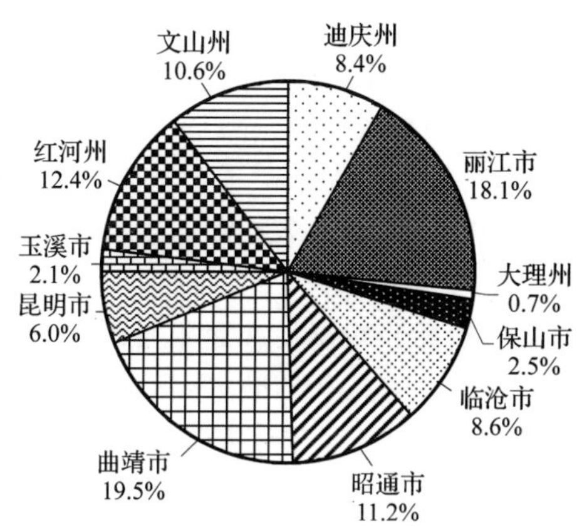

图 3-5　云南省潜在石漠化按市(州)分布图

2. 按流域分

云南省潜在石漠化土地分布于长江流域、珠江流域、红河流域、澜沧江流域、怒江流域。其中：长江流域的潜在石漠化土地为 709 103. 3hm²，占全省潜在石漠化土地总面积 41. 1%；珠江流域 545 087. 8hm²，占 31. 6%；澜沧江流域 86 006. 0hm²，占 5. 0%；怒江流域 175 014. 8hm²，占 10. 1%；红河流域 210 423. 5hm²，占 12. 2%。

3. 按土地利用类型分

在云南省现有潜在石漠化土地中，林地为 1 669 473. 6hm²，占全省潜在石漠化土地的 96. 7%；发生在耕地上的面积 52 828. 5hm²，占 3. 1%；发生在牧草地上的面积 3333. 3hm²，占 0. 2%。

第 3 节　广西壮族自治区石漠化土地状况

一、自然概况

1. 地理位置

广西岩溶地区包括河池市、百色市、桂林市、崇左市、南宁市、来宾市、柳州市、贺州市、贵港市、梧州市等 10 市 76 县(市、区)，区域国土面积 178 978km²，岩溶面积为 83 296. 5km²。地理坐标介于东经 106°20′~110°01′与北纬 22°11′~25°18′，东南与广东、湖南相邻；南邻大海，北面与贵州省、湖南省接壤，西部与云南省相连，西南与越南国毗邻。

2. 岩溶地貌

广西西北部以中、低山为主，东南部以丘陵居多。岩溶地貌分布其中，发育典型，峰丛、孤峰、残丘或连片或交替，地下河普遍发育，地势由西部向东南倾斜。从地层来讲，以泥盆系、石炭系、二叠系分布最广，发育最完善。其中桂东北以泥盆系—石炭系为主，桂中以石炭系—二叠系为主，桂西南以泥盆系一二迭系为主。总体上看，从桂西北山地至桂东南丘陵平原，由强烈切割的岩溶山地转化为溶蚀堆积的岩溶平原；从发育程度上，岩溶地貌可分为峰丛、峰林、弧峰和残丘 4 种类型。峰丛型分布在桂西、桂西北靠近云南及贵州的边缘，以及桂中弧形山脉西翼都阳山的东南段，海拔多在 500m 以上，石山高可达 1000m 以上，相对高差 600m 左右，石山密集，基座相连，有的在山体高度的 1/2 以上，负地形发育，峰丛之间漏斗、落水洞、圆洼地、盲谷发达。峰林型主要分布在广西盆地四周，以桂林、阳朔一带为代表，峰林多呈圆柱形或锥形。孤峰型主要分布在岩溶平原上，以宾阳、黎塘一带为代表，孤峰分散，孤立在岩溶平原上。残丘主要分布在郁江和浔江谷地，以横县至平南一带为代表，其峰林已被溶蚀为零星的残丘。

3. 水文

广西岩溶地区地表水系除全州县、兴安县和灌阳县属洞庭湖水系外，其余均属珠江水系。珠江上游主干流南盘江——红水河流经岩溶地区区域中部，西北部为珠江主要支流柳江和漓江，西部为左江和右江，是广西旱涝等自然灾害频发地区。区域内岩溶分布面积广，地下水广泛发育，碳酸盐岩岩溶水资源量约占地下水资源总量的 61.5%，岩溶水接受大气降水的入渗补给、贮藏、运移于深洞和溶蚀裂隙中，并多以泉、地下河形式在低洼地出露排泄于当地江河中。全区有地下河约 600 余条，大于 50L/s 的岩溶泉 200 多个，水位埋深随地而异，平原区一般小于 10m，峰丛谷地 30 ~ 50m，桂西北峰丛洼地通常大于 50m。

4. 气候

广西岩溶地区属亚热带湿润季风气候，温暖湿润，年平均气温在 17 ~ 23℃，年降雨量在 1100 ~ 1500mm，而且多集中在 5 ~ 9 月，大雨、暴雨频发，伴随着剧烈的雨水冲刷和径流，尤其是失去森林植被覆盖的岩溶裸地水土流失极为严重，易发生石漠化。该区域适合多种林木生长，但因人为干扰严重，岩溶区森林覆盖率较低。

5. 土壤

碳酸盐岩类分布约占全区面积的 1/4，多以石灰岩、白云岩为主。岩溶区土壤多是碳酸盐岩溶蚀残余物发育而成的石灰岩土，由于气候条件、碳酸盐岩的类型差异、成土物质的含量多寡不同，土壤性状亦有明显差异。石灰土根据发育程度和性状分为黑色石灰土、棕色石灰土、黄色石灰土和红色石灰土 4 个亚类。黑色石灰土面积不大，零星分布于石灰岩山地上部的岩缝中和坡麓低洼地，有石灰反应，pH 值为 6.5 ~ 8.0，有机质含量 6.0% ~ 7.0%，呈团粒结构，是石灰土肥力最高的类型；棕色石灰土是该区最常见的类型，多分布于石山下坡和山弄槽谷，pH 值为 6.5 ~ 7.5，有机质含量 4.4% 左右；黄色石灰土多分布在海拔较高的石灰岩山地上，垂直分布与黄壤基本一致，土体呈黄色，pH 值为 7.0 ~ 8.2；红色石灰土主要分布在桂东北溶蚀平原区，土体无石灰反应，表层为暗棕红色。

6. 植被

广西岩溶地区植被由于受岩性的影响以及海拔高度的变化，使得植被的复杂性增加，热带雨林性常绿阔叶林的原生植被以蚬木、肥牛树、闭花木为主；典型常绿阔叶林植被以青冈栎、朴树、化香、黄连木、圆叶乌桕为主；具有热带成分的常绿阔叶林，分布在热带雨林性常绿阔叶林和典型常绿阔叶林之间的桂中地区，植被具有南北过渡的特点，原生植被破坏殆尽。石山灌丛常见的有小果蔷薇、火棘、龙须藤、老虎刺、红背山麻杆、野花椒、灰毛浆果楝、倒吊笔、细叶榕、余甘子、粉萍婆、山海带、小叶山柿等。草丛以蕨类、扭黄茅、龙须草、荩草、五节芒为主。

7. 旅游资源

广西岩溶地区是世界典型的热带岩溶地区之一，岩溶发育广泛，孕育着孤山、秀水、奇峰、幽洞、瀑布、天生桥等奇丽多姿的岩溶景观。有"山水甲天下"美誉的桂林，奇峰挺拔、绿水萦回、岩洞幽邃、万象森罗，古人有诗赞曰："四野皆平地，千峰直上天"、"水作青罗带，山如碧玉簪"。群山峰峦叠嶂、莽莽苍苍，绝壁刀削斧劈、平垂若幔。丰富而奇特的岩溶地貌与浓郁的少数民族风情交相辉映，为广西生态旅游提供了优越条件。

二、社会经济状况

1. 人口及其分布状况

据统计，至 2004 年末，广西岩溶区总人口 2987. 94 万人，占全区总人口的 61. 1%，人口净增长率 6. 8‰；少数民族人口 1143 万人，占全区少数民族人口的 63. 5%。总体上看，岩溶地区人口分布呈西部、西北部少，中部、东南部多的特点，其中，人口密度最低的为百色市，为 102 人/km^2，人口密度最高的为贵港市，为 393 人/km^2。

2. 经济状况

广西岩溶地区 2004 年社会总产值(GDP)1983. 4 亿元，其中：第一产业 614. 9 亿元，占 31. 0%；第二产业 848. 9 亿元，占 42. 8%；第三产业 519. 6 亿元，占 26. 2%。第一产业社会产值中，农业产值 477. 3 亿元，占 77. 6%；林业产值 38. 2 亿元，占 6. 2%；财政收入 181. 28 亿元，人均产值 5155 元，农民人均纯收入 1959 元。

3. 能源、交通状况

广西岩溶地区农村能源有煤、电、沼气、薪材等，其消耗结构为：煤占 7. 3%，电占 13. 4%，沼气占 22. 5%，薪材占 45. 2%，其他占 11. 6%。总体来看，岩溶地区农村能源主要以薪材、沼气为主，两者之和占农村能源比重为 67. 7%。

交通状况相对较落后，现有公路 37 838. 46km，铁路 2056. 7km，路网密度为 0. 22m/km^2，相当一部分岩溶山区农村没有公路相通，生产、生活用品只能靠肩挑、马驮来运输。

三、石漠化土地现状

广西岩溶地区石漠化监测涉及 10 个市 76 个县(市、区)779 个乡(镇)，石漠化土地面积 2 379 080. 3hm^2，占全区国土面积的 10. 1%，占全区岩溶土地面积的 28. 6%(表 3-10)。

1. 按市分

广西石漠化土地分布广泛，但主要集中在百色市、河池市、来宾市、崇左市等，具体情况如下：河池市 882 357. 7hm^2，占 37. 1%；百色市 544 709. 1hm^2，占 22. 9%；崇左市 218 042. 1hm^2，占 9. 2%；桂林市 201 460. 7hm^2，占 8. 5%；来宾市 197 786. 1hm^2，占 8. 3%；南宁市石漠化土地面积为 145 138. 5hm^2，占全区石漠化土地面积的 6. 1%；柳州市

126 276. 2hm²，占 5. 3%；贺州市 54 653. 0hm²，占 2. 3%；贵港市 8656. 9hm²，占 0. 4%（表3-11）。

表 3-10 广西岩溶土地按单位统计表 单位：hm²

单位	总面积	岩溶区面积							
		小计		石漠化土地		潜在石漠化土地		非石漠化土地	
		面积	百分比（%）	面积	百分比（%）	面积	百分比（%）	面积	百分比（%）
广西	23 670 000. 0	8 329 645. 2	35. 2	2 379 080. 3	10. 1	1 867 091. 3	7. 9	4 083 473. 6	17. 3
南宁市	2 230 000. 0	796 920. 4	35. 7	145 138. 5	6. 5	189 977. 2	8. 5	461 804. 7	20. 7
柳州市	1 860 000. 0	672 016. 7	36. 1	126 276. 2	6. 8	118 883. 0	6. 4	426 857. 4	22. 9
桂林市	2 780 000. 0	985 871. 3	35. 5	201 460. 7	7. 2	135 539. 5	4. 9	648 871. 1	23. 3
梧州市	1 260 000. 0	2379. 8	0. 2	0. 0	0. 0	0. 0	0. 0	2379. 8	0. 2
贵港市	1 060 000. 0	74 034. 7	7. 0	8656. 9	0. 8	8657. 9	0. 8	56 719. 9	5. 4
百色市	3 630 000. 0	1 297 475. 4	35. 7	544 709. 1	15. 0	312 879. 7	8. 6	439 886. 6	12. 1
贺州市	1 180 000. 0	254 585. 8	21. 6	54 653. 0	4. 6	16 756. 8	1. 4	183 176	15. 5
河池市	3 350 000. 0	2 329 390. 9	69. 5	882 357. 7	26. 3	694 521. 0	20. 7	752 512. 2	22. 5
来宾市	1 340 000. 0	796 989. 1	59. 5	197 786. 1	14. 8	93 696. 7	7. 0	505 156. 7	37. 7
崇左市	1 730 000. 0	1 120 373. 6	64. 8	218 042. 1	12. 6	296 179. 5	17. 1	606 109. 2	35. 0

2. 按程度分

广西现有石漠化土地面积中，轻度石漠化土地为235 310. 3hm²，占全区石漠化土地面积的 10. 0%；中度石漠化土地为 659 064. 9hm²，占 27. 2%；重度石漠化土地为1 304 195. 6 hm²，占 55. 2%；极重度石漠化土地为 180 509. 5hm²，占 7. 6%（表 3-11）。

表 3-11 广西石漠化土地分程度统计表 单位：hm²

单 位	项目	合计	石漠化程度			
			轻度	中度	重度	极重度
合 计	面积	2 379 080. 3	235 210. 6	669 401. 2	1 296 300. 0	178 168. 5
	百分比（%）	100	9. 9	28. 1	54. 5	7. 5
南宁市	面积	145 138. 5	10 683. 9	24 748. 5	108 522. 6	1183. 5
	百分比（%）	6. 1	7. 4	17. 1	74. 8	0. 8
柳州市	面积	126 276. 2	13 240. 0	32 587. 2	66 894. 0	13 555. 0
	百分比（%）	5. 3	10. 5	25. 8	53	10. 7
桂林市	面积	201 460. 7	6247. 9	33 488. 7	152 009. 8	9714. 3
	百分比（%）	8. 5	3. 1	16. 6	75. 5	4. 8
贵港市	面积	8656. 9	159. 9	3875. 8	4370. 5	250. 7
	百分比（%）	0. 4	1. 8	44. 8	50. 5	2. 9

（续）

单　位	项目	合计	石漠化程度			
			轻度	中度	重度	极重度
百色市	面积	544 709. 1	14 990. 5	85 541. 0	378 399. 7	65 777. 9
	百分比(%)	22. 9	2. 8	15. 7	69. 5	12. 1
贺州市	面积	54 653. 0	459. 0	12 853. 9	39 120. 5	2219. 6
	百分比(%)	2. 3	0. 8	23. 5	71. 6	4. 1
河池市	面积	882 357. 7	111 516. 9	349 004. 1	354 463. 9	67 372. 8
	百分比(%)	37. 1	12. 6	39. 6	40. 2	7. 6
来宾市	面积	197 786. 1	28 458. 8	64 217. 7	87 792. 0	17 317. 6
	百分比(%)	8. 3	14. 4	32. 5	44. 4	8. 8
崇左市	面积	218 042. 1	49 453. 7	63 084. 3	104 727. 0	777. 1
	百分比(%)	9. 2	22. 7	28. 9	48	0. 4

3. 按流域分

广西石漠化土地主要分布在珠江流域，该流域石漠化土地面积 2 326 802. 3hm^2，占全区石漠化土地面积的 97. 8%；长江流域石漠化土地面积仅 52 278. 0hm^2，占全区石漠化土地总面积的 2. 2%（表 3-12）。

表 3-12　广西石漠化土地按流域统计表　单位：hm^2

流域	合计	轻度石漠化		中度石漠化		重度石漠化		极重度石漠化	
		面积	百分比（%）	面积	百分比（%）	面积	百分比（%）	面积	百分比（%）
合计	2 379 080. 3	235 210. 6	9. 9	669 401. 2	28. 1	1 296 300	54. 5	178 168. 5	7. 5
1. 长江流域	52 278	4087. 8	7. 8	14 525. 1	27. 8	32 594. 8	62. 3	1070. 3	2
湘江流域	52 278	4087. 8	7. 8	14 525. 1	27. 8	32 594. 8	62. 3	1070. 3	2
2. 珠江流域	2 326 802. 3	231 122. 8	9. 9	654 876. 1	28. 1	1 263 705. 2	54. 3	177 098. 2	7. 6
西江干流流域	192 248. 1	1618. 2	0. 8	30 352. 8	15. 8	149 413. 5	77. 7	10 863. 6	5. 7
黔江流域	322 123. 1	47 006. 3	14. 6	110 464. 7	34. 3	145 166	45. 1	19 486. 1	6
浔江流域	741 797. 3	63 342. 4	8. 5	130 491. 9	17. 6	491 468	66. 3	56 495	7. 6
红水河流域	1 026 066. 9	118 457. 4	11. 5	367 840. 7	35. 8	455 328. 2	44. 4	84 440. 6	8. 2
南盘江流域	44 566. 9	698. 5	1. 6	15 726	35. 3	22 329. 5	50. 1	5812. 9	13

4. 按土地利用类型分

在广西现有石漠化土地面积中，林地为 1 582 676. 9hm^2，占全区石漠化土地面积的 66. 5%；耕地为 112 718. 0hm^2，占 4. 8%；牧草地为 14 569. 6hm^2，占 0. 6%；未利用地为 669 115. 8hm^2，占 28. 1%（表 3-13）。

表 3-13 广西石漠化分土地利用类型面积统计表

单位：hm^2

程度	合计	林地		耕地		牧草地		未利用地	
		面积	百分比(%)	面积	百分比(%)	面积	百分比(%)	面积	百分比(%)
小计	2 379 080. 3	1 582 676. 9	66. 5	112 718	4. 7	14 569. 6	0. 6	669 115. 8	28. 1
轻度石漠化	235 210. 6	200 023	85	4669. 5	2	1897. 5	0. 8	28 620. 6	12. 2
中度石漠化	669 401. 2	465 842. 7	69. 6	60 864. 6	9. 1	5651. 9	0. 8	137 042	20. 5
重度石漠化	1 296 300. 0	907 765. 0	70. 0	42 687. 3	3. 3	6794. 9	0. 5	339 052. 8	26. 2
极重度石漠化	178 168. 5	9046. 2	5. 1	4496. 6	2. 5	225. 3	0. 1	164 400. 4	92. 3

5. *石漠化与自然环境、社会经济因素的关系分析*

为了分析石漠化土地与当地自然环境、社会经济因素的关系，现将岩溶土地面积占行政区域面积 30% 以上的 48 个县(市、区)，按石漠化土地占岩溶土地面积比重划分为大于或等于 60%、30%~60%、小于 30% 三个等级(表 3-14)。

表 3-14 广西石漠化土地面积占岩溶土地面积比重

面积比重	县个数	县级单位名称
占岩溶土地面积 60% 以上	5	凤山县、东兰县、巴马县、大化县、田阳县
占岩溶土地面积 30%~60%	15	上林县、融安县、金城江区、罗城县、南丹县、都安县、平果县、德保县、靖西县、那坡县、凌云县、忻城县、天等县、雁山区、阳朔县
占岩溶土地面积 30% 以下	28	武鸣县、隆安县、马山县、柳江县、柳城县、环江县、宜州市、田东县、乐业县、兴宾区、武宣县、合山市、江州区、扶绥县、大新县、龙州县、钟山县、富川县、秀峰区、叠彩区、象山区、七星区、灵川县、全州县、平乐县、荔浦县、恭城县、覃塘区

(1)广西石漠化土地面积比重越大的县(市、区)其耕地资源相对越少。全区石漠化土地面积占岩溶土地面积大于 60% 的县有 5 个，人均耕地面积为 0. 64 亩，其中，水田仅有 0. 27 亩；石漠化土地面积比重小于 30% 的县(市、区)，人均耕地面积为 1. 04 亩，其中，水田 0. 54 亩。从石漠化土地面积比较集中分布的河池市来看，其人均耕地 0. 79 亩，其中，水田 0. 37 亩，低于广西平均水平。可见，石漠化面积比重越大，土地资源越少(图 3-6)。

(2)石漠化土地面积比重越大的县(市、区)其人均 GDP、农民人均纯收入相对越少。石漠化土地多分布于边远山区，交通不便，土地资源匮乏，文化教育非常落后，信息闭塞，缺乏科学生产经营的文化基础和思想观念，从而导致经济发展相对滞后，从石漠化土地面积比重达到 60. 0% 以上的县(市、区)看，人均 GDP 只有 2824 元，农民人均纯收入只有 1244 元，远远低于广西平均水平(图 3-7)。

(3)石漠化土地面积比重越大的县(区)其路网密度越低。石漠化地区经济发展滞后，对道路、交通等基础设施建设缺乏资金投入，加之石漠化地区山岭连绵，岩石裸露，修路成本高，因此，公路交通状况随着石漠化土地面积比重的增大，其路网密度相对就越低，交通运输愈显困难。

(4)从表 3-15 来看，石漠化土地面积比重与森林覆盖率的关系为：石漠化土地面积比重

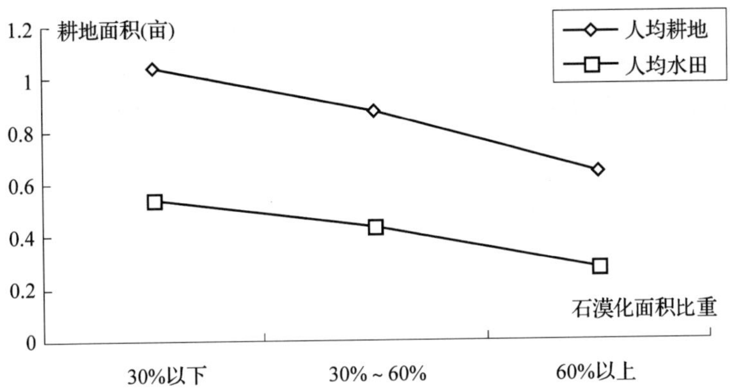

图 3-6　石漠化土地面积与人均土地、耕地面积关系图

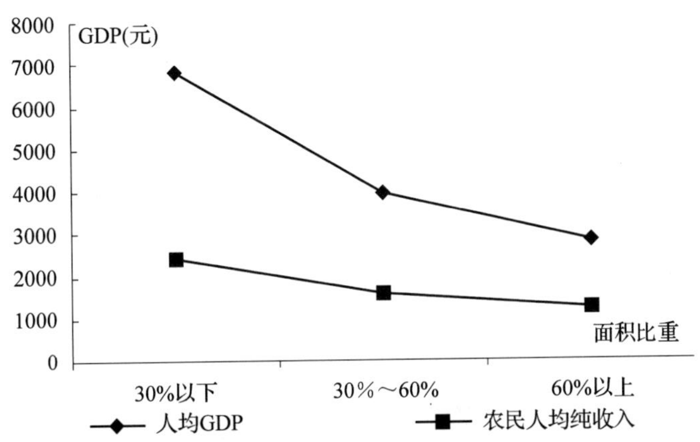

图 3-7　石漠化土地面积与人均 GDP、农民人均纯收入的关系图

越大，森林覆盖率相对越小；相反，石漠化土地面积比重越大，灌木覆盖度也越大。这是因为岩溶地区，植被类型主要以灌木为主，岩溶地区面积越大，其灌木林面积相对也越大。

有关石漠化土地分布区域与当地的资源、环境关系详见表 3-15。

表 3-15　广西石漠化土地面积比重与自然环境、社会经济因素的关系

石漠化土地面积比重	县(区)个数(个)	人均耕地(亩)	人均水田(亩)	人均 GDP(万元)	农民人均收入(元)	路网密度(米/平方千米)	植被覆盖特征	
							森林覆盖率(%)	灌木覆盖率(%)
60% 以上	5	0.64	0.27	2824	1244	210	28.79	22.77
30%～60%	15	0.87	0.43	3961	1567	230	26.64	17.86
30% 以下	28	1.04	0.54	6798	2426	250	38.85	14.18

6. *石漠化土地分布特点*

(1)广西石漠化土地分布广泛，涉及 75 个县(市、区)；以云贵高原向广西盆地的过渡斜坡地段相对集中分布，该区域的百色市、河池市石漠化土地面积达 1 427 066.8hm^2，占到广西石漠化土地面积的 60% 。

(2)广西石漠化程度较深。在广西石漠化土地面积中，重度、极重度石漠化土地占到西南岩溶地区重度、极重度石漠化土地面积 42.4%；占到广西石漠化土地面积的 62.0%，比西南岩溶地区对应比例高出 35.2 个百分点。

(3)石漠化土地集中分布区域经济相对落后、可利用土地资源较少、人地矛盾突出，是广西生态建设与社会经济发展需重点扶持区域。

四、潜在石漠化土地现状

广西潜在石漠化土地面积为 1 867 091.3hm^2，占全区岩溶土地面积的 22.4%，占全区国土面积的 7.9%。

1. 按市分

在广西潜在石漠化土地中，河池市潜在石漠化土地面积 695 421.0hm^2，占该市岩溶面积 29.8%；百色市潜在石漠化土地面积 312 879.7hm^2，占该市岩溶面积 24.1%；崇左市潜在石漠化土地面积 296 179.5hm^2，占该市岩溶面积 26.4%；南宁市潜在石漠化土地面积 189 977.2hm^2，占该市岩溶面积 23.8%；桂林市潜在石漠化土地面积 135 539.5hm^2，占该市岩溶面积 13.7%；柳州市潜在石漠化土地面积 118 883.0hm^2，占该市岩溶面积 17.7%；来宾市潜在石漠化土地面积 93 696.7hm^2，占该市岩溶面积 11.8%；贺州市潜在石漠化土地面积 16 756.8hm^2，占该市岩溶面积 6.6%；贵港市潜在石漠化土地面积 8657.9hm^2，占该市岩溶面积 11.7%；各市潜在石漠化土地面积比例详见图 3-8。

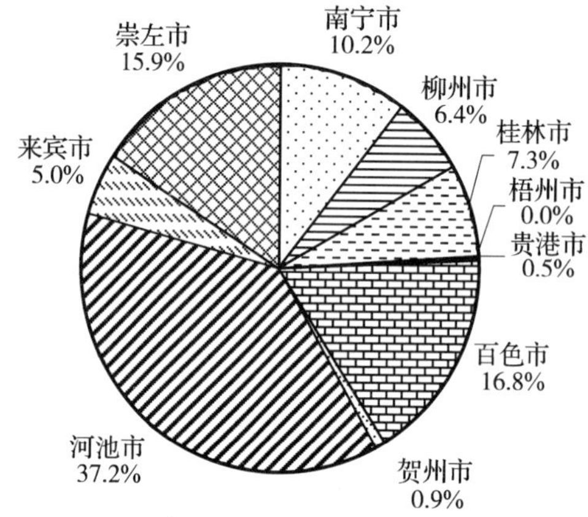

图 3-8 广西潜在石漠化按市分布图

2. 按流域分

广西潜在石漠化土地分布于珠江流域和长江流域。其中珠江流域的潜在石漠化土地面积达 1 867 091.3hm^2，占全区潜在石漠化土地面积的 98.1%；长江流域(湘江)的潜在石漠化土地面积仅 34 799.5hm^2，占 1.9%。广西主要河流潜在石漠化分布详见(图 3-9)。

3. 按土地利用类型分

广西现有潜在石漠化土地中，林地为 1 794 124.6hm^2，占全区潜在石漠化土地面积的 96.1%；耕地为 67 523.7hm^2，占 3.6%；牧草地为 5443.0hm^2，占 0.3%。

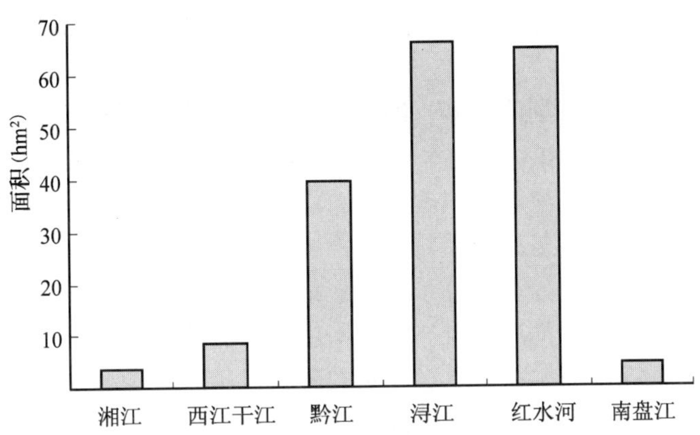

图 3-9　广西潜在石漠化按河流分布图

第 4 节　湖南省石漠化土地状况

一、自然概况

1. 地理位置

湖南省位于长江中游南岸，南岭以北，地处东经 108°47′～114°15′，北纬 24°39′～30°08′。东接江西，南连两广，西邻贵州、重庆，北与湖北接壤。东西宽 667.0km，南北长 774.0km，土地总面积 21.2 万 km^2，占全国总面积 2.2%，居全国第 11 位。

湖南省岩溶土地在全省各地分布广泛，以武陵山岩溶山地山原区，涟源、邵阳岩溶盆地区，郴州、永州岩溶山地、丘陵区分布较多，环洞庭湖区分布较少。岩溶土地分布在除长沙市外的 13 个地(市、州)、78 个县(市、区)的 1407 个乡(镇)，岩溶区国土面积 17.0 万 km^2，岩溶面积 54 362.3km^2，占全省国土面积的 25.7%。

2. 地形地貌

湖南处于云贵高原向江南丘陵与南岭山地向江汉平原的过渡地带，地形地貌复杂多样。全省山地面积 10.9 万 km^2，占全省总面积的 51.2%；丘陵盆地 6.2 万 km^2，占 29.3%；洞庭湖平原 2.8 万 km^2，占 13.1%，水面 1.4 万 km^2，占 6.4%。根据岩溶地貌形态特征的区域性差异和分布状况，以及成因类型的不同，大致可划分为四个岩溶地貌区域。

(1)湘西北褶皱侵蚀、溶蚀山原山地区：位于湖南西北部，主要由碳酸盐岩构成，属云贵高原东北部边缘地带，具山原地貌特征，山体高大，山势雄伟，山顶呈多级剥夷面，四周峡谷深切。

(2)湘西断褶侵蚀、剥蚀山地区：分布于雪峰山山脉及沅陵、麻阳一带，地貌形态上除中、低山外，尚有山间盆地的丘陵谷地，盆地丘陵低山多为红壤及部分碳酸盐岩构成，岩溶地貌景观较典型。

(3)湘南断褶侵蚀、溶蚀山地丘陵区：分布于湘南地区，由碳酸盐岩为主构成的丘陵坡地分布较广，常为岭间盆地谷地地貌，岩溶地貌景观极为典型，部分发育成峰林平原或孤峰平原岩溶地貌。

(4)湘中断褶剥蚀、溶蚀丘陵区：位于湘中一带，以碳酸盐岩组成的溶蚀丘陵为主。

3. 水文地质

湖南水系发育完整，河流湖泊众多，河网密布。河流总长4.3万余千米，多年平均径流量为2330.0亿m^3，分属长江和珠江两大流域。以长江流域的洞庭湖水系为主，主要支流有湘、资、沅、澧四大水系，其流域面积占全省总面积的96.7%，只有3.3%的面积属于珠江流域和长江流域的鄱阳湖、黄盖湖水系。

武陵山脉和雪峰山脉主要分布二叠系灰岩；湘西北主要发育寒武系、奥陶系、二叠系、三叠系的灰岩、白云质灰岩、泥质灰岩。湘西南主要为板溪群至奥陶系的浅变质岩，以赋存裂隙水为主；湘中、湘南以泥盆系至上三叠系的碳酸岩及碎屑岩为主。

地下岩溶水在湘西北、湘西、湘中及湘南一带广泛分布。

4. 气候

湖南省属中亚热带季风湿润气候，大气环流是影响湖南省气候的主要因素，冬季多为西伯利亚干冷气团控制，夏季为低纬度海洋暖湿气团所盘踞，形成具有"春温多变，阴湿多雨，夏热期长，温高湿重，秋季多旱，冬寒期短"的气候现象。年平均气温16~18℃，一月最冷，月平均气温4~7℃，七月最热，月平均气温26.5~30℃，大于等于10℃的活动积温5000~5800℃，全年无霜期260~310天，年降水量1300~1800mm。由于湖南省各地自然条件的差异，导致降雨量时空分布不均，雪峰山、南岭、武陵山、南岳等区域为多雨地区，可达1800~3200mm，且春夏之交多暴雨，4~6月降水占全年降水量的40%。

5. 土壤

土壤分为地带性土壤和非地带性土壤，地带性土壤主要是红壤、黄壤、黄棕壤等，其土层深厚，肥力中等，有机质含量2.0%~5.0%，pH值为4.0~6.0，岩溶分布区以黄壤为主。非地带性土壤主要有湘中、湘南丘陵地区的石灰土，土层厚度不一，肥力中下，pH值为6.5~7.5。

6. 植被

湖南以中亚热带常绿阔叶林为主，植物区系成分复杂。由于各地地理位置和水热条件不同，地区性差异也较明显。湘南分布着热带植物成分较多的常绿阔叶林，湘东以中亚热带常绿阔叶树为主，湘北以落叶阔叶树为主，湘西北以温带性种属成分居多，许多四川、湖北、贵州树种在此亦有分布，且残存有银杏、水杉、香果树、珙桐等孑遗植物和珍贵树种。原生性岩溶植被面积较小，且分布零散，主要是近几十年通过封山育林培育的次生乔灌木林地以及人工造林所形成的人工林。

二、社会经济状况

据统计，2004年末，湖南省岩溶区有人口4625.0万人，其中农村人口3777.0万人；区域国内生产总值为2554.0亿元，财政总收入为125.0亿元，农业产值为623.0亿元；农民人均纯收入为2397.0元。

三、石漠化土地现状

湖南省石漠化土地面积为1 478 860.2hm^2，占全省岩溶土地面积的27.2%，占全省国土面积的7.0%(表3-16)。

表 3-16　湖南省岩溶土地按单位统计表　单位：hm^2

调查单位	岩溶面积	石漠化土地		潜在石漠化土地		非石漠化土地	
		面积	百分比(%)	面积	百分比(%)	面积	百分比(%)
湖南省	5 436 226. 4	1 478 860. 2	27. 2	1 437 717. 9	26. 4	2 519 648. 3	46. 3
株洲市	133 301. 5	27 078. 7	20. 3	50 849. 8	38. 1	55 373	41. 5
湘潭市	60 278. 7	11 669. 7	19. 4	13 749. 2	22. 8	34 859. 8	57. 8
衡阳市	177 062	68 456. 2	38. 7	34 213. 3	19. 3	74 392. 5	42
邵阳市	898 366. 9	218 549. 1	24. 3	268 778	29. 9	411 039. 8	45. 8
岳阳市	44 061. 1	10 944. 1	24. 8	17 908. 5	40. 6	15 208. 5	34. 5
常德市	255 634. 1	75 760. 1	29. 6	126 008. 7	49. 3	53 865. 3	21. 1
张家界市	543 021. 8	172 743	31. 8	233 989. 3	43. 1	136 289. 5	25. 1
益阳市	147 673	44 282. 3	30	58 757. 5	39. 8	44 633. 2	30. 2
郴州市	534 359. 8	139 446	26. 1	76 943. 4	14. 4	317 970. 4	59. 5
永州市	935 481. 5	219 062	23. 4	107 075. 9	11. 4	609 343. 6	65. 1
怀化市	449 923. 4	91 764. 9	20. 4	120 369	26. 8	237 789. 5	52. 9
娄底市	442 785. 2	113 083. 8	25. 5	64 522. 4	14. 6	265 179	59. 9
湘西自治州	814 277. 4	286 020. 3	35. 1	264 552. 9	32. 5	263 704. 2	32. 4

1. 按市(州)分

湖南省岩溶地区中，石漠化土地面积以湘西自治州面积最大，为 286 020. 3hm^2，以下依次为永州市、邵阳市、张家界市、郴州市、娄底市、怀化市、常德市、衡阳市、益阳市、株洲市、湘潭市和岳阳市，面积分别为 219 062. 0hm^2、218 549. 1hm^2、172 743. 0hm^2、139 446. 0hm^2、113 083. 8hm^2、91 764. 9hm^2、75 760. 1hm^2、68 456. 2hm^2、44 282. 3hm^2、27 078. 7hm^2、11 669. 7hm^2 和 10 944. 1hm^2(表 3-16)。

2. 按程度分

湖南省石漠化土地面积中，轻度石漠化土地面积 463 358. 1hm^2，占全省石漠化土地的 31. 3%；中度石漠化 635 859. 4hm^2，占 43. 0%；重度石漠化 307 236. 0hm^2，占 20. 8%；极重度石漠化 72 406. 7hm^2，占 4. 9%(表 3-17)。

表 3-17　湖南省石漠化土地分程度统计表　单位：hm^2

监测单位	合计	轻度石漠化		中度石漠化		重度石漠化		极重度石漠化	
		面积	百分比(%)	面积	百分比(%)	面积	百分比(%)	面积	百分比(%)
湖南省	1 478 860. 2	463 358. 1	31. 3	635 859. 4	43	307 236	20. 8	72 406. 7	4. 9
株洲市	27 078. 7	11 612. 6	42. 9	10 567. 3	39	4341. 1	16	557. 7	2. 1
湘潭市	11 669. 7	6994. 3	59. 9	3394	29. 1	1250. 5	10. 7	30. 9	0. 3
衡阳市	68 456. 2	22 886. 2	33. 4	32 768. 8	47. 9	10 610. 4	15. 5	2190. 8	3. 2
邵阳市	218 549. 1	70 880. 8	32. 4	83 685	38. 3	57 005. 4	26. 1	6977. 9	3. 2
岳阳市	10 944. 1	2295. 1	21	5590. 1	51. 1	2097. 6	19. 2	961. 3	8. 8
常德市	75 760. 1	21 801. 4	28. 8	32 807. 9	43. 3	18 113. 4	23. 9	3037. 4	4

（续）

监测单位	合计	轻度石漠化		中度石漠化		重度石漠化		极重度石漠化	
		面积	百分比(%)	面积	百分比(%)	面积	百分比(%)	面积	百分比(%)
张家界市	172 743	39 979.1	23.1	94 388.9	54.6	33 823.8	19.6	4551.2	2.6
益阳市	44 282.3	16 305.4	36.8	17 502.4	39.5	9276.9	20.9	1197.6	2.7
郴州市	139 446	50 456.5	36.2	58 567.6	42	23 096.5	16.6	7325.4	5.3
永州市	219 062	58 267.7	26.6	84 960	38.8	54 163.7	24.7	21 670.6	9.9
怀化市	91 764.9	40 171.7	43.8	32 289.2	35.2	15 765.9	17.2	3538.1	3.9
娄底市	113 083.8	31 571.5	27.9	34 981.5	30.9	30 304.8	26.8	16 226	14.3
湘西自治州	286 020.3	90 135.8	31.5	144 356.7	50.5	47 386	16.6	4141.8	1.4

3. 按流域分

（1）长江流域石漠化土地面积为 1 425 735.5hm^2，占全省石漠化土地面积的 96.4%。其中：湘江水系石漠化土地占长江流域石漠化土地面积的 33.5%，资水水系占 21.1%，沅江水系占 28.2%，澧水水系占 16.0%，洞庭湖其他水系占 1.2%。

（2）珠江流域石漠化土地面积为 53 124.7hm^2，占全省石漠化土地的 3.6%。其中：东江水系石漠化土地占珠江流域石漠化土地面积的 5.3%，北江水系占 72.6%，西江水系占 16.3%，贺江水系占 5.8%。各流域石漠化程度状况详见表 3-18。

表 3-18 湖南省石漠化土地分流域统计表　　单位：hm^2

流域	合计	轻度石漠化		中度石漠化		重度石漠化		极重度石漠化	
		面积	百分比(%)	面积	百分比(%)	面积	百分比(%)	面积	百分比(%)
合计	1 478 860.2	463 358.1	31.3	635 859.4	43	307 236	20.8	72 406.7	4.9
1. 长江流域	1 425 735.5	451 338.1	31.7	613 621.8	43	292 723.4	20.5	68 052.2	4.8
湘江流域	477 568.9	165 214.7	34.6	187 819.2	39.3	93 527.6	19.6	31 007.4	6.5
资水流域	301 511.8	89 452.1	29.7	114 344	37.9	77 047.8	25.6	20 667.9	6.9
沅江流域	402 446.5	141 062.9	35.1	185 189.4	46	68 515.8	17	7678.4	1.9
澧水流域	227 991.4	52 501.6	23	117 265.9	51.4	50 486.7	22.1	7737.2	3.4
洞庭湖其他水系	16 216.9	3106.8	19.2	9003.3	55.5	3145.5	19.4	961.3	5.9
2. 珠江流域	53 124.7	12 020	22.6	22 237.6	41.9	14 512.6	27.3	4354.5	8.2
东江流域	2808.1	1260.4	44.9	1050.9	37.4	458.8	16.3	38	1.4
北江流域	38 549.6	10 529	27.3	20 228.2	52.5	5899.1	15.3	1893.3	4.9
西江干流流域	8680.5			51.1	0.6	7020.9	80.9	1608.5	18.5
贺江流域	3086.5	230.6	7.5	907.4	29.4	1133.8	36.7	814.7	26.4

4. 按土地利用类型分

在湖南省现有石漠化土地中，林地为 1 296 699.1hm^2，占全省石漠化土地面积的 87.7%；耕地为 119 245.9hm^2，占 8.1%；牧草地为 2467.1hm^2，占 0.2%；未利用地为 60 448.1hm^2，占 4.1%（表 3-19）。

表 3-19　湖南省石漠化土地分土地利用类型统计表　　单位：hm^2

程　度	合计	林地		耕地		牧草地		未利用地	
		面积	百分比（%）	面积	百分比（%）	面积	百分比（%）	面积	百分比（%）
石漠化土地	1 478 860. 2	1 296 699. 1	87. 7	119 245. 9	8. 0	2467. 1	0. 2	60 448. 1	4. 1
轻度石漠化	463 358. 1	446 169. 4	96. 3	16 396. 9	3. 5	137. 5	0. 1	654. 3	0. 1
中度石漠化	635 859. 4	556 026. 8	87. 4	69 993. 6	11	1674. 9	0. 3	8164. 1	1. 3
重度石漠化	307 236	258 948. 3	84. 3	29 927	9. 7	218. 7	0. 1	18142	5. 9
极重度石漠化	72 406. 7	35 554. 6	49. 1	2928. 4	4	436	0. 6	33 487. 7	46. 2

5. 石漠化分布特征

（1）石漠化土地主要分布在武陵山岩溶山地山原区，涟源、邵阳岩溶盆地区，郴州、永州岩溶山地、丘陵区。共涉及 64 个县（市、区），石漠化土地面积达 1 368 151. 1hm^2，占全省石漠化土地面积 92. 5%。

武陵山岩溶山地山原区，包括慈利、永定、桑植、永顺、龙山、保靖、花垣、古丈、凤凰、吉首、泸溪、石门、桃源、麻阳、沅陵、溆浦、澧县等 24 个县（市、区），石漠化土地面积 604 067. 6hm^2，占全省石漠化土地面积的 40. 9%。

涟源、邵阳岩溶盆地区，包括涟源、新化、邵东、双峰、新邵、邵阳、隆回、洞口、武冈、新宁等 19 县（市、区），石漠化土地面积 375 915. 2hm^2，占全省石漠化土地面积的 25. 4%。

郴州、永州岩溶山地、丘陵区，包括东安、冷水滩、祁阳、耒阳、常宁、祁东，桂阳、临武、嘉禾、宜章、宁远、道县、江华、江永、新田等 21 个县（市、区），石漠化土地面积 388 168. 3hm^2，占全省石漠化土地面积的 26. 2%。

（2）石漠化土地分布相对集中，面积在 3. 0 万 hm^2 以上的县有 18 个。

全省石漠化土地面积按从大到小的顺序排列，分别为永顺（86 381. 7hm^2）、桑植（80 505. 2hm^2）、慈利（62 847. 6hm^2）、新化（54 771. 8hm^2）、石门（50 055. 8hm^2）、龙山（45 671. 8hm^2）、安化（42 224. 6hm^2）、桂阳（41 868. 2hm^2）、新邵（37 725. 7hm^2）、邵阳（36 039. 1hm^2）、邵东（33 567. 9hm^2）、新田（33 517. 8hm^2）、花垣（33 300. 5hm^2）、凤凰（32 487. 8hm^2）、隆回（32 295. 4hm^2）、洞口（32 067. 3hm^2）、江华（31 211. 9hm^2）、涟源（30 652. 5hm^2）。

（3）在岩溶发育相对成熟的岩溶盆地石漠化土地程度较重。涟源、邵阳岩溶盆地中，重度、极重度石漠化土地比重高达 33. 3%，比全省重度、极重度石漠化土地比重高出 7. 7 个百分点。

四、潜在石漠化土地现状

1. 按市（州）分

湖南省潜在石漠化土地面积 1 437 717. 9hm^2，占全省岩溶土地面积的 26. 4%，占全省国土面积的 6. 8%，表明潜在威胁大，防治任务重。邵阳市潜在石漠化土地面积最大，为 268 778. 0hm^2，以下依次为湘西自治州、张家界市、常德市、怀化市、永州市、郴州市、娄底市、益阳市、株洲市、衡阳市、岳阳市和湘潭市，面积分别为264 552.9hm^2、233 989.0 hm^2、126 008.7hm^2、120 369.0hm^2、107 075.9hm^2、76 943.4hm^2、64 522.4hm^2、58 757.5 hm^2、50 849.8hm^2、34 213.3hm^2、17 908.5hm^2 和 13 749.2hm^2。全省各市州潜在石漠化分布情况详见图 3-10。

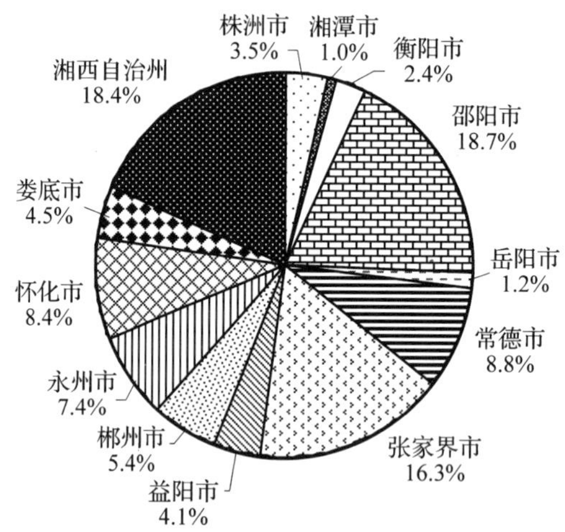

图 3-10 湖南省各市(州)潜在石漠化分布比重图

2. 按流域分

(1)长江流域潜在石漠化土地面积为 1 414 024.1hm^2，占全省潜在石漠化土地的 98.3%，其中：湘江水系潜在石漠化土地面积310 697.4hm^2，占长江流域潜在石漠化土地的 22.0%；资水水系 324 654.4hm^2，占 22.9%；沅江水系 456 691.2hm^2，占 32.3%；澧水水系 295 688.2hm^2，占 20.9%；洞庭湖其他水系 126 292.9hm^2，占 1.8%。

(2)珠江流域潜在石漠化土地面积为 23 693.8hm^2，占全省潜在石漠化土地的 1.7%，其中：东江水系潜在石漠化土地面积 2485.0hm^2，占珠江流域潜在石漠化土地的 10.5%；北江水系 20 251.7hm^2，占 85.5%；西江水系 536.5hm^2，占 2.3%；贺江水系 420.6hm^2，占 1.7%。

3. 按土地利用类型分

在潜在石漠化土地中，林地为 1 429 713.8hm^2，占全省潜在石漠化土地面积的 99.4%；耕地为 7935.0hm^2，占 0.6%；牧草地仅为 69.1hm^2。

第 5 节 湖北省石漠化土地状况

一、自然概况

1. 地理位置

湖北省地处北纬 29°05′~33°20′，东经 108°21′~116°07′，面积 18.6 万 km^2。中南部为江汉平原，其余为鄂西山地、鄂北山地与鄂东低山丘陵。北靠河南，南接江西、湖南，东邻安徽，西依四川，西北与陕西接壤。东西宽 740.6km，南北长 470.2km。

湖北省岩溶分布广泛，涉及 56 个县(市、区)，但主要分布在武陵山、巫山、大巴山、幕阜山、荆山等山脉。全省岩溶土地面积50 955.4km^2，占全省国土面积的27.4%（表7-1）。

2. 地貌

全省地势呈三面高起、中间低平、向南敞开、北有缺口的不完整盆地。在地貌上，正处于中国地势第二级阶梯向第三级阶梯过渡地带，地貌类型多样，山地、丘陵、岗地和平原兼备。在地质构造上，位于秦岭褶皱系与扬子准地台的接触带上。在荆山、大洪山以南，自西而东分属于上扬子台褶带和下扬子台褶带，都是燕山运动形成的地台盖层褶皱带，是鄂西的武陵山、巫山形成的地质基础，其地质发育与贵州高原大体一致，是岩溶土地的主要分布区。

3. 水文

湖北岩溶地区属长江水系，长江由西向东横贯全省，省内中小河流共有1193条，总长度达3.5万多千米。境内主要河流有汉江、清江、沮漳河、乌江、沅江、澧水等，水力资源居中国第4位，地表水贮量居全国第10位。全省岩溶区年平均绝对径流量1945.1亿m^3，地下水资源量110.6亿m^3，人均水资源占有近2200.0m^3，大于全省2027.0m^{3}的平均值。

4. 气候

湖北省岩溶地区属亚热带季风性湿润气候，光能充足，热量丰富，无霜期长，降水充沛，雨热同季。大部分地区太阳年辐射总量为355.3～476.5kj/cm^2。多年平均实际日照时数为1100～2150h。其地域分布是鄂东北向鄂西南递减，鄂东北最多，为2000～2150小时；鄂西南最少，为1100～1400h。其季节分布是夏季最多，冬季最少，春秋两季因地而异。岩溶区年平均气温15～17℃，大部分地区冬冷、夏热，春季温度多变，秋季温度下降迅速；降雨分布总趋势为南多北少，除十堰市中部、襄樊市北部、宜昌荆门荆州结合部降雨量小于900mm，恩施、黄冈局部降雨量大于1700mm以外，其余地区降雨量变化一般在900～1700mm，多集中在6～7月。

5. 土壤

土壤具有明显的南北过渡特征，鄂西北、鄂中、鄂北岗地及鄂东长江以北的广大地域多为黄棕壤、黄褐土，鄂东南多为红壤，鄂西南多为黄壤，江汉平原则发育有潮土、水稻土等隐域性土壤。

6. 植被

植被具南北过渡特征，既有大量北方种类的落叶阔叶树，也有多种南方种类的常绿阔叶树，同时又处在中国东西植物区系的过渡地区，便于邻近地区的植物成分侵入，是中国生物资源较丰富省份之一。全省树种有1300余种，其中用材树种约占一半。省内植物资源以鄂西山地神农架林区最丰富，神农架是中国东部仅有的一片原始森林，森林覆被率达70%左右，有"绿色宝库"之称。

二、社会经济状况

据统计，2004年末该区域总人口达到3080.5万人，其中农业人口2276.1万人，非农业人口804.4万人，现有农业劳动力945.2万人，人口密度310.1人/km^2，人口净增长率3.4%；社会总产值2766.2亿元，其中农业产值516.2亿元、林业产值23.7亿元、牧业产值202.4亿元，均比上年度有显著增长；财政收入133.6亿元，人均GDP6240元，农民人均纯收入2404元，人均土地0.9hm^2，人均基本农田0.07hm^2，播种面积达291.0万hm^2，粮食总产量1533.3万t，作物成灾面积达11.7万hm^2；大牲畜存栏458.5万头，羊存栏341.9万头，其中散养313.7万头，圈养486.7万头；农村能源构成中，煤占26.3%、电占21.7%、沼气占9.3%、薪材占38.8%、其他能源占3.9%；铁路营运里程1376.3km^2；3级以上公路通车里程7.5万km^2。

三、石漠化土地现状

湖北省现有石漠化土地面积1 124 828.3hm^2，占全省岩溶土地面积的22.1%（表3-20）。

表3-20 湖北省岩溶土地按单位统计表 单位：hm^2

调查单位	岩溶面积	石漠化土地		潜在石漠化土地		非石漠化土地	
		面积	百分比(%)	面积	百分比(%)	面积	百分比(%)
湖北省	5 095 535.8	1 124 828.3	22.1	2 364 831.8	46.4	1 605 875.7	31.5
武汉市	1297.6	799.4	61.6	342.5	26.4	155.7	12
黄石市	73 694.3	13 680.8	18.6	41 029.6	55.7	18 983.9	25.8
十堰市	1 331 763.5	288 776.6	21.7	521 623.3	39.2	521 363.6	39.1
宜昌市	1 007 118.5	251 783.6	25	441 463.1	43.8	313 871.8	31.2
襄樊市	503 549.9	31 855.6	6.3	342 582	68	129 112.3	25.6
鄂州市	4156	3334.7	80.2	690.5	16.6	130.8	3.1
荆门市	97 461.9	3662.7	3.8	86 021.8	88.3	7777.4	8
孝感市	13 802.9	4167.7	30.2	7372.1	53.4	2263.1	16.4
荆州市	26 062	0	0	23 498.2	90.2	2563.8	9.8
黄冈市	6984.3	4069	58.3	2175	31.1	740.3	10.6
咸宁市	166 382.2	94 392.3	56.7	55 666.9	33.5	16 323	9.8
随州市	17 105.8	412.2	2.4	16 638.1	97.3	55.5	0.3
恩施州	1 527 171.5	411 077.3	26.9	577 172.1	37.8	538 922.1	35.3
神农架林区	318 985.4	16 816.4	5.3	248 556.6	77.9	53 612.4	16.8

1. 按市(州、区)分

湖北省石漠化土地面积以恩施州面积最大，为411 077.3hm^2，占到全省石漠化土地面积的36.5%，以下依次为十堰市、宜昌市、咸宁市、襄樊市、神农架林区、黄石市、孝感市、黄岗市、荆门市、鄂州市、武汉市和随州市，面积分别为288 776.6hm^2、251 783.6hm^2、94 392.3 hm^2、31 855.6 hm^2、14 816.4 hm^2、13 680.8 hm^2、4167.7hm^2、4069.0hm^2、3662.7hm^2、3334.7hm^2、799.4hm^2 和412.2hm^2。各市（州、区）石漠化土地比重详见图3-11。

2. 按程度分

在湖北省石漠化土地中，轻度石漠化土地面积为497 260.0hm^2，占全省石漠化土地面积的44.2%；中度石漠化477 055.7hm^2，占42.4%；重度石漠化135 721.2hm^2，占12.1%；极重度石漠化14 790.8hm^2，占1.3%（表3-21、图3-12）。

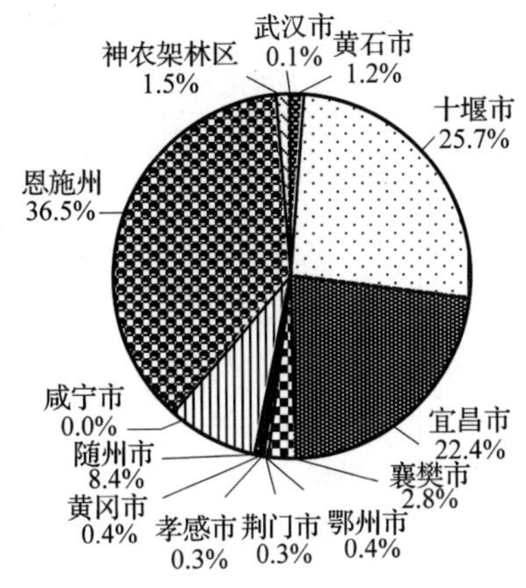

图 3-11　湖北省石漠化土地分市(州、区)分布图

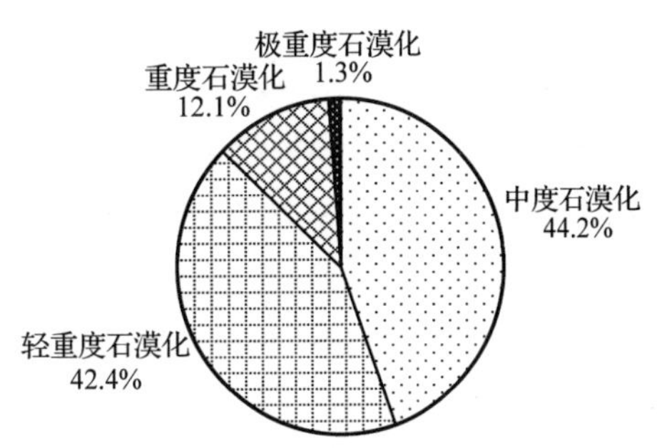

图 3-12　湖北省石漠化土地分程度图

表 3-21　湖北省石漠化土地分程度统计表　　单位：hm^2

调查单位	合计	轻度石漠化		中度石漠化		重度石漠化		极重度石漠化	
		面积	百分比(%)	面积	百分比(%)	面积	百分比(%)	面积	百分比(%)
湖北省	1 124 828. 3	497 260. 6	44. 2	477 055. 7	42. 4	135 721. 2	12. 1	14 790. 8	1. 3
武汉市	799. 4	72. 6	9. 1	175. 3	21. 9	295. 6	37	255. 9	32
黄石市	13 680. 8	5502. 4	40. 2	5536. 3	40. 5	1271. 5	9. 3	1370. 6	10
十堰市	288 776. 6	143 843. 6	49. 8	122 275. 9	42. 3	21 275	7. 4	1382. 1	0. 5
宜昌市	251 783. 6	74 509. 9	29. 6	126 036. 7	50. 1	49 658. 1	19. 7	1578. 9	0. 6
襄樊市	31 855. 6	20 432. 5	64. 1	10 428. 5	32. 7	735. 8	2. 3	258. 8	0. 8
鄂州市	3334. 7	3317. 4	99. 5	17. 3	0. 5	0	0	0	0
荆门市	3662. 7	1550. 1	42. 3	756	20. 6	388. 5	10. 6	968. 1	26. 4
孝感市	4167. 7	3067. 6	73. 6	855. 2	20. 5	150. 1	3. 6	94. 8	2. 3
黄冈市	4069	300. 3	7. 4	702. 8	17. 3	1548. 6	38. 1	1517. 3	37. 3
咸宁市	94 392. 3	34 975. 4	37. 1	37 395. 9	39. 6	18 116. 3	19. 2	3904. 7	4. 1
随州市	412. 2	318. 8	77. 3	50. 8	12. 3	18. 1	4. 4	24. 5	5. 9
恩施州	411 077. 3	198 060. 8	48. 2	168 254. 9	40. 9	41 478. 9	10. 1	3282. 7	0. 8
神农架林区	16 816. 4	11 309. 2	67. 3	4570. 1	27. 2	784. 7	4. 7	152. 4	0. 9

3. 按流域分

石漠化土地均分布在长江流域，其中以清江流域石漠化土地面积最大，为356 750. 2 hm^2，占全省石漠化土地面积的 31. 5%；以下依次为汉江、长江中游干流区间、长江上游干流区间、澧水、沅江、乌江、沮漳河和洞庭湖水系，面积分别为 286 196. 1hm^2、247 971. 3 hm^2、71 505. 6hm^2、52 732. 3hm^2、50 109. 0hm^2、35 230. 3hm^2、21 578. 6hm^2、2753. 9hm^2（表 3-22）。

表 3-22　湖北省石漠化土地分流域统计表　　单位：hm^2

流域	合计	轻度石漠化		中度石漠化		重度石漠化		极重度石漠化	
		面积	百分比（%）	面积	百分比（%）	面积	百分比（%）	面积	百分比（%）
合计	1 124 828.3	497 260.6	44.2	477 055.7	42.4	135 721.2	12.1	14 790.8	1.3
长江流域计	1 124 828.3	497 260.6	44.2	477 055.7	42.4	135 721.2	12.1	14 790.8	1.3
乌江流域	35 230.3	15 937.9	45.2	13 306.6	37.8	5985.8	17		0
沅江流域	50 109	22 237.2	44.4	20 621.2	41.2	7157.6	14.3	93	0.2
澧水流域	52 732.3	17 594.9	33.4	30 758.8	58.3	3962.3	7.5	416.3	0.8
洞庭湖其他水系	2753.9	942.7	34.2	1569.7	57	121.9	4.4	119.6	4.3
汉江流域	286 196.1	142 520.3	49.8	117 825	41.2	23 215.9	8.1	2634.9	0.9
清江流域	356 750.2	162 203.9	45.5	148 509.6	41.6	43 421.5	12.2	2615.2	0.7
沮漳河流域	21 579.6	9411.7	43.6	9876.5	45.8	2290.6	10.6	0.8	0
长江上游干流区间	71 505.6	23 878.9	33.4	34 739.2	48.6	12 451.5	17.4	436	0.6
长江中游干流区间	247 971.3	102 533.1	41.3	99 849.1	40.3	37 114.1	15	8475	3.4

4. 按土地利用类型分

在湖北省现有石漠化土地中，林地为965 447.7hm^2，占全省石漠化土地面积的85.8%；耕地为137 046.7hm^2，占12.2%；牧草地为6206.5hm^2，占0.6%；未利用地为16 127.4 hm^2，占1.4%(表3-23)。

表 3-23　湖北省石漠化土地分土地利用类型统计表　　单位：hm^2

程　度	合计	林地		耕地		牧草地		未利用地	
		面积	百分比（%）	面积	百分比（%）	面积	百分比（%）	面积	百分比（%）
小计	1 124 828.3	965 447.7	85.8	137 046.7	12.2	6206.5	0.6	16 127.4	1.4
轻度石漠化	497 260.6	483 613.9	97.3	13 266.7	2.7	259.8	0.1	120.2	
中度石漠化	477 055.7	362 885.5	76.1	108 444.4	22.7	4080	0.9	1645.8	0.3
重度石漠化	135 721.2	117 068.8	86.3	15 078.7	11.1	1866.7	1.4	1707	1.3
极重度石漠化	14 790.8	1879.5	12.7	256.9	1.7	0	0	12 654.4	85.6

5. 石漠化土地分布特征

(1)分布相对集中。湖北省石漠化土地主要分布在鄂西南、鄂西北，且呈带状分布，石漠化土地面积列前10位的县均分布于此地(表3-24)，其石漠化土地面积之和为57.0万hm^2，占全省石漠化土地面积的50.7%，且均为湖北省的贫困县，表明石漠化主要分布区的经济相对落后。

表 3-24　湖北省石漠化土地面积前10位县统计表　　单位：万hm^2

	恩施市	郧西县	建始县	利川市	巴东县	宣恩县	房县	五峰县	丹江口市	竹山县
面积	7.8	7.4	6.6	6.2	5.3	5.0	4.9	4.8	4.6	4.4

(2)恩施州石漠化面积大，危害严重。湖北省石漠化土地以处于西南岩溶地区集中连片核心的边缘、与贵州、重庆和湖南交界的恩施州最为严重，石漠化土地面积最大，达到41.0 万 hm^2，占到全省石漠化土地面积的 36.5%，石漠化土地占岩溶土地比重达 26.9%，比全省石漠化所占比重高出 4.8 个百分点。

(3)岩溶山地和丘陵区的石漠化发生比重大。湖北省石漠化土地主要发生在岩溶山地和岩溶丘陵，山地、丘陵区的石漠化土地面积分别占全省石漠化面积的 81.3% 和 11.1%。

(4)石漠化土地土层瘠薄。湖北省石漠化土地土层厚度通常在 40cm 以下，占到全省石漠化土地的 93.0%。特别是极重度石漠化大都发育在正地形突出部位，石芽、石脊发育，仅在溶沟、溶槽内充填有少量的碎石土，该地区土层厚度普遍在 10cm 以下，生态环境极其恶劣。

四、潜在石漠化土地现状

湖北省潜在石漠化土地面积为 2 364 831.8hm^2，占全省岩溶土地面积的 46.4%，占全省国土面积的 12.7%。

1. 按市(州、区)分

湖北省潜在石漠化土地以恩施州最大，面积为 577 172.5hm^2，占全省潜在石漠化土地面积的 24.4%；以下依次为十堰市(521 623.3hm^2)、宜昌市(441 463.1hm^2)、襄樊市(342 582hm^2)、神农架林区(248 556.6hm^2)、荆门市(86 021.8hm^2)、咸宁市(55 666.9 hm^2)、黄石市(41 029.6hm^2)、孝感市(7372.1hm^2)、黄冈市(2175hm^2)、鄂州市(690.5hm^2)和武汉市(342.5hm^2)(图 3-13)。

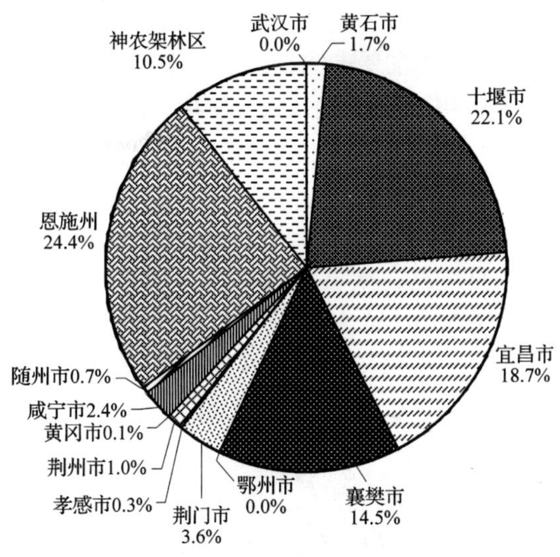

图 3-13　湖北省潜在石漠化土地比重图

2. 按流域分

湖北省潜在石漠化土地主要分布在长江流域，面积为 2 363 139.9hm^2，占全省潜在石漠化土地面积的 99.9%；淮河流域仅有 1691.9hm^2。

长江水系二级支流中以汉江潜在石漠化土地面积最大，为 929 200.0hm^2，占全省长江流域潜在石漠化土地面积的 39.3%；以下依次为清江(538 409.7hm^2，占 22.8%)、长江中游干流区间(335 185.5hm^2，占14.2%)、长江上游干流区间(186 932.8hm^2，占7.9%)、沮漳江(153 439.8hm^2、占6.5%)、澧水(87 017.7hm^2，占3.7%)、乌江(50 210.9hm^2，占2.1%)、沅江(47 922.3hm^2，占2.0%)、洞庭湖其他水系(34 821.2hm^2，占1.4%)。

3. 按土地利用类型分

在湖北省现有潜在石漠化土地中，林地为2 350 038.5hm^2，占全省潜在石漠化土地面积的99.4%；耕地为13 557.4hm^2，占0.6%；牧草地为1235.9hm^2。

第6节　重庆市石漠化土地状况

一、自然概况

1. 地理位置

重庆市位于东经105°11′~110°11′，北纬28°10′~32°13′，东邻湖北省、湖南省，南靠贵州省，西接四川，北连陕西，全市东西长470km，南北宽450km，国土总面积824.1万hm^2，是长江上游最大的经济中心、西南工商业重镇和水陆交通枢纽。岩溶土地广泛分布涉及全市37个县(市、区)，岩溶区国土面积818.3万hm^2，岩溶面积3 272 185.1hm^2。

2. 地貌

根据大的地貌特征，重庆市可分为西部低山丘陵区，中部平行岭谷区和北、东、南部中低山区三大区域。在幅员面积中，中低山占57.1%，丘陵占38.4%，平坝占4.5%。地势变化明显，分别由南北两面向长江河谷倾斜。

西部丘陵区，地形起伏和缓，地质疏松，是重庆市垦殖系数较高的农业产区，自然植被少，水土流失严重，是江河泥沙的主要来源地；中部平行岭谷区，背斜为低缓条形山地，向斜为低缓丘陵，是林地和耕地相嵌分布的区域；北部、东部、南部中低山区背靠大巴山、武陵山两座大山脉，地势起伏大，造成水热、土壤的垂直变化，自然植被丰富。

3. 水文

重庆市境内江河纵横交错，属长江水系，位于三峡库区的上游。长江干流自西向东横穿境内，全长683.8 km，北有嘉陵江、南有乌江汇入，形成不对称的、向心的网状水系。流域面积(含境外流域面积)大于50.0km^{2}的河流374条。辖区内年平均水资源总量3499.5亿m^3，其中地表水约占70.0%。长江出境处的年径流量达4400.0亿m^3，约占长江河川径流总量的50.0%，长江和嘉陵江入境水量约3400.0亿m^3。

4. 气候

重庆市属中亚热带湿润季风气候类型区。具有气候温和，降水充沛，四季分明，立体气候明显，雨、热、光照同季的特点。由于海拔高度和地形地貌的影响，各地气象要素指标差异较大。全年平均气温8.0~18.9℃，极端最高气温44.1℃，极端最低气温-15.0℃，年均降雨量880~1700mm，空气相对湿度78%~89%。

5. 土壤

全市土壤以黄壤为主，其次为紫色土、石灰(岩)土、棕壤，此外还有少量红壤分布。岩溶地区土壤母岩主要有纯灰岩、泥质灰岩、白云质灰岩、白云岩、其他母岩等，常见的石灰土主要有黑色石灰土、红色石灰土、黄色石灰土、棕色石灰土等。据《重庆市水土流失公告》公布，全市年均侵蚀总量为 18 464.59 万 t，土壤平均侵蚀模数 3548.18t/(km^2·年)。水土流失面积 52 039.53 km^2，占幅员面积的 63.15%。

6. 植被

重庆市属亚热带常绿阔叶林区，森林植被丰富，主要植被类型有：亚热带常绿阔叶林、落叶阔叶林、常绿落叶阔叶混交林、暖性针叶林和温带暗针叶林。尤以亚热带常绿阔叶林类型的物种密集程度最高，生态效益最显著，是重庆市境内最珍贵的地带性植被。植物种类繁多，据资料记载，高等植物 6000 余种，其中国家重点保护植物有 59 科 105 属 127 种，如银杉、水杉、崖柏、红豆杉、珙桐等。森林植被植物以马尾松为主，占 61.17%；其次为栎类，占 12.63%；主要乔木树种有马尾松、栎类、杉木、柏木、华山松、桦木、油松、杨树、云杉、巴山松、冷杉、铁杉等；主要经济树种有板栗、核桃、杜仲、漆树、银杏、柑橘、梨、柚、桃、李、猕猴桃、杏、柿等；竹资源类主要有楠竹、慈竹、方竹、观音竹、水竹等。

二、社会经济状况

据统计，2004 年末，重庆市岩溶区工农业总产值 1933.6 亿元，其中，第一产业 329.7 亿元，第二产业 848.5 亿元，第三产业 755.4 亿元。总人口 2990.16 万人，农业人口 2349.63 万人，乡村劳动力 1321.0 万人；森林覆盖率 27.2%。

三、石漠化土地现状

重庆市石漠化土地面积 925 658.3hm^2，占全市岩溶土地面积的 28.3%，占全市国土面积的 11.2%。

1. 按县(市、区)分

重庆市岩溶地区 37 个石漠化县(市、区)中，酉阳县石漠化土地面积最大，为154 606.3 hm^2，占重庆市石漠化土地面积的 16.7%，占全县岩溶土地面积的 50.1%，占全县国土面积的 29.9%；巫溪县石漠化分布最广，全县所有乡镇均有分布，石漠化土地面积仅次于酉阳县，达 150 556.3hm^2，占全县岩溶土地面积的 38.3%，占全县国土面积的 37.6%；江北区石漠化土地不但分布最狭窄，而且面积最小，仅占重庆市的 0.5%，占全区岩溶土地面积的 15.5%，占全区国土面积的 0.1%；合川市石漠化土地面积占该市岩溶土地面积比重最高，达 75.6%；璧山县石漠化土地面积占全县岩溶土地比重在重庆市最低，为 0.8%。石漠化土地面积大于 5 万 hm^2 的有酉阳县、巫溪县、奉节县、彭水县和巫山县。

2. 按程度分

重庆市石漠化土地中，中度石漠化土地面积最大，为 526 930.2hm^2，占全市石漠化土地面积的 56.9%；其次是轻度石漠化，为 270 985.7hm^2，占 29.3%；再次是重度石漠化，为 113 720.6hm^2，占 12.3%；极重度石漠化土地面积最小，为 14 021.8hm^2，占 1.5%（图 3-14）。

从行政区划分布看，极重度石漠化土地主要分布在巫山、云阳、綦江、秀山、酉阳 5 个县，面积为 11 628.5 hm^2，占全市极重度石漠化土地面积的 82.93%。

3. 按流域分

重庆市石漠化土地主要集中分布在长江中游干流区间、乌江流域和沅江流域，石漠化土

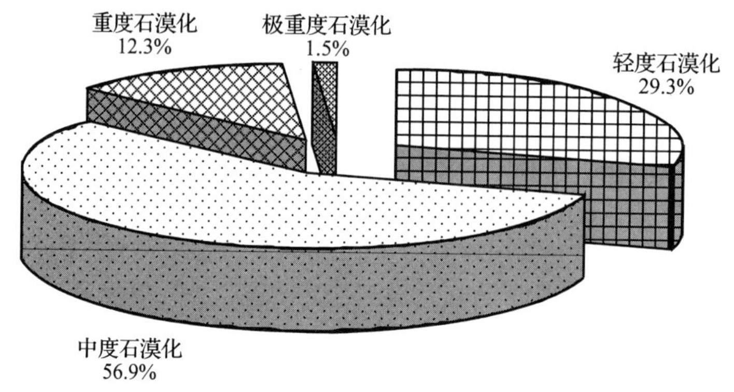

图 3-14 重庆市石漠化程度分布图

地面积为 898 394. 1 hm^2，占全市石漠化土地面积的 97. 1%，尤以长江中游干流区间分布最广、面积最大，占全市石漠化土地总面积的 54. 6%。渠江流域分布最少，只占石漠化土地总面积的 0. 1%（表 3-25）。

表 3-25 重庆市石漠化土地按流域分布统计表 单位：hm^2

流域 \ 类型	合计	轻度石漠化	中度石漠化	重度石漠化	极重度石漠化
重庆市	925 658. 3	270 985. 7	526 930. 2	113 720. 6	14 021. 8
长江流域	925 658. 3	270 985. 7	526 930. 2	113 720. 6	14021. 8
沱江流域	1667. 1	816. 3	690. 3	130. 5	30
嘉陵江流域	13 372. 4	5088. 6	7592. 4	621. 6	69. 8
涪江流域	8341. 8	2282. 6	3787. 8	2271. 4	
渠江流域	713. 7		333. 5	131. 1	249. 1
乌江流域	290 250. 1	81 312. 7	175 998. 5	31 204. 6	1734. 3
沅江流域	110 656. 5	26 756. 1	65 505. 2	16 827	1568. 2
汉江流域	3169. 2	280. 4	2104. 6	694. 5	89. 7
长江中游干流区间	497 487. 5	154 449	270 917. 9	61 839. 9	10 280. 7

长江中游干流区间极重度石漠化土地面积较大，占全市极重度石漠化土地面积的 73. 3%；涪江流域不仅石漠化分布少，而且程度较轻，没有极重度石漠化。

4. 按土地利用类型分

在重庆市现有石漠化土地中，林地为 578 006. 3hm^2，占全市石漠化土地面积的 62. 5%；耕地为 25 1326. 4hm^2，占 27. 15%；未利用地为 93 328. 9hm^2，占 10. 1%；牧草地为 2996. 7hm^2，占 0. 3%（表 3-26）。

表 3-26　重庆市石漠化土地分土地利用类型统计表

单位：hm^2

类别		合计	林地	耕地	牧草地	未利用地
石漠化	合计	925 658.3	578 006.3	251 326.4	2996.7	93 328.9
轻度石漠化	面积	270 985.7	236 177.5	26 565.9	1980.3	6262
	百分比(%)	29.3	40.9	10.6	66.1	6.7
中度石漠化	面积	526 930.2	283 484.1	194 565.4	767.8	48 112.9
	百分比(%)	56.9	49	77.4	25.6	51.6
重度石漠化	面积	113 720.6	52 019.5	28 798.2	201	32 701.9
	百分比(%)	12.3	9	11.5	6.7	35
极重度石漠化	面积	14 021.8	6325.2	1396.9	47.6	6252.1
	百分比(%)	1.5	1.1	0.6	1.6	6.7

5. 石漠化土地分布特征

(1)石漠化土地集中分布在渝东北(含三峡库区)和渝东南，零星分布于渝西经济走廊、都市经济发达圈的华蓥山脉和中梁山脉。石漠化土地面积大于1万 hm^2 的17个县(市、区)中，有16个区县(市、区)分布在渝东北和渝东南，其石漠化土地面积为876 187.9 hm^2，占全市石漠化土地的94.7%。

(2)长江中游干流(含三峡库区)石漠化分布相对集中，面积大，且程度深，对我国三峡水电站可持续发展构成严重威胁。长江中游干流区间石漠化土地面积达497 487.5hm^2，占全市石漠化土地总面积的54.56%；重度、极重度石漠化土地面积达72 120.6hm^2，占全市重度、极重度石漠化土地面积的56.5%，占该流域石漠化土地面积的14.5%。

四、潜在石漠化土地现状

1. 按县(市、区)分

全市潜在石漠化土地面积858 032.5hm^2，占全市岩溶土地面积的26.2%。巫溪县潜在石漠化土地面积最大，为182 363.1hm^2，占全市潜在石漠化土地面积的21.3%；面积大于5万 hm^2 的还有巫山县、丰都县、酉阳县、武隆县和奉节县，6个县的潜在石漠化土地面积占全市潜在石漠化土地面积的63.1%。

2. 按流域分

全市潜在石漠化土地以长江中游干流区间最大，达到529 685.5hm^2，以下依次为乌江、沅江、汉江、渠江、嘉陵江、陪江和沱江，面积分别为259 323.9hm^2、31 132.7hm^2、20 308.6hm^2、11 168.5hm^2、5197.3hm^2、1003.9hm^2 和212.1hm^2。各流域比重情况详见图3-15。

3. 按土地利用类型分

全市现有潜在石漠化土地中，林地为850 633.2hm^2，占全市潜在石漠化土地面积的99.1%；耕地为7073.3hm^2，占0.8%；牧草地为326.0hm^2。

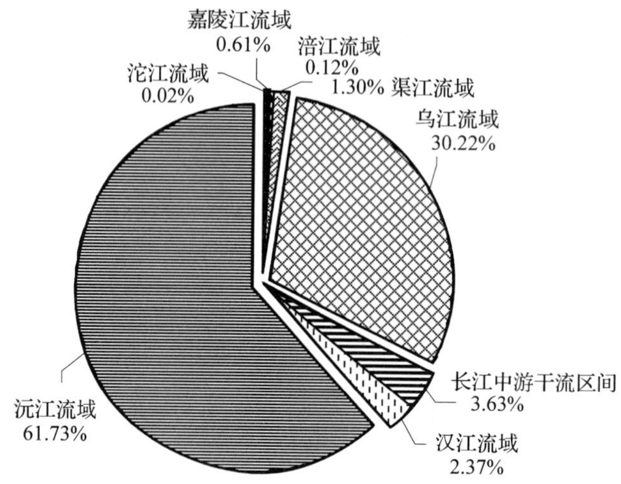

图 3-15　重庆市潜在石漠化土地按流域分布情况

第 7 节　四川省石漠化土地状况

一、自然概况

1. 地理位置

四川省位于我国西南部，地处长江、黄河上游，全省辖 21 个市(州)，181 个县(市、区)，国土面积 48.5 万 km^2，地处东经 97°21′～108°31′和北纬 26°03′～34°19′，东西长 1075.0km，南北宽 921.0km。岩溶土地主要分布在四川省南部与贵州、云南与重庆交界区域，岩溶地区涉及 10 个市(州)46 个县(市、区)的 659 个乡镇，全省岩溶区国土面积 11.7 万 km^2，占全省国土面积的 24.2%。岩溶面积 2.7 万 km^2，占全省国土面积的 5.7%。

2. 岩溶地貌

四川省地形复杂，地貌类型多样。总趋势是西北高，东南低。大致以摩天岭、九顶山、夹金山、大凉山、大相岭一线为界，东部为四川盆地，西部为川西高原及高山峡谷两个部分。

四川岩溶区可分为川西南山地区、川南盆地边缘区、川东平行岭谷区及四川盆地丘陵区。

川西南山地区，主要包括凉山州、甘孜州、攀枝花市、雅安市、乐山市的部分区县。康滇地轴及凉山褶皱断带是控制区内构造的基础，区内地势起伏，峰峦重叠，断裂构造地貌发育，出露岩层比较齐全。岩溶区岩石种类以白垩系、侏罗系、三叠系、二叠系、志留系的石灰岩为主。该区新构造运动活跃，地震、泥石流、滑坡、崩塌比较严重。岩溶区以中山为主。

川南盆地边缘区，主要包括泸州市、宜宾市、眉山市及乐山市的部分县区。地势南高北低，属云贵高原向四川盆地的过渡地带，石灰岩出露广泛，岩溶地貌普遍发育，形成奇峰异洞。岩溶丘陵、峰丛、峰林、漏斗、盆地、槽谷、落水洞、悬泉等岩溶地貌景观，蔚为壮观，是川南盆地边缘区重要的地貌特征。

川东平行岭谷区，主要指华蓥山地区，包括广安市、华蓥市、邻水县等县、市，岩溶地貌发育以三叠系嘉陵江组石灰岩为主。山脉多呈北东走向，其地貌特征是背斜山地陡而窄，背斜山地顶部的石灰岩被雨水溶蚀后，常成凹槽；向斜宽敞，多成丘陵谷地或平原，靠近背斜低山两侧多为单斜中丘或部分高丘；向斜轴部多发育着方山或桌状低山或部分中丘。

四川盆地丘陵区，主要包括资中县、威远县等，岩溶地貌发育以三叠系石灰岩为主。其主要特征为地势低矮、丘陵广布、溪沟纵横，海拔为250～600m。

3. 水文

四川岩溶区全部属长江水系。金沙江、雅砻江、大渡河、岷江流经干热干旱河谷区，沱江、涪江、嘉陵江等大江及其支流则流经四川东部，岩溶区内水土流失严重，江河含沙量高，输沙量大。据四川省近30年水利监测数据资料统计，金沙江、岷江、沱江、嘉陵江、雅砻江等河流年均输沙量分别为2.44亿t、0.288亿t、0.128亿t、1.61亿t、0.277亿t，长江水系流出四川年输沙量约4.0亿t。泥沙沿江沉积形成无数沙滩、沙洲，沿岸地势较低的土地屡遭洪水淹没后，形成沙地。

4. 气候

受地理位置和地形的影响，四川各地的气候差异明显。四川盆地属亚热带湿润气候，年均气温16～18℃，相对湿度一般为70%～85%，年降雨量900～1200mm，但地区分布、季节分配不均，旱涝频繁。云雾多、日照少。川西南山地区的大渡河以南的金沙江及雅砻江、安宁河等流域属干湿交替的亚热带西南季风气候，冬季受西风的南支急流影响，夏季受温高湿重的西南风影响，干湿季交换极为明显，是气候上的最大特点，年降雨量约为1000mm，90%集中在6～10月的雨季，11月至次年5月天气晴朗多风，为干季；其次，冬不冷，夏不热，春秋温爽，四季如春，这是另一特点。大渡河、岷江河谷年均气温20℃左右，大于等于10℃年均积温达6500～7500℃，年降雨量700～1000mm，年蒸发量一般在1400mm以上。主要表现出干旱的气候特征，随着海拔逐步升高，气温逐渐降低，年均温10～15℃，年降雨量400～600mm。

5. 土壤

川东平行岭谷区主要分布有黄壤和紫色土，岩溶区由于森林植被破坏后，土壤受到严重侵蚀，岩石裸露，在喜钙的柏木疏林及灌木草本下，发育成黄色石灰土、黑色石灰土、红色石灰土；川南盆地边缘区，主要土壤为山地黄壤和山地黄棕壤，在丘陵缓坡或剥蚀阶地的内缘，分布有在石灰岩上发育的红色石灰土；川西南山地区，反映土壤水平地带性特征的土壤已遭到破坏，重新形成新的土壤类型，岩溶极其发育地区，以红色石灰土居多；四川盆地丘陵区，紫色土分布最为广泛，分布有少量发育在石灰岩上的红色石灰土。

6. 植被

四川地域辽阔，自然环境复杂，孕育了繁多植物种类和植被类型。全省已知高等植物1万余种，主要自然植被类型100多个。四川省岩溶地区的东部盆地由于人为活动频繁，原生植被已基本不存在，由人工植被取代；川西高原由于气候寒冷，植被由耐寒的草本植物和小灌丛组成，岩生植被生产力极低；西部干热干旱河谷岩溶区的共同特点是干燥，由旱生灌草植物所组成，金沙江干热河谷岩生植被主要为稀疏草丛，岷江上游干旱河谷为旱生河谷灌丛。

二、社会经济状况

据四川省2004年统计年鉴，全省岩溶区总人口1644.7万人，其中农业人口1357.1万人，农村劳动力730.0万人。工农业总产值1132.3亿元，其中农业产值279.8亿元，占工农业总产值的24.7%。在农业产值中，林业产值2.0亿元，占农业产值的0.7%；牧业产值81.5亿元，占44.7%；财政收入27.2亿元。农民人均纯收入2498.0元。粮食总产量603.0万t，有大牲畜394.8万头。有铁路1755.4km，公路41 353.0km。

三、石漠化土地现状

四川省石漠化土地面积775 022.5hm^2，占岩溶土地面积的28.0%（表3-27、图3-16）。

表3-27 四川省岩溶土地按单位统计表 单位：hm^2

调查单位	岩溶面积	石漠化土地		潜在石漠化土地		非石漠化土地	
		面积	百分比(%)	面积	百分比(%)	面积	百分比(%)
四川省	2 764 322	775 022.5	28	736 863.8	26.7	1 252 435.7	45.3
攀枝花市	28 098.1	8741.3	31.1	14 115.7	50.2	5241.1	0.2
泸州市	327 785.8	165 150.9	50.4	76 674.3	23.4	85 960.6	3.1
内江市	15 323.1	4308.3	28.1	2372.5	15.5	8642.3	0.3
乐山市	179 869.4	21 216.5	11.8	30 937.1	17.2	127 715.8	4.6
眉山市	22 212.7	4972.7	22.4	13 714.8	61.7	3525.2	0.1
宜宾市	147 427.6	35 943.5	24.4	50 590.5	34.3	60 893.6	2.2
广安市	78 211	39 458.9	50.5	25 867.6	33.1	12 884.5	0.5
雅安市	228 829.7	50 749.3	22.2	85 157.4	37.2	92 923	3.4
甘孜州	45 074.8	3353	7.4	41 721.8	92.6		
凉山州	1 691 489.8	441 128.1	26.1	395 712.1	23.4	854 649.6	30.9

图3-16 四川省岩溶区土地分布状况图

1. 按市(州)分

四川省石漠化土地以凉山州面积最大，为441 128.1hm^2，占全省石漠化土地面积的56.9%；泸州市165 150.9hm^2，占21.3%；雅安市50 749.3hm^2，占6.5%；广安市39 458.9hm^2，占5.1%；宜宾市35 943.5hm^2，占4.6%；乐山市21 216.5hm^2，占2.8%；攀枝花市8741.3hm^2，占1.1%；眉山市4972.7hm^2，占0.7%；内江市4308.3hm^2，占0.6%；甘孜州3353.0hm^2，占0.4%（表3-27）。

2. 按石漠化程度分

在四川省石漠化土地中，轻度石漠化土地面积 134 698. 2hm²，占全省石漠化土地面积的 17. 4%；中度石漠化 481 645. 6hm²，占 62. 1%；重度石漠化 129 486. 2hm²，占 16. 7%；极重度石漠化 29 192. 5hm²，占 3. 8%（表 3-28）。

表 3-28　四川省石漠化土地分程度统计表　　单位：hm²

监测单位	合计	轻度石漠化		中度石漠化		重度石漠化		极重度石漠化	
		面积	百分比(%)	面积	百分比(%)	面积	百分比(%)	面积	百分比(%)
四川省	775 022. 5	134 698. 2	17. 4	481 645. 6	62. 1	129 486. 2	16. 7	29 192. 5	3. 8
攀枝花市	8741. 3	1748. 7	20	4620. 5	52. 9	2372. 1	27. 1		
泸州市	165 150. 9	36 206. 1	21. 9	105 910. 5	64. 1	20 517. 2	12. 4	2517. 1	1. 5
内江市	4308. 3	893. 8	20. 7	2194. 6	50. 9	1159. 6	26. 9	60. 3	1. 4
乐山市	21 216. 5	9122. 7	43	9298. 1	43. 8	1377. 2	6. 5	1418. 5	6. 7
眉山市	4972. 7	935. 3	18. 8	4037. 4	81. 2				
宜宾市	35 943. 5	11 538. 7	32. 1	22 020. 6	61. 3	2369. 6	6. 6	14. 6	0
广安市	39 458. 9	13 549. 9	34. 3	22 122. 8	56. 1	3750. 4	9. 5	35. 8	0. 1
雅安市	50 749. 3	2857. 4	5. 6	30 095. 6	59. 3	11 296. 1	22. 3	6500. 2	12. 8
甘孜州	3353			3353	100				
凉山州	441 128. 1	57 845. 6	13. 1	277 992. 5	63	86 644	19. 6	18 646	4. 2

3. 按流域分

四川省石漠化土地均分布在长江流域。其中长江上游干流区间石漠化土地面积 201 009. 2hm²，占全省石漠化土地面积的 25. 9%；雅砻江流域 215 344. 4 hm²，占 27. 8%；金沙江流域 193 417. 9hm²，占 25. 0%；大渡河流域 127 299. 1 hm²，占 16. 4%；岷江流域 18 050. 4hm²，占 2. 3%；渠江流域 15 506. 5 hm²，占 2. 0%；沱江流域 4308. 3 hm²，占 0. 6%（表 3-29）。

表 3-29　四川省石漠化土地分流域统计表　　单位：hm²

流域	合计	轻度石漠化		中度石漠化		重度石漠化		极重度石漠化	
		面积	百分比(%)	面积	百分比(%)	面积	百分比(%)	面积	百分比(%)
合计	775 022. 5	134 698. 2	17. 4	481 645. 6	62. 1	129 486. 2	16. 7	29 192. 5	3. 8
雅砻江流域	215 344. 5	8832. 3	4. 1	142 731. 2	66. 3	53 034. 3	24. 6	10 746. 7	5
岷江流域	18 050. 4	4394. 9	24. 3	13 083	72. 5	537. 9	3	34. 6	0. 2
大渡河流域	127 299. 1	27 032. 5	21. 2	73 117. 8	57. 4	18 188. 7	14. 3	8960. 1	7
沱江流域	4308. 3	893. 8	20. 7	2194. 6	50. 9	1159. 6	26. 9	60. 3	1. 4
渠江流域	15 506. 6	8492. 4	54. 8	6087	39. 3	909. 3	5. 9	17. 9	0. 1
长江上游干流区间	394 513. 6	85 052. 3	21. 6	244 432	62	55 656. 4	14. 1	9372. 9	2. 4

4. 按土地利用类型分

在四川省现有石漠化土地中，林地为 298 775. 7hm²，占全省石漠化土地面积的 38. 6%；耕地为 266 897. 5 hm²，占 34. 4%；牧草地为 55 063. 3 hm²，占 7. 1%；未利用地为154 286. 0

hm^2，占 19.9%（表 3-30）。

表 3-30 四川省石漠化土地分土地利用类型统计表 单位：hm^2

类别		合计	林地	耕地	牧草地	未利用地
石漠化	合计	775 022.5	298 775.7	266 897.5	55 063.3	154 286
轻度石漠化	面积	134 698.2	111 125.2	10 946.5	5886.6	6739.9
	百分比(%)	17.4	37.2	4.1	10.7	4.4
中度石漠化	面积	481 645.6	152 336.1	227 010.4	45 249.1	57 050
	百分比(%)	62.1	51	85.1	82.2	37
重度石漠化	面积	129 486.2	28 125.4	28 940.6	2492.6	69 927.6
	百分比(%)	16.7	9.4	10.8	4.5	45.3
极重度石漠化	面积	29 192.5	7189		1435	20 568.5
	百分比(%)	3.8	2.4		2.6	13.3

5. *石漠化土地分布特征*

（1）石漠化土地主要分布在川南盆地边缘区和川西南山地区，面积达 731 255.3hm^2，占到全省石漠化土地面积的 94.4%。

川南盆地边缘区主要包括泸州市的叙永县、古蔺县，乐山市的五通桥区、峨眉山市、犍为县、沐川县，眉山市的洪雅县，宜宾市的长宁县、高县、珙县、筠连县、兴文县、屏山县 13 个县(市、区)。该区域岩溶土地总面积 558 517.7hm^2，占全省岩溶土地面积的 20.2%；该区域石漠化土地面积 207 543.4hm^2，占全省石漠化土地的 26.8%。

川西南山地区包括攀枝花市的西区、仁和区、米易县、盐边县，乐山市的峨边县、马边县、金口河区，雅安市的汉源县、石棉县、芦山县，凉山州的西昌市、木里县、盐源县、德昌县、会理县、会东县、宁南县、普格县、布拖县、金阳县、昭觉县、喜德县、冕宁县、越西县、甘洛县、美姑县、雷波县和甘孜州的康定县等。该区域岩溶土地面积2 112 270.2 hm^2，占全省岩溶区面积的 76.4%；该区域石漠化土地面积 523 711.9hm^2，占全省石漠化土地的 67.6%。

（2）在岩溶发育成熟的川南岩溶盆地边缘区石漠化发生率高，达到 37.2%，比全省石漠化发生率高出 9.2 个百分点。

（3）全省石漠化以中度石漠化为主，占石漠化土地面积的 62.1%。

四、潜在石漠化土地现状

1. *按市(州)分*

四川省潜在石漠化土地以凉山州面积最大，为 395 712.1hm^2，占全省潜在石漠化土地总面积的 53.7%；泸州市 76 674.3hm^2，占 10.4%；雅安市 85 157.4 hm^2，占 11.6%；广安市 25 867.6 hm^2，占 3.5%；宜宾市 50 590.5 hm^2，占 6.9%；乐山市 30 937.1 hm^2，占 4.2%；攀枝花市 14 115.7 hm^2，占 1.9%；眉山市 13 714.8hm^2，占 1.9%；内江市 2372.5 hm^2，占 0.3%；甘孜州 41 721.8hm^2，占 5.7%（表 3-31、图 3-17）。

2. *按流域分*

四川省潜在石漠化土地均分布在长江流域。其中长江上游干流区间面积 126 339.4hm^2，占全省石漠化土地面积的 17.1%；金沙江流域 213 109.2hm^2，占 28.9%；雅砻江流域 167 111.3hm^2，占 22.7%；大渡河流域 136 085.1 hm^2，占 18.5%；岷江流域 79 262.8 hm^2，占 10.8%；渠江流域 12 547.7 hm^2，占 1.7%；沱江流域 2372.5 hm^2，占 0.3%。

3. 按土地利用类型分

四川省现有潜在石漠化土地中，林地为 726 624.1hm^2，占全省潜在石漠化土地面积的 98.6%；耕地为 2596.3hm^2，占 0.4%；牧草地为 7643.5hm^2，占 1.0%（图 3-17）。

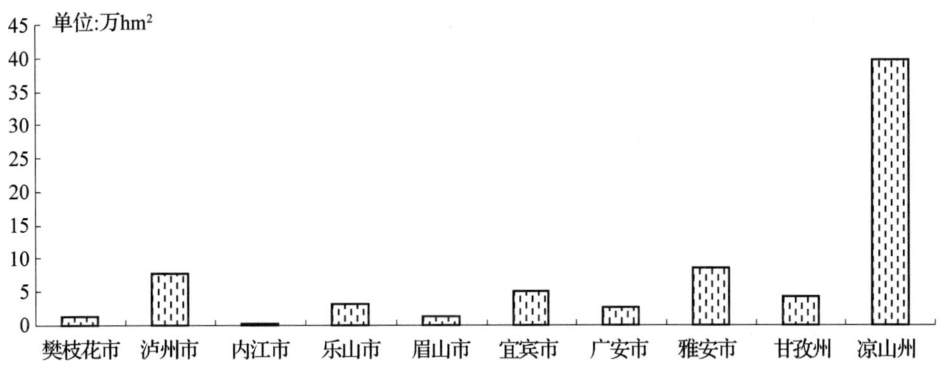

图 3-17 四川省潜在石漠化按市（州）统计柱状图

第 8 节 广东省石漠化土地状况

一、自然概况

1. 地理位置

广东省岩溶区包括清远市、韶关市、肇庆市、云浮市、阳江市、河源市等 6 市 21 县（市），行政区域面积 48 210.3km^2，岩溶面积 10 631.3km^2。其地理坐标位于东经 111°30′~115°06′，北纬 21°56′~25°33′，所处区域西与广西接壤，北与湖南、江西相连。

2. 地貌

岩溶区北部地貌以中、低山为主，西部以丘陵居多；岩溶地貌分布其中，发育典型，峰丛、孤峰、残丘或连片或交替，地下河普遍发育，地势由西部向东南倾斜。总体上看，从粤北山地至粤西丘陵区，由强烈切割的岩溶山地转化为溶蚀堆积的岩溶平原。从发育程度上，可将该区岩溶地貌分为峰丛、峰林、孤峰三大类型。峰丛型分布在粤北靠近湖南的边缘，海拔多在 500m 以上，石山可高达 1000m 以上，相对高差 600m 左右，石山密集，基座相连，负地形发育，峰丛之间漏斗、落水洞、圆洼地、盲谷发达，以乐昌、阳山为代表。峰林型主要分布在清远地区，以清新、连南一带为代表，峰林多呈圆柱形或锥形。孤峰型主要分布在岩溶平原上，以怀集、阳春一带为代表，孤峰分散，孤立在岩溶平原上。

3. 水文

岩溶区地表水系均属于珠江水系，主要江河有东江、北江、连江、绥江、贺江等。岩溶分布面积广，地下水广泛发育，岩溶水接受大气降水的入渗补给，储藏、运移于溶洞和溶蚀裂隙中，并多以泉水、地下河形式在低洼地出露排泄于当地江河中。

4. 气候

岩溶区属亚热带湿润季风气候，温暖湿润，年平均气温19～26℃，年均降雨量为1500～2500mm，且多集中在5～9月，大雨、暴雨频率高，伴随着剧烈的雨水冲刷和径流，失去植被覆盖的石漠化土地水土流失极为严重。区内适合多种林木生长，但森林多分布在非岩溶区，岩溶区森林覆盖率较低。

5. 土壤

岩溶土壤多是由碳酸盐岩溶蚀残余物发育而成的石灰岩土，由于气候条件、碳酸盐岩的类型差异、成土物质的含量多寡不同，土壤性状亦有明显差异。石灰土根据发育程度和性状分为红色石灰土、黑色石灰土、灰色石灰土和黄色石灰土4个亚类。广东岩溶区主要为红色石灰土和黑色石灰土。红色石灰土是最常见的类型，多分布在石灰岩山地海拔300～600m间平缓的山腰和山麓，土体红棕色，土层较厚，多数在1m以上，土体干燥，植被差，土壤有机质少；黑色石灰土呈灰棕色至灰黑色，土层厚30～80cm，分布在石灰岩山地海拔600m以上的岩隙、岩沟和低洼处，湿度大，植被好，有机质含量较高。灰色石灰土、黄色石灰土在岩溶区面积不大，零星分布于石灰岩山地上部的岩缝中和山麓低洼地，有石灰反应。

二、社会经济概况

据统计，2004年末，广东省岩溶区总人口1081.6万人，占全省总人口的13.6%，人口净增长率4.5‰，其中农业人口804.5万人。总体上看，该区域人口分布呈北部山区少，西部丘陵区多的特点。社会总产值710.8亿元，其中：农业产值223.1亿元，林业产值37.5亿元，牧业产值94.1亿元；财政收入27.9亿元；人均产值6144.0元；农民人均纯收入3477.0元。

该区域农村生活能源有煤、电、沼气、薪材、其他等，其消耗结构为：煤占6.8%，电占8.2%，沼气占18.3%，薪材占49.4%，其他能源占15.3%。总体来看，岩溶地区农村能源主要以薪材为主。因石漠化区域地理位置偏僻，经济状况落后，交通状况也相对落后，交通不便，相当一部分岩溶山区农村没有公路相通，生产、生活用品只能靠肩挑手提来运输。

三、石漠化土地状况

广东省石漠化土地面积81 364.8hm^2，占全省岩溶土地面积的7.6%（表3-31）。

表3-31　广东省岩溶土地按单位统计表　　单位：hm^2

调查单位	岩溶面积	石漠化土地		潜在石漠化土地		非石漠化土地	
		面积	百分比(%)	面积	百分比(%)	面积	百分比(%)
广东省	1 063 134.3	81 364.8	7.7	404 716.6	38.1	577 052.9	54.3
韶关市	253 842.4	42 303.8	16.7	101 016.4	39.8	110 522.2	43.5
肇庆市	25 212.2	4629.2	18.4	2076.1	8.2	18 506.9	73.4
河源市	43 689.2	1711.1	3.9	7770.7	17.8	34 207.4	78.3
阳江市	77 664.8	5688.6	7.3	888.3	1.1	71 087.9	91.5
清远市	618 699.1	26 356.4	4.3	289 901.5	46.9	302 441.2	48.9
云浮市	44 026.6	675.7	1.5	3063.6	7	40 287.3	91.5

1. 按市分

广东省石漠化土地主要分布于清远市和韶关市，两市石漠化土地面积达 68 660. 2hm²，占全省石漠化土地面积的 84. 4%。各市石漠化土地面积如下：韶关市 42 303. 8hm²，占全省石漠化土地面积 52. 0%；清远市 26 356. 4hm²，占 32. 4%；阳江市 5688. 6hm²，占 7. 0%；肇庆市 4629. 2hm²，占 5. 7%；河源市 1711. 1hm²，占 2. 1%；云浮市 675. 7hm²，占 0. 8%（表 3-31）。

2. 按程度分

广东省石漠化土地以中度、重度石漠化为主，两者占到石漠化土地总面积的 82. 0%。其中轻度石漠化土地面积 14 146. 5hm²，占 17. 4%；中度石漠化 30 332. 5hm²，占 37. 3%；重度石漠化 36 394. 7hm²，占 44. 7%；极重度石漠化 491. 1%，占 0. 6%（表 3-32）。

表 3-32　广东省石漠化分程度统计表　　单位：hm²

调查单位	合计	轻度石漠化		中度石漠化		重度石漠化		极重度石漠化	
		面积	百分比（%）	面积	百分比（%）	面积	百分比（%）	面积	百分比（%）
广东省	81 364. 8	14 146. 5	17. 4	30 332. 5	37. 3	36 394. 7	44. 7	491. 1	0. 6
韶关市	42 303. 8	13 770. 9	32. 6	17 797. 9	42. 1	10 698. 5	25. 3	36. 5	0. 1
肇庆市	4629. 2			8. 6	0. 2	4620. 6	99. 8		
河源市	1711. 1					1711. 1	100		
阳江市	5688. 6			191. 4	3. 4	5497. 2	96. 6		
清远市	26 356. 4	375. 6	1. 4	12 089. 2	45. 9	13 488	51. 2	403. 6	1. 5
云浮市	675. 7			245. 4	36. 3	379. 3	56. 1	51	7. 5

轻度石漠化土地以韶关市为主，占全省轻度石漠化土地的 97. 3%；极重度石漠化土地以清远市为主，占全省极重度石漠化土地的 82. 2%。

3. 按流域分

广东省石漠化土地均属珠江流域。其中：东江流域石漠化土地面积 1821. 2hm²，占全省石漠化土地面积的 2. 2%；北江流域 48 718. 7hm²，占 59. 9%；连江流域 19 831. 4hm²，占 24. 4%；西江干流流域 6364. 3hm²，占 7. 8%；贺江流域 4629. 2hm²，占 5. 7%（表 3-33）。

极重度石漠化土地主要分布在连江流域，占全省极重度石漠化土地的 69. 0%；轻度、中度石漠化土地主要分布在北江流域，北江流域的轻度、中度石漠化土地分别占全省轻度、中度石漠化土地的 97. 6%、72. 7%。

表 3-33　广东省石漠化土地按流域统计表　　单位：hm²

流域	合计	轻度石漠化		中度石漠化		重度石漠化		极重度石漠化	
		面积	百分比（%）	面积	百分比（%）	面积	百分比（%）	面积	百分比（%）
全省	81 364. 8	14 146. 5	17. 4	30 332. 5	37. 3	36 394. 7	44. 7	491. 1	0. 6
东江流域	1821. 2					1821. 2	100		
北江流域	48 718. 7	13 805. 9	28. 3	22 061. 6	45. 3	12 750. 3	26. 2	100. 9	0. 2
连江流域	19 831. 4	340. 6	1. 7	7825. 5	39. 5	11 326. 1	57. 1	339. 2	1. 7
西江干流流域	6364. 3			436. 8	6. 9	5876. 5	92. 3	51	0. 8
贺江流域	4629. 2			8. 6	0. 2	4620. 6	99. 8		

4. 按土地利用类型分

广东省现有石漠化土地中，林地为52 884.0hm^2，占全省石漠化土地面积的65.0%；耕地为12 369.2hm^2，占15.2%；未利用地为16 076.6hm^2，占19.8%（表3-34）。

表3-34 广东省石漠化土地分土地利用类型统计表 单位：hm^2

程度	合计	林地		耕地		未利用地	
		面积	百分比(%)	面积	百分比(%)	面积	百分比(%)
合计	81 364.8	52 919	65	12 369.2	15.2	16 076.6	19.8
轻度石漠化	14 146.5	10 815.4	76.5	2305.4	16.3	1025.7	7.3
中度石漠化	30 332.5	16 600.8	54.7	6432.1	21.2	7299.6	24.1
重度石漠化	36 394.7	25 502.8	70.1	3631.7	10	7260.2	19.9
极重度石漠化	491.1	491.1	100				

5. 石漠化土地分布特征

（1）广东省石漠化土地分布相对集中。全省石漠化土地面积较大的有乐昌市（26 758.9 hm^2）、阳山县（16 169.5hm^2）、英德市（8993.4hm^2）、乳源瑶族自治县（8958.8hm^2）4个县（市），石漠化土地面积为60 880.6hm^2，占全省石漠化土地面积的74.8%。

（2）广东省石漠化土地按程度分呈现两头小、中间大的特征。在石漠化土地中，轻度石漠化土地占17.3%，中度石漠化占37.3%，重度石漠化占44.8%，极重度石漠化占0.6%。主要有以下3个方面的原因：① 岩溶区属亚热带湿润季风气候，良好的水热条件适宜于林木生长；② 1999年以来，广东实施分类经营和林业生态省的建设，岩溶区因其生态区位的重要性，大部分石灰岩山地划入省级生态公益林实行生态效益补偿，或经过植苗绿化、封山育林、生态移民、农村能源和石漠化治理等项目建设，石灰岩山地得到了有效的保护，区域生态环境得到改善；③ 部分山地因历史原因破坏太大，土壤稀薄，立地条件恶劣，短期内难以恢复，现今仍表现为重度石漠化或极重度石漠化；立地条件较好的山地经过几年的治理和保护，现转变为潜在石漠化土地。

四、潜在石漠化土地状况

1. 按市分

广东省潜在石漠化土地主要分布于清远市和韶关市，两市潜在石漠化土地面积达390 917.9hm^2，占全省潜在石漠化土地面积的96.6%。各市潜在石漠化土地面积如下：清远市289 901.5hm^2，占全省潜在石漠化土地面积71.6%；韶关市101 016.4hm^2，占25.0%；河源市7770.7hm^2，占1.9%；云浮市3063.6hm^2，占0.8%；肇庆市2076.1hm^2，占0.5%；阳江市888.3hm^2，占0.2%。

2. 按流域分

广东省潜在石漠化土地均分布在珠江流域。其中：东江流域潜在石漠化土地面积5697.8hm^2，占全省潜在石漠化土地面积的1.4%；北江流域为205 992.3hm^2，占50.9%；连江流域为186 998.5hm^2，占46.2%；西江干流流域为3951.9hm^2，占1.0%；贺江流域为2076.1hm^2，0.5%。

3. 按土地利用类型分

广东省现有潜在石漠化土地中，林地为403 693.6hm^2，占全省潜在石漠化土地总面积的99.7%；耕地为522.7hm^2，占0.3%，属已实施坡改梯的耕地。

第 4 章

岩溶地区石漠化研究现状

由碳酸盐类岩石发育而成的岩溶地貌在世界广泛分布。由中国向西，经中东到地中海，分布着一条引人注目的碳酸盐岩带，并与大西洋西岸美国东部碳酸盐岩分布区相望。在这条全球性碳酸盐岩带上，发育了 3 大块分布集中的岩溶区，即欧洲地中海沿岸、美国东部和中国西南岩溶区。

中国的岩溶按可溶性岩地层分布达 344.0 万 km^2，其中碳酸盐岩出露面积达 90.7 万 km^2，全国大部分省(直辖市、自治区)都有分布，但以贵州为中心的包括广西、云南、四川、重庆、湖北、湖南等省在内的西南片区最为集中，其面积达 54.0 万 km^2(欧阳自远，1998)，是世界上 3 个岩溶区中出露面积最大、岩溶发育最强烈、景观类型最多、生态环境最复杂、人地矛盾最尖锐的地区。

长期以来，我国西南岩溶山区的自然环境与社会经济活动之间处于严重不协调状态，严重的人为干扰，在西南地区形成了一种土地退化的极端现象—石质荒漠化(简称石漠化)。20 世纪 90 年代后，石漠化所带来的社会和生态问题的影响，促使国内开始重视石漠化研究，逐步开展了岩溶石漠化现状、成因、过程、危害和机制研究。特别是近年来，展开了以水土保持、植被恢复及生态重建为目标的预防和治理示范工作，取得了显著成效。但总体而言，石漠化基础性研究，特别是在系统深度和普遍规律的认识上，因客观条件限制仍存在相当的未知领域。

第 1 节　岩溶研究的现状综述

一、世界岩溶研究

近 30 年来，世界上许多国家都十分重视对岩溶环境问题的研究。1979 年 H · E · Legrad 首次提出了岩溶地区的生态环境问题，1983 年美国科学促进会第 149 届年会上，正式把岩溶和沙漠边缘地区等同地列为脆弱环境。国外早期的岩溶研究主要侧重地质成因、地貌特征、水文特征以及发育过程。继之，结合经济社会发展需要，对岩溶水文地质、工程地质、地球物理勘探、岩溶洞穴、岩溶发育理论等做了大量研究。目前，比较关注岩溶环境的理论基础和应用的研究。前者主要探讨岩溶生态系统中的各类作用机制(如岩溶系统动力学、各圈层的相互作用以及岩溶生物因子与非生命环境因子之间的相互作用等)和演化过程(如能量流、物质流和信息流等)所遵循的总体规律；后者主要根据生态经济学的原理，探索生产实践和一系列区域性或全球性生态环境问题，诸如退化岩溶生态系统的恢复重建，生物多样性的保护，岩溶地区人口——资源——环境与区域经济发展等。但因世界其他各国石漠化发生机率小，且分布相对零散、面积小、危害轻，因而在国际上针对石漠化进行的专题研究相当少，对石漠化的科学内涵一直不很明确。

二、中国岩溶研究

我国是世界上对岩溶地貌现象记述和研究最早的国家，早在《山经》（春秋战国时代）和第一部药物学著作《神农本草经》（西汉时代）中就有关于岩溶洞穴及其内化学沉积物的记载。不少洞穴在隋唐之前就已有游人参观、探险，留下大量石刻、题记等文物。明代伟大的地理学家、旅行家徐霞客（1587～1641 年）实地探查了南方 300 余个岩溶洞穴，成为世界洞穴探险和考察的先驱，其所著的《徐霞客游记》记述最为详尽，准确、细致地记录了我国南方热带亚热带岩溶地貌的分布、形态特征和各种岩溶现象，是世界岩溶学和洞穴科学史上极为珍贵的文献。

近代，中国岩溶调查研究可大致分为以下几个阶段。

20 世纪 20 年代至 50 年代，以洞穴古生物和考古发掘、研究为主，又以北京周口店中国猿人洞为代表的我国岩溶洞穴考古和洞穴文化研究举世瞩目。另外，对中国南方的岩溶地形和洞穴研究，也有若干文章发表。

20 世纪 50 年代中期，这一阶段岩溶研究在初期是以自然地理，特别是以岩溶地貌调查为主，随之，水文地质研究不断得到加强并成为重要的研究对象。这一阶段的学术成果，集中表现在 1961 年中国科学院召开的全国岩溶研究工作会议和 1966 年中国地质学会召开的第一届岩溶学术会议以及有关专著之中。

20 世纪 60 年代中期到 70 年代中期，我国岩溶研究处于缓慢发展时期。岩溶理论研究停滞不前，处于低谷阶段，但开展了岩溶区 1∶20 万的水文地质普查工作，并加快了西南岩溶区的水利水电建设和铁路建设步伐。

20 世纪 70 年代中期以来，岩溶研究获得迅速发展。1975 年，中国政府将《中国岩溶分布发育规律及其改造利用》列为全国科学发展规划项目之一。这一时期岩溶工作有以下几个特点：一是重点开展了以广西桂林和都安、贵州独山和普定、湖南龙山洛塔和山西娘子关泉域的深入研究；二是对全国的岩溶作了全面的普查，对以往鲜为人知的海拔四五千米以上的青藏高原和昆仑山的岩溶现象以及珊瑚礁岩溶进行了一定的考查研究；三是建立了专门从事岩溶研究的中国地质科学院岩溶地质研究，并举办了 10 次较为重要的全国性和国际性的岩溶、洞穴方面的学术会议；四是岩溶研究领域不断拓宽，岩溶理论研究有了较大发展，溶蚀机理、岩溶地球化学、岩溶名词术语、岩溶形态组合和峰林地貌发育、深岩溶和古岩溶、洞穴形态学和年代科学方面都有较大的进展，出版了若干岩溶学专著如中国岩溶研究、中国岩溶学等，以及数以千计的论文。

20 世纪 90 年代开始，受到系统理论和整个科学界多学科交叉渗透的总趋势及国内外学术交流的影响，实现了地质学、地理学、生态学等多学科的有机结合，把岩溶形态成因的研究同地质、气候、水文条件更好地结合起来；在学术思想上，以地球系统科学为指导，把岩溶作用放到岩石圈、大气圈、水圈和生物圈相互作用中去研究，从而加深对岩溶发育机理的认识；通过对不同地区不同类型岩溶的国内外广泛深入对比分析，逐渐克服了以往囿于局部地区的特殊条件所带来的认识上的片面性，而且从全球看中国岩溶，也更加深刻地认识了中国岩溶的特色和地位；在岩溶学的应用上，也由比较偏重于水资源发展到全面研究岩溶地区的各种资源和环境问题。

21 世纪以来，我国在岩溶研究方面无论从广度、深度方面都有了突破性进展，尤其是深入开展西南岩溶地区石漠化生态建设为核心的专题研究，并引起了国家和社会的广泛关注。岩溶地区的脆弱生态系统与人类不合理经济活动相互作用而造成的植被破坏、岩石裸露，导致岩溶地区的生态问题加剧，并已成为我国三大生态问题之一，不仅受到了国内外专家、学者的关注，而且已经引起了党和国家的高度重视。在我国国民经济与社会发展"十五"、"十一五"计划和规划中均明确提出推进石漠化治理生态工程，促进自然生态恢复。同时，党和国家领导人多次深入西南石漠化区开展调研工作，对加快石漠化治理作出了明确指示。2003 年，国土资源部在国土资源大调查中采用卫星影像对西南岩溶地区进行了宏观监测；国家林业局耗时 3 年，在编制完成了石漠化监测技术规定的基础上，于 2005 年首次采用遥感与地面调查相结合的方式完成了西南岩溶地区的石漠化监测，为我国启动石漠化防治专项工程打下了坚实基础。同时，在国家、省级层面上，专门针对石漠化设立重大科研课题，组织专家学者从岩溶生态系统、石漠化的科学内涵、形成机理、演变过程和植被方面等开展深入研究，在理论方面取得了长足进步。但由于岩溶石漠化是一个自然、社会、经济相互交叉，涉及多学科，综合性强的研究领域，随着研究程度的深化，必然会出现新的问题和新的方向。

在以后一段时间内应加强以下几个方面的研究：①石漠化过程的自然与人为背景的研究；②石漠化动力学过程及其调控研究；③石漠化的生物学过程与植被恢复重建机理；④石漠化综合防治战略与模式；⑤岩溶生态系统退化受损状态、分布与演变趋势；⑥岩溶石漠化的环境效应(包括区域环境效应和全球环境效应)；⑦岩溶石漠化预警研究。

第 2 节 石漠化研究现状综述

一、石漠化的概念及内涵

石漠化概念是 20 世纪 90 年代提出的。一直以来，对石漠化概念和内涵认识不一，存有一定争议。近年来通过对石漠化的形成原因、形成特点、形成地域、形成基质等分析比较研究，提出石漠化即岩溶石质荒漠化，是指在我国南方湿润地区，碳酸盐岩发育的岩溶脆弱生态环境下，由于人为干扰造成植被持续退化，乃至丧失，导致水土资源流失，土地生产力下降，基岩大面积裸露于地表(或砾石堆积)而呈现类似荒漠景观的土地退化过程。沿用荒漠化的英文名词 Desertification，石漠化可称为 Karst Rocky Desertification（王德炉，2003）。它是土地荒漠化的主要类型之一，以脆弱的生态地质环境为基础，以强烈的人类活动为驱动力，以土地生产力退化为本质，以出现类似荒漠景观为标志（王世杰，2002）。在此基础上，基本上形成了一个较认同的石漠化定义。

这一定义一方面综合继承了前人的研究成果，另一方面明确表达了以下几个方面的内容：

(1)石漠化的形成时间，是在人类历史时期，特别是近半个世纪以来，人口的急剧增加和对资源的不合理开发利用的结果，这有别于地史时期由于自然因素形成的原生裸岩景观；

(2)空间范围上，是指在我国南方湿润岩溶地区。这与其他干旱或半干旱区由于自然条件恶劣，特别是气候干燥缺水所形成的类似景观相区别；

(3)石漠化是以植被的退化、土壤的流失、基岩的裸露及相应的生境变化为外部可识别特征，然而其本质是土地生产力的下降和丧失，仅以岩石裸露率作为石漠化的标志是不全面的；

(4)石漠化过程可能是渐变的，也可能是突变的，在停止人为干扰的情况下，完全可能逆转；

(5)碳酸盐岩主要以纯质石灰岩和白云岩为典型代表，因岩石组分不同，由纯质灰岩和白云岩发育的岩溶在地貌、地表及水文等一系列特征上有显著差异。因此，这种差异应该在定义中有所体现和融合。概念及内涵上认识的统一，对开展石漠化的进一步研究和生态恢复与重建治理工作有重要的指导和界定意义。

二、岩溶石漠化形成的原因

岩溶石漠化的形成不是一个纯自然过程，而是与人类活动密切相关，具有明显的自然和社会学属性(王世杰等，2003)。石漠化形成的直接原因是岩溶脆弱生态系统受到来自系统外——人类社会的强烈干扰，是人为干扰与脆弱环境共同作用的结果。特殊的地质环境和气候条件为岩溶石漠化的形成创造了必要条件和直接动力(自然原动力)，人为干扰是石漠化形成的间接动力或第二性动力，本质上仍是通过改变动力的强度来实现的，作用的结果是放大了直接动力的作用效应，或促进了直接动力的作用效应，减弱了自然生态系统对原动力作用效应的抑制、缓冲作用，加速了水土流失和土地退化的进程。

从自然背景看，中国西南岩溶地区，特定的地质演化过程奠定了脆弱的环境背景。以升降为主的新生代喜玛拉雅山构造运动塑造了陡峻而破碎的岩溶高原地貌景观，由此产生较大的地表切割度和地形坡度，为水土流失提供了动力潜能，特别是纯碳酸盐岩的大面积出露，为石漠化的形成奠定了物质条件。碳酸盐岩强可溶性导致了成土过程极其缓慢，岩溶地区土层十分浅薄稀少，且零星分散，自然状态下母岩裸露率极高。土壤剖面发育不全，典型的岩溶石灰土一般在剖面结构上表现为C层缺失，仅有A层或AB层，即土壤与母岩之间往往是一个比较光滑的岩层面，岩土亲和力低，很容易在这一层面上产生侧向径流而使整个土体被地表径流所侵蚀，这一现象尤以石灰岩为甚，是造成岩溶生态系统脆弱和形成石漠化的重要原因。

人为干扰主要表现为对岩溶植被的破坏，改变了植被原有状态，造成整个岩溶生态系统的崩溃。一方面，受到自然条件的限制，与常态地貌相比，岩溶生境极其严酷，植物生长十分缓慢，演替进程漫长，森林一旦破坏，岩溶森林下特殊的水文二元结构随之消失，植被恢复和生态系统重建将十分艰难；另一方面，西南岩溶区人口严重超载，地少人多，土地生产力十分有限，落后的社会经济文化观念和耕作技术造成了普遍的毁林开荒现象，人地矛盾成为人为干扰的根本来源。

三、石漠化的形成过程

石漠化的发生、发展过程实际上就是人为活动破坏生态平衡所导致的地表植被覆盖度降低、土壤侵蚀、生境恶化的土地生产力退化过程。表现为：人为破坏→林退、草毁→土壤侵蚀→石山、半石山裸露→完全石漠化(石漠)的逆向发展模式。在这个过程中，植被退化是其主要表现形式，植物群落的生物量减少，盖度、高度降低，植物种类向旱生化更替；土壤在这个过程中表现出容重增加，结构恶化，坚实度增加，通透性降低，土壤有机质和土壤养分流失严重，生产力下降；而环境由较为缓和的中生环境向着高温、干燥、风大且变化剧烈的不利于植物生长的干旱化方向发展。

从植物群落和生境的角度看，与未退化土地进行比较，石漠化形成过程可分为 4 个阶段，即石漠化初期、中期、后期和末期，分别对应于次生乔林、灌木林、灌草(或藤刺灌丛)和稀疏草丛 4 类生态系统。这个过程可能是渐进的，也可能是突变的，可以从一个阶段跳跃到任何一个阶段，这完全取决于干扰的类型和强度。

四、石漠化的类型

碳酸盐岩是由以石灰岩、白云岩为代表，包括白云质石灰岩、灰质白云岩、燧石灰岩、泥质灰岩等在内的岩组总称，总体特征是可溶性物质含量高，以溶蚀风化为主，成土速度极慢。由于不同岩石的组分不同，在风化方式、成土特性、生境组成、水文地质等方面有较大差异，这种差异引起了不同岩性间地表生态环境因子组合和质量的较大差别，形成了具有明显区别特征的石漠化土地。因此，根据石漠化土地的自然属性，将石漠化土地组合和划分成不同的单元类型，是石漠化进一步研究和植被恢复与生态重建工作的需要，以实现分类研究和分类治理的目的。

石漠化类型研究目前报道较少，王德炉(2005)曾对此作过尝试，根据岩性、小生境种类及组合、土壤特性等基本特征，将石漠化土地划分为两大类型，即显性石漠化和隐性石漠化。

由纯质石灰岩、白云质灰岩或灰质白云岩发育的称为显性石漠化，其典型特征就是基岩大面积裸露于地表，溶蚀沟、缝、坑等十分发育，地表破碎，小生境复杂，组合多样。地貌形态上多数形成尖削而陡峭的呈塔状、锥状的山峰，组成连绵不断的峰林或峰丛洼地，又由于地下水的溶蚀作用，溶洞及地下河极为发育，虽水量丰富，但渗漏强烈，分布极不均匀。在这种类型中，石面生境所占比例最大，也最严酷，但在石沟和土面等负地形中却有着较优越的条件，土质疏松肥沃，石砾含量一般低于 10.0%，土壤剖面为 A－D 型或 A－B－D 型。

隐性石漠化是由白云岩发育的，基岩裸露率不高或基本不裸露。由于白云岩强烈的物理崩解作用，使其不易形成尖削陡峭的山峰，多形成馒头状、浑圆状较为平缓的溶蚀残丘，地下水类型多为基岩裂隙水，水量稳定，含水均匀丰富，是良好的含水层，成孔率极高但极少有地下河发育。地表堆积物相对发育，常表现为中等岩溶化。地表光滑平整，生境相对均匀、单一。景观上表现为常态地貌，但事实上土层亦十分浅薄，极高的石砾含量是其典型特征，土壤剖面以 A－C－D 型为主。较为单一的地表特征和高的石砾含量使生境的恶劣程度增加，无局部的阴湿环境，对植物的繁殖和存活十分不利，人工恢复的困难程度较显性石漠化高。此外，也有学者按照岩性和地貌类型组合(周政贤等，2002)，或仅按照地貌类型组合(熊康宁，2002)，将石漠化土地划分为不同的类型区，这种划分主要是从植被恢复的角度，更多地考虑了土地利用的方向。

五、石漠化的评价体系

岩溶石漠化的评价系统从理论上应该包括 3 个组成部分，即石漠化的现状程度、石漠化的发展速率和石漠化的危险性评价。其中，现状程度评价是对石漠化现有状态客观、准确地综合描述，是持续研究及防治工作的基准尺度；而石漠化的发展速率评价主要是根据干扰的类型、强度、频度、持续时间等影响因素对石漠化土地的发展趋势进行预测。危险性评价是在上述 2 种评价的基础上，将二者结合预估石漠化对人类社会及生态系统所产生的灾害能力。

受到多方面因素的影响，特别是系统定位研究和深层次理论研究的缺乏，对石漠化现象的本质认识尚未完全统一，在石漠化评价体系上仍未形成共识。分歧主要集中在从不同学科的角度提出的评价指标体系上，目前，现状评价体系中提出了 2 种指标体系。一种是以植被因子的重要特征为主体，包括土壤因子(土层厚度)和地质因子(基岩裸露率)在内的指标体系(王德炉，2003；李瑞玲等，2004)；另一种，是以植被和土被盖度为主，考虑了基岩裸露率、坡度和土壤厚度的指标体系(熊康宁等，2002)。两种指标体系除了在应用尺度和应用途径上的差异外，具体指标所表达的内涵上也有较大不同，前者更多地考虑了生态系统中不同植被对环境的影响和改造能力的差异，而后者仅从植被覆盖的数量上进行了考虑，相当于认为不同类型的植被生态功能相等。除此而外，在林业或其他生产实践中也存在着一些更简化的现状评价标准。

岩溶石漠化危险性评价研究正处于开始阶段，胡宝清等(2004)对石漠化的预警体系进行了研究，提出了石漠化灾害危险性的 3 级指标体系，包括了地表形态、生态过程、地质—生态环境背景、人类诱发作用和石漠化灾害时空分布规律 5 个方面，并将石漠化的灾害危险性分为 5 个等级。而李瑞玲等(2004)也提出了坡度、岩性、地貌、人口密度和陡坡耕地率 5 个指标。比较而言，前者的系统性和全面性更好些。对于石漠化发展速率评价由于长期监测数据的缺乏，目前未见报道。事实上，这也正是目前的危险性评价研究最薄弱的环节。

六、石漠化的防治及实践

一直以来，石漠化土地在生产中列入难利用地范畴，基本上处于放任自流的状态。随着石漠化所带来的生态危害日趋严重和对地方经济发展影响的日益加深，局部地区甚至已经威胁到人类的生存，石漠化防治成为岩溶区生态恢复和经济发展的一个重大难题。特别是贵州省，碳酸盐岩在地表出露面积占全省土地总面积的 61.9%，岩溶地貌十分发育，加上地形破碎、山多地少、人地矛盾尖锐，是经济发展滞后和生态退化的重要原因。迫于形势，贵州省已经对全省 87 个县实施了石漠化综合防治规划，也使得对石漠化的研究和防治走到了前沿。

石漠化的形成和发展是强度人为干扰在脆弱环境上的最终结果，环境的脆弱性是内在的、本质的原因，是自然存在的客观事实，是目前人力所不可控制因素。干扰是直接原因和外动力，是人类改造和利用自然不符合自然规律的表现，为人类主观可控制因素。因此，停止干扰或改变干扰方式是石漠化治理的前提，石漠化防治的实质就是解决岩溶地区人与资源的矛盾，土地退化是矛盾激化的表现，这是石漠化土地系统治理的核心问题。

从石漠化形成过程和各种干扰类型特征分析可知，尽管干扰的目的多种多样，但植被是干扰的直接对象，土地系统因植被子系统的退化而引起土壤子系统、环境子系统的退化而最终退化，植被系统是岩溶土地系统最根本的子系统，它维系了整个土地系统物质和能量的平衡，因此，保护现有植被和促进植被恢复是石漠化防治的根本途径。

岩溶山区受地质、地貌条件的制约，被分割成许多在短距离内就在气候、水文、生态等方面有较大差别的单元小流域。每个单元流域相对独立，且单元流域是岩溶山区生态系统和经济系统相互耦合而成的复合系统，石漠化防治必须从这两方面同时进行。生态系统以植被恢复和生态重建为目标，通过封山育林、人工更新等手段，增加植被覆盖率，改善生态环境，提高植被的数量和质量，努力发挥其生态功能。经济系统以减少或停止负干扰为目标，在遵循自然规律的基础上，对自然资源加以改造和利用，与工程项目相结合，开展多种经营和科学种植，提高生产力，调整农村产业结构，开发和推广生态能源，发展经济，缓解人与资源之间的矛盾。将大系统的治理分解成若干个小单元来进行，其基本思路是：以小流域为治理单元，以水土保持和改善生态环境为治理中心，积极发展农林复合经营和生态农业，引导乡镇企业和商品经济发展，改变传统的农业经济为综合经济，通过政策控制，转移山区人口，减轻人为干扰和促进生态恢复多方面同时展开，共同治理。

从上述思路出发，吸取了多年来试点示范的主要经验，以退化土地系统为对象，提出了一系列具有系统性、综合性和配套性的综合防治措施和模式（甘露，2001；钟爱平，2000；苏维词，1998；王克林，1999；王德炉等，2005；万军，2003；苏维词等，2004），通过在贵州省花江峡谷、兴义、毕节等地区防治实践研究，取得了显著的进展和突破。

除了上述 6 个方面的研究，在岩性与石漠化土地的相关性（李瑞玲等，2003；蒋树芳等，2004；周忠发等，2003）、3S 技术在石漠化研究与防治中的应用（熊康宁等，2000；陈起伟等，2003；谷花云等，2003；万军等，2003）等方面都取得了较大的进展。

第 5 章

石漠化土地演替过程与阶段划分

目前石漠化基础性研究不够，特别是在石漠化的演替过程、石漠化的类型划分和程度评价方面，基本上是空白，认识上存有误区，石漠化的治理也缺乏综合性、针对性，有一定盲目性，导致治理成效不明显，石漠化的趋势没有得到根本遏制。本书拟从石漠化形成的原因和驱动力分析入手，通过大量典型样地调查，对石漠化的演替过程和阶段，以及演替过程中植被、土壤和环境因子的变化规律进行了研究，试图为石漠化的预防和治理提供科学依据。

第 1 节　石漠化形成的主要因子

一、石漠化的形成原因和驱动力

在南方优越的气候条件下，仅有脆弱的自然环境而无强烈的人为干扰不会形成石漠化，反之，仅有人为干扰而无脆弱的环境也不会形成石漠化。茂兰岩溶森林的存在和非岩溶区良好的生态环境是有力的证明。因此，在岩溶脆弱环境下强烈的人为干扰是石漠化形成的根本原因，石漠化是自然背景与人为干扰共同作用的结果。脆弱的生态环境是石漠化形成的前提和基础，人为干扰是必要条件。植被系统是人为干扰的直接对象，在人为破坏下，植被由顶极常绿落叶阔叶混交林向稀灌草坡逐步退化，形成仅有稀疏植被覆盖的类似于荒漠的景观。由于植被系统结构和功能的退化，岩溶区水分循环由良性转变为恶性，水土迅速大量流失，形成一种缺水少土的恶劣环境。环境的恶化又限制了植被生长发育，降低了植被保持水土和改造环境的生态功能，促进了石漠化的发展。

石漠化形成的主要原动力是自然生态系统的雨水动能和重力势能，作者称其为直接动力或第一性动力。石漠化是流水侵蚀的结果，只有当降雨强度和降雨量较大，雨水来不及渗入土壤并下渗，在地表汇集成径流时，才使土粒沿地表发生位移。高差、坡度、坡长提供的势能则使水流加速，冲刷力加大，加剧了土壤颗粒的位移量和速度。生态系统中各成分的属性，对水土流失起到促进、加速、叠加或抑制、延缓、缩小的正负作用，从动力学的观点看其实质是加大或减小了石漠化的动力强度。

人为干扰、社会经济活动等对石漠化的形成，本质上也是通过改变动力的强度而实现的，作者称其为间接动力或第二性动力。人为干扰改变了土地生态系统主要是植被子系统的状态，农业耕作改变了土壤子系统的自然状况，同时也改变了环境子系统的状态，放大了直接动力的作用效应，或促进了直接动力的作用效应，减弱了自然生态系统对原动力作用效应的抑制、缓冲作用，其结果是加速了石漠化的进程。人为的正干扰，如植被恢复、工程治理等则起到与上述相反的作用。直接、间接动力的作用效应的分析，是石漠化形成和发展过程研究的核心和基本思路。

二、影响石漠化的因子分析

(一) 理论分析

影响石漠化形成及发育的因子分为自然因子和社会因子。

自然因子有气候、地质、地貌、岩性、植被、枯落物等。

气候因子是岩溶发育的强烈催化剂。南方高温多湿，微生物活动强烈，植物生长茂盛，在生长发育过程中产生大量的酸性排泄物和 CO_2，丰富的枯枝落叶在微生物作用下分解迅速，形成多种有机酸，充沛的雨水为 CO_2 提供了丰富的溶解介质，形成 CO_3^{2-}，长期的酸性淋洗使碳酸盐岩以强烈的溶蚀方式随水流失，岩溶得以强烈发育，为石漠化的形成提供了内在基础。充沛而集中的降雨为水土流失提供了强大的动能。

地质构造运动为石漠化塑造了独特的地貌条件。造山运动不但使贵州地势形成三级台阶，而且由于上升运动多次抬升再加上溯源侵蚀，并经历多次海浸，长期处于浅海环境，使贵州省第四纪沉积物厚度小、分布零星，碳酸盐类岩石分布十分广泛，出露地层齐全多样，褶皱、断层、背斜、向斜、断陷盆地、断块山等地貌十分发育，形成了今天陡峻而破碎的格局，加剧了水土流失。由于长期经受强烈的内外营力作用，地貌类型十分复杂，地势起伏较大，十分陡峭。这种山多平地少的地貌形态，强烈的地表切割和陡峭的坡度，加上降雨多、雨量大，产生了严重的水土流失，加剧了石漠化的程度。

碳酸盐岩是岩溶石漠化形成的物质基础。碳酸盐岩以石灰岩和白云岩为主，主要成份是 $CaCO_3$ 和 $CaMg(CO_3)_2$，形成土粒的主要成分 SiO_2、Al_2O_3、Fe_2O_3 的含量极低，石灰岩仅占 1.52%，白云岩也只有 2.02%，即使是所有酸不溶物，其平均含量也仅为 4% 左右。因此，碳酸盐岩石的风化是以强烈的化学溶蚀为主，绝大部分物质如 CaO、MgO 都在溶蚀过程中形成重碳酸钙、碳酸镁随水流失，极难残留，致使碳酸盐岩分布区岩溶十分发育，基岩大面积裸露，土被零星浅薄，可供侵蚀的土壤总量较少，土壤层次发育不全，C 层常缺失，土体构型多为 A－D 型，土壤与岩面直接相连，雨水渗入后形成摩擦力极小的较光滑的接触面，易于形成土壤整体移动，从而加大了侵蚀量。另一方面，强烈的溶蚀作用与节理裂隙发育叠加，形成较多的溶沟、孔隙、漏斗及暗河，渗漏十分强烈。保水、贮水能力差和强渗透性是造成岩溶环境水分亏缺的重要原因，这亦是造成植物生长缓慢，个体高度和直径较小，群落结构相对简单，阻滞水土流失功能相对较弱的原因。

森林植被是岩溶环境中水分良性循环的命脉。植物除了能促进碳酸盐岩的溶蚀和风化外，在土壤形成和维持岩溶环境水分良性循环方面有着至关重要的作用。在自然状态下，岩溶森林植被生长茂盛，虽然仍是大面积基岩裸露和土层浅薄，但是却并没有干旱与洪涝交加的灾害。这主要是森林植被及其丰富的枯枝落叶既防止了雨水溅蚀，又增大了地表粗糙度，减弱了地表径流的流速，更重要的是枯枝落叶强大的吸附功能极大地加强了对雨水吸收、贮藏的能力和实现再分配，形成了岩溶森林水文地质的独特现象——水赋存的二元结构，即枯枝落叶垫积层充填的上层岩溶裂隙水和下层岩溶水同时并存。这种独特的水文结构，不仅使地下水的补给、径流及排泄条件明显改善，而且还使大气降水、地表水和地下水的互相转化形成良性循环。

如上所述，这些自然因子对石漠化的形成、发展的作用极为复杂，促进与抑制、加速与滞缓交织在一起。正确辨识因子间的相互作用及对石漠化形成的正负作用，将对深化石漠化形成和机制的认识及石漠化的预防治理提供理论依据。

社会因子包括人口密度、农业耕作方式、资源利用方式、当地生活习惯等。

人口密度的大小决定了资源需求的多少，在资源极其有限的情况下，表现为对资源破坏程度的大小。人口密度越大，矛盾越尖锐，破坏程度也越大，石漠化程度亦越深。

耕作方式合理与否对石漠化的作用截然不同。合理的、科学的耕作方式不但不会引起大量的水土流失形成石漠化，而且还能间接地促进植被恢复，改善生态环境。相反，不合理不科学的耕作方式，却能加快石漠化的进程，扩大石漠化土地面积。

资源的利用方式对石漠化形成和发展也有较大影响。可利用的资源包括土地资源、植物资源、水资源等，不同的资源利用方式对石漠化所产生的影响是不同的。如土地资源，在陡峭的坡地上开荒种地，引起了植被的破坏和大量的水土流失，促进石漠化的发展。又如植物资源，在 20 世纪 50 年代末，大炼钢铁使大量的森林植被被砍伐，由于环境的特殊性，这种破坏在岩溶区是毁灭性的，导致了整个岩溶区生态系统的崩溃。

由于历史原因和地域差异，岩溶山区绝大部分人仍处于经济贫困、文化落后的状态，直至今日还保留了一些不合理的生活习惯，对石漠化的形成和发展产生较大影响。如樵采、集群放牧、放火烧山等，在某些地区造成了植被的毁灭性破坏。

总体而言，人为干扰主要集中在两方面，即植被系统和土壤系统，这也是人类生活生存的必需资源，怎样解决有限资源与需求之间的矛盾是生态保护和重建的前提，也表明石漠化的形成不是纯自然过程，石漠化的预防和治理要置于自然社会经济复合系统中来考虑，否则将难以奏效。

(二)综合分析

根据石漠化形成的动力学过程分析，他是一个多因素综合作用的结果。为便于研究，在相同气候区内，可假设降水条件基本类同，因此，影响因子可局限在地质、地貌、土壤及植被几方面。本文初步选择了对石漠化有较大影响的 14 个因子，作为石漠化研究的基本指标，分别是岩性(x_1)、坡度(x_2)、坡位(x_3)、小生境种数(x_4)、小生境组合(x_5)、裸岩率(x_6)、群落类型(x_7)、乔灌层盖度(x_8)、群落高度(x_9)、枯落物总量(x_{10})、生物量(x_{11})、石砾含量(x_{12})、土壤厚度(x_{13})和土壤总量(x_{14})。

本文根据野外设置的不同石漠化类型、阶段、程度的 64 个典型样地资料，以样地为实体，以前述 14 个指标为属性，进行主分量分析，主分量分析结果及因子负荷量见表 5-1。

表 5-1　14 个变量对前 5 个主分量的负荷量

变量名	P_1	P_2	P_3	P_4	P_5
岩性 X_1	-0.4905	0.1372	0.3076	*0.5849	-0.4076
坡度 X_2	-0.0289	0.6037	* -0.5591	-0.2420	0.2068
坡位 X_3	-0.0969	-0.3300	*0.7170	0.0699	0.5377
小生境种数 X_4	0.4642	* -0.8124	-0.0058	0.0560	-0.1425
小生境组合 X_5	-0.4726	*0.7540	0.2111	0.1258	0.0677
裸岩率 X_6	0.3140	* -0.8815	-0.0769	-0.0111	0.0026
群落类型 X_7	* -0.9082	-0.3357	0.0516	-0.1208	-0.0431

（续）

变量名	P_1	P_2	P_3	P_4	P_5
乔灌层盖度 X_8	* 0.6826	0.4473	-0.1084	0.2751	0.2053
群落高度 X_9	* 0.9119	0.2488	0.0913	0.1348	0.0685
枯落物总量 X_{10}	* 0.7572	0.3330	-0.0990	0.2287	-0.2190
生物量 X_{11}	* 0.8396	0.2397	0.1883	0.1304	0.1281
石砾含量 X_{12}	-0.5304	* 0.6402	0.0464	0.0235	0.1290
土壤厚度 X_{13}	0.5949	0.0524	0.4625	* -0.5620	-0.2242
土壤总量 X_{14}	0.1007	* 0.8038	0.3449	-0.3238	-0.2588
方差贡献:	4.8343	4.0996	1.3749	1.0236	0.7699
贡献率%	34.53	29.28	9.82	7.31	5.50
累计贡献率%	34.53	63.81	73.63	80.95	86.44

从表 5-1 可知，第 1 主成分 P_1 中，负荷量最大的因子都是植被子系统的属性因子，反映了植被因子对石漠化的影响最大，它的方差贡献率达 34.53%；第 2 主成分 P_2 中，因子负荷量最大均为土壤地质子系统的属性因子，反映了它们与石漠化的特征息息相关，它的方差贡献率达 29.28%；第 3 主成分 P_3 中，坡度、坡位的负荷量较大，它们是地形地貌因子；第 4 主成分 P_4 中，岩性和土厚负荷量最大，基本反映了地质因子。第 1、2 主成分，即植被因子和环境因子贡献率最大，累计达 63.81%，可见，植被因子与环境因子的变化对石漠化有着较大影响。

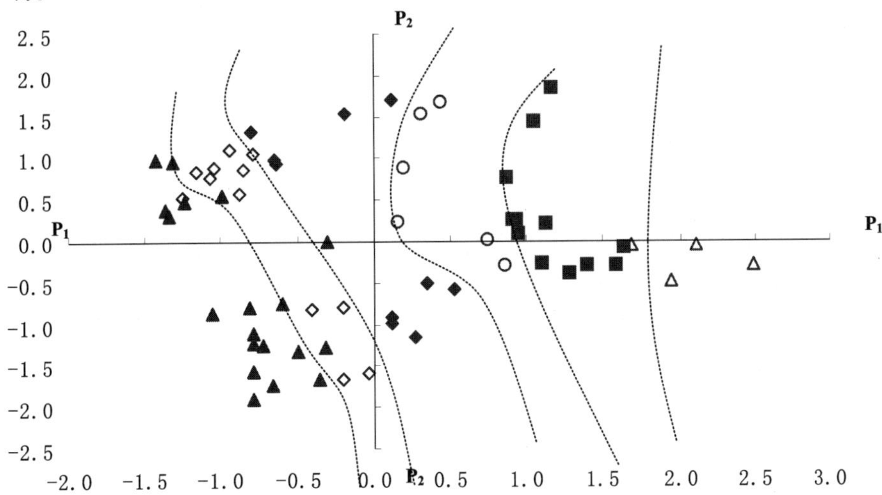

图 5-1　梯度分析——群落类型在 PCA 排序图上的分布

▲－灌草草坡群落　◇－灌丛群落　◆－灌木群落

○－乔灌过渡群落　■－次生乔林群落　△－顶极乔林群落

梯度分析表明(图 5-1、图 5-2、图 5-3)，P_1P_2 平面上植被子系统各属性因子的分布有明显的规律性，在 P_1 轴上自右向左依次排列为顶极乔林、次生乔林、乔灌过渡群落、灌木群落、灌丛群落和灌草草坡群落，其群落高度、乔灌层盖度、枯落物总量和生物量等也显示同样的分布规律，表明 P_1 轴表征了石漠化形成的不同阶段和时间序列。基于 P_1 轴的方差贡献率最大，有理由表明石漠化演替过程中植被子系统及其属性的变化是最重要的本质的特征。换言之，石漠化过程也就是植物群落退化、高度盖度降低、枯落物数量和生物量减少的过程。

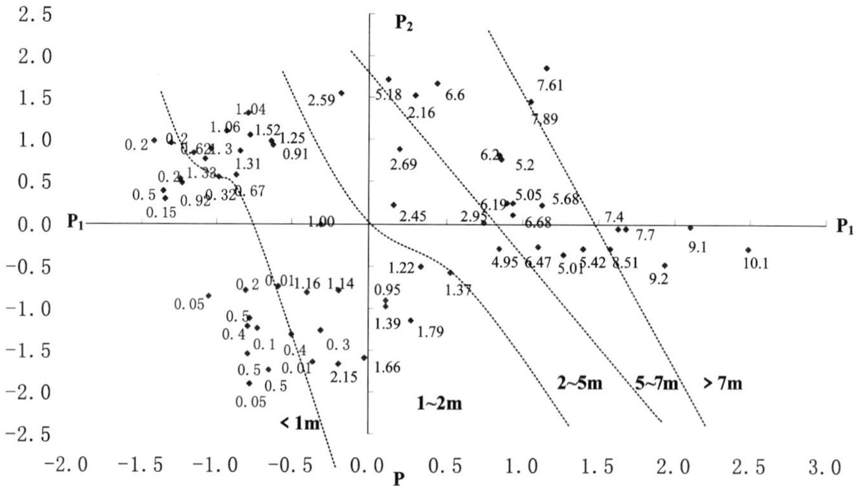

图 5-2　梯度分析——群落高度(米)在 PCA 排序图上的分布

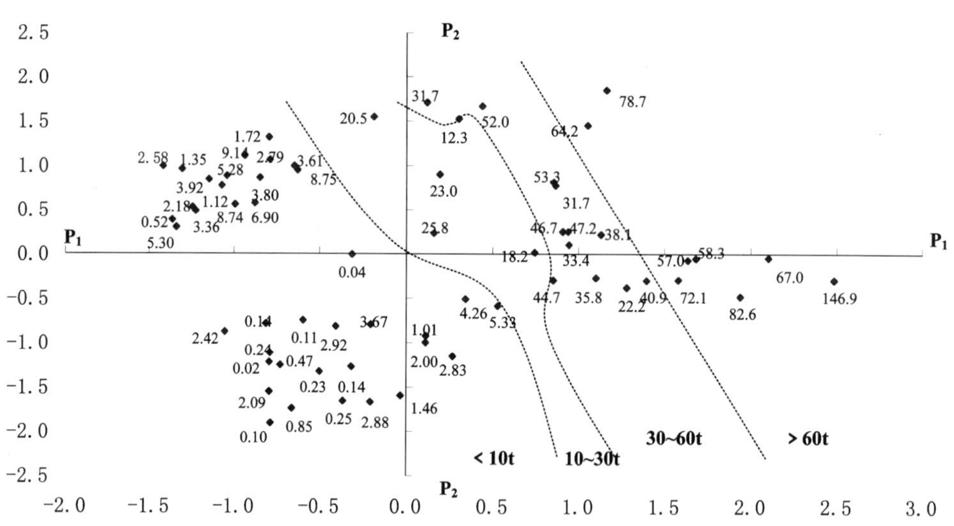

图 5-3　梯度分析——生物量(t/hm^2)在 PCA 排序图上的分布

若分别以各样地群落高度 x_9、群落类型 x_7、生物量 x_{11}、枯落物总量 x_{10} 和乔灌层盖度 x_8 为自变量，各样地在排序轴 P_1 的坐标值为因变量，进行单因素相关分析，经检验均达到了极显著程度的相关。多元线性回归的复相关系数 $R = 0.9246$，统计分析亦达到极显著相关。进一步证明了 P_1 轴表征了石漠化的演替过程和相关属性的变化规律。

综上所述，PCA 分析结果揭示了石漠化演替过程的因子综合作用和主导作用，也揭示了导致类型不同的因子及其组合，为下一步石漠化类型、阶段划分，程度评定等研究打下了基础。

第 2 节　石漠化的演替过程及阶段

一、演替过程及阶段划分

(一) 演替过程

石漠化演替过程实质上是土地的退化过程，是土地生产力的丧失过程。包括了植被系统、土壤系统和环境系统 3 个子系统的退化。环境系统的退化是植被系统和土壤系统退化的结果，土壤系统的退化是由植被系统退化所致。这种退化一旦发生，三者之间的因果关系发生了变化，作为植被和土壤系统退化结果的环境系统退化，反作用于植被和土壤系统，引起二者进一步退化，形成一种相互循环、互相转化的正反馈机制。其过程如图 5-4。

次生乔木林是石漠化过程中植被退化的初期阶段。岩溶顶极植被在人为负干扰下，相当部分顶极物种遭到破坏甚至消失，或当干扰减弱和停止时复生，部分新物种侵入，形成岩溶次生乔林群落，成为石漠化发展初期阶段的典型植被。在人类持续干扰下，次生乔林群落向着乔灌过渡群落和灌木群落或藤刺灌丛群落退化，乔木树种逐渐退出；进一步退化使木本植物数量减少，草本植物增加，形成稀灌草坡或草坡群落，当强烈的干扰继续存在，退化亦继续进行，形成覆盖度极低的稀疏灌草丛。这是石漠化过程在植被景观上的形式表现。

土壤系统随着植被系统的退化而退化，其退化过程表现为在初期枯枝落叶和腐殖质的流失，中期为 A 层土壤物质及大量速效养分流失，后期为 AB 层土壤物质及大部分养分流失，极端阶段为土体基本流失，形成基岩裸露或砾石堆积的类似荒漠化景观。

在石漠化演替过程中，环境系统由于植被系统的丧失，而从温和湿润的岩溶森林环境逐渐向着几乎无植被覆盖的旱化生境发展。主要表现为水分的贮存量减少、贮存时间缩短、水分散失量大、速度快，同时，温度变化幅度逐渐加剧等方面，形成了土少、水少、石多、干旱的严酷生境。

(二) 阶段划分及阶段特征

石漠化的演替过程是岩溶土地系统在人为干扰作用下生产力退化的连续性时间进程，在这个过程中，由于一些因子特征的变化，表现出阶段性的特点，因此，可依据土地在退化过程中的相关因子特征，将石漠化的演替过程划分为不同的阶段。

选择群落类型、乔灌层盖度、群落高度、枯落物总量、生物量 5 个因子作为石漠化阶段划分的基本指标，以 64 个样地为实体，上述 5 个指标为属性进行主成分分析。进一步作系统聚类分析，结果可分为 8 类(图 5-5)。

由基本数据可知，类 1 所含样地的植被主要为稀疏的灌草丛群落和草坡群落，类 2 为稀灌草坡群落，类 3 为灌木群落或藤刺灌丛群落，类 4、5 为次生乔林群落，类 6 为乔灌过渡群落，类 7、8 为原生乔林群落。比较两种分类结果，表明其有极高的一致性，考虑到应用的方便，阶段不宜划分过细，参考聚类分析中样地聚合的动态，把 4、5、6 类和 7、8 类分别合并，结果形成 5 类(图 5-6)。

按照分类结果，将石漠化演替过程划分为未退化阶段、初期阶段、中期阶段、后期阶段和末期阶段，分别用 0，1，2，3，4 表示，各阶段基本特征见表 5-2。

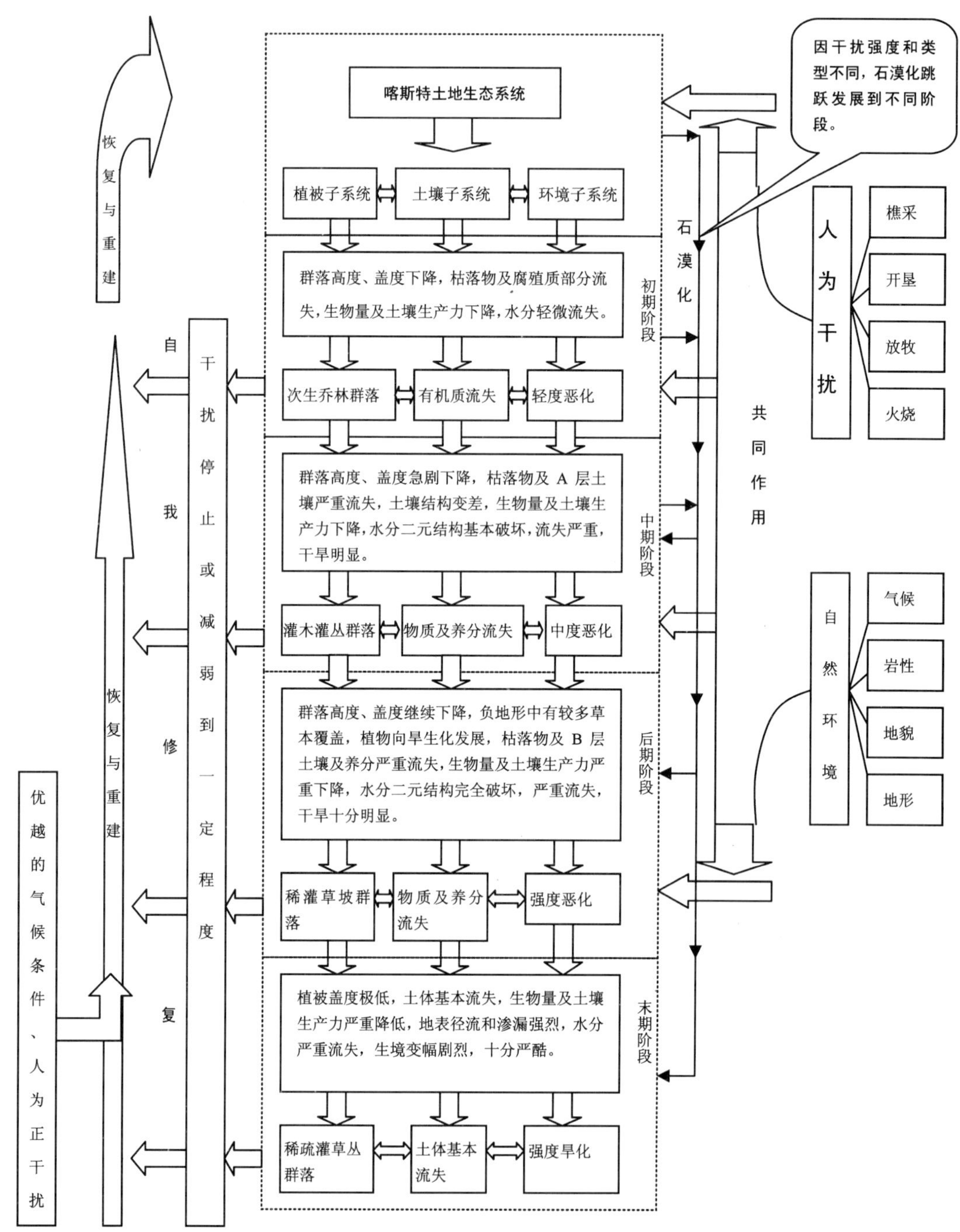

图 5-4　石漠化演替过程、机制及阶段

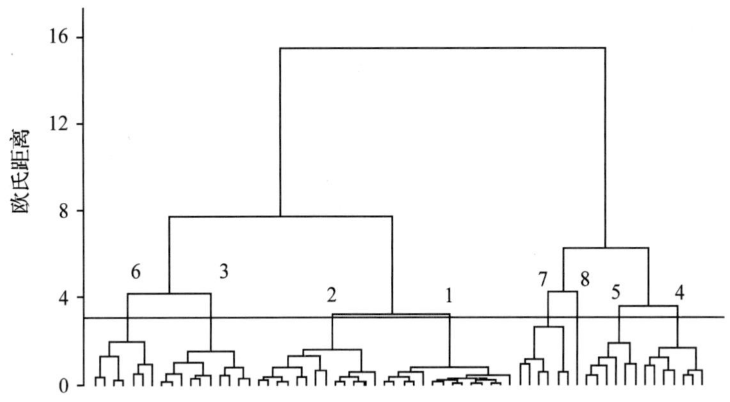

图 5-5　64 个样地系统聚类(可变类平均法，参数 β = -0.25)

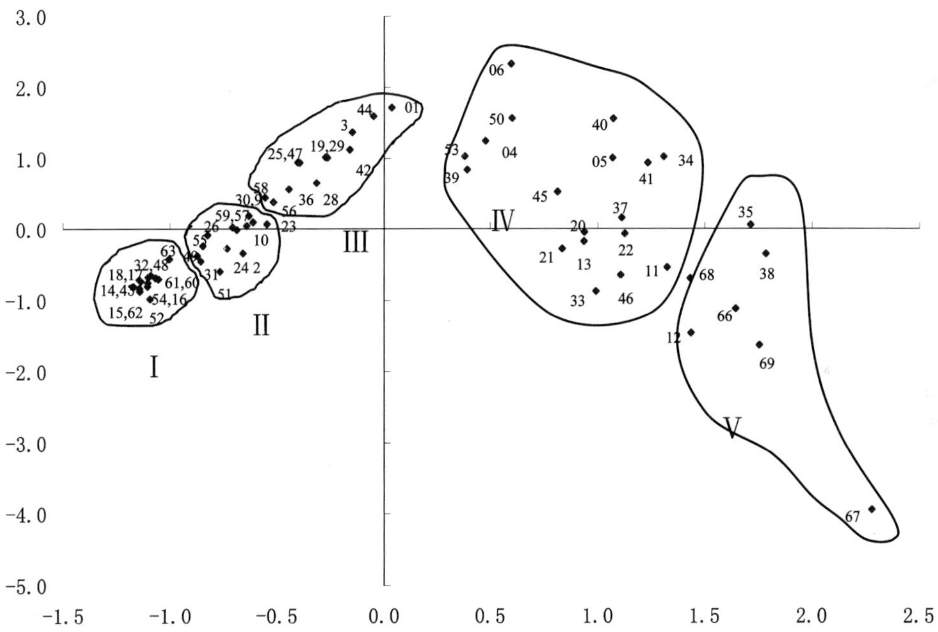

图 5-6　64 个样地 PCA 分类

表 5-2　石漠化各阶段基本特征

石漠化类型	石漠化阶段	群落类型	基岩裸露率%	小生境种数	土厚(cm)	土壤总量(m^3/100 m^2)	石砾含量(%)	乔灌层盖度	生物量(t/hm^2)	植被高(m)	枯落物厚(cm)	枯落物总量(立方米/100 m^2)
显性	0	顶极乔林	61.3	6.0	18.2	7.06	1.0	0.89	85.38	8.9	6.7	2.56
	1	次生乔林(含乔灌)	46.6	5.3	12.3	6.51	20.9	0.8	35.86	5.3	6.6	3.84
	2	灌木灌丛	61.7	5.6	9.4	3.78	2.4	0.8	3.46	1.6	5.1	1.42
	3	稀灌草坡	63.0	5.0	9.5	2.78	20.2	0.3	2.30	1.0	1.9	0.22
	4	稀疏灌草丛或草坡	60.5	5.7	11.3	4.93	9.4	0.05	0.39	0.3	1.0	0.09

（续）

石漠化类型	石漠化阶段	群落类型	基岩裸露率%	小生境种数	土厚（cm）	土壤总量（m^3/100 m^2）	石砾含量（%）	乔灌层盖度	生物量（t/hm^2）	植被高（m）	枯落物厚（cm）	枯落物总量（立方米/100 m^2）
隐性	0	顶极乔林		1.0	12.8	12.80	22.5	0.9	71.42	7.8	5.8	5.77
	1	次生乔林（含乔灌）	3.6	2.6	11.6	11.18	37.1	0.8	34.29	4.4	5.2	3.82
	2	灌木灌丛	4.3	1.3	9.0	8.55	52.1	0.7	5.56	1.1		
	3	稀灌草坡	5.0	1.4	7.9	7.59	61.3	0.3	3.37	0.6		
	4	稀疏灌草丛或草坡		1.0	10.7	10.60	75.0	0.1	0.94	0.4		

从表5-2可知，随着石漠化的发展，群落类型及相应的属性（群落高度、乔灌层盖度、生物量、枯落物厚度和枯落物总量等）发生明显的规律性的递减，而岩石裸露率、土壤厚度和土壤总量则发生趋势性的变化，在递减过程中有起伏。

二、石漠化过程中植物群落动态

通过对石漠化的演替过程中植被特征的分析，可得出以下几点结论：

（1）石漠化演替过程中，植被退化的趋势依次为次生乔林群落—乔灌过渡群落—灌木灌丛群落—稀灌草坡或草坡群落—稀疏灌草丛群落。群落的高度、盖度、生物量随退化程度加深而下降，群落密度先增加，后下降，形成稀疏植被覆盖的荒漠化景观，但优越的水热条件仍保持了较高的物种多样性；

（2）植物的种类组成在退化过程中变化较大，高大乔木逐渐被典型的小灌木取代，并随着环境干旱程度加剧向旱生化发展，但常绿与落叶的生活型比例并未发生本质变化；

（3）植物对石面、石沟生境的利用率随石漠化的发展而减少，对土面生境利用率增加，体现了相同小生境随石漠化发展恶劣程度增加的趋势及在不同环境下的生态特性差异；

（4）植物的起源方式受干扰影响较大，干扰的类型以砍伐性干扰为主，干扰强度与频度随可利用资源的多少发生相应变化。

石漠化过程是土地系统退化过程，植被子系统退化是其中的一个方面，二者之间具有较大的相关性，表现出以下几个特征：

（1）石漠化过程与群落退化的互动性。植被在人为干扰下的退化引起土地生态因子的恶化，环境容量和生产力下降，是石漠化形成的直接原因。退化系统由于其脆弱性和严酷性增强，对植物生长发育的制约程度随之加强，导致植物种类的改变而引起群落的退化，系统稳定性降低。退化的植物群落又因其群落特征的限制，对环境的庇护和改造能力随之降低，促进了石漠化的发展，如此循环，退化的植物群落和土地系统之间形成一种互成因果的正反馈机制。

（2）石漠化过程与群落退化的方向一致性。在人为持续干扰下，森林逐渐消失，岩溶水赋存的二元结构被破坏，碳酸盐岩强烈的渗漏性使地表水迅速转入地下，浅薄的土壤物质被冲刷殆尽，环境向着干旱化快速发展。植物群落在环境发生较大退化后，也随之发生退化，高大乔木逐渐被具有较强抗旱能力的小灌木和草本所替代，朝着旱生化方向发展。而岩溶生境的干旱也进一步加剧，表征石漠化过程与群落退化过程方向上的一致性。

(3)石漠化过程与植被退化过程的非同步性及速度的非线性。众多研究结果表明，岩溶区石漠化的形成是人为干扰破坏的结果，而非气候变异引起的环境变迁，其退化的直接原因是植被的破坏，因此，虽然二者存在着因果互动性和方向的一致性，但退化过程却具有非同步性。一方面植被是干扰的直接对象，在强度破坏下退化迅速，但当干扰停止或减弱时一定条件下具有较强的自我修复能力；另一方面，碳酸盐岩成土速度极慢，土层浅薄，一旦流失，极难恢复。二者在恢复能力上的差异导致了退化速度不同步。

无论是环境，还是植被，两阶段之间退化的速度是不相等的，表现出非均匀性，即非线性特征。植被在退化过程中，有乔木层存在时，速度较快，乔木层完全消失后，速度渐趋于平缓。

虽然植被退化趋势并不等于石漠化过程，但植被退化是南方岩溶区石漠化形成的重要原因，群落高度、盖度和群落生产力的迅速降低，预示着森林环境的消失和生境条件的恶化，特别是水赋存的二元结构的消失，使岩溶环境陷入严重的植被丧失和水土流失的恶性循环中，最终形成相对干旱十分严重的石漠化景观，因此，保护现有植被和促进已退化植被的恢复是石漠化防治的根本。

三、石漠化过程中土壤特征的变化

通过对石漠化过程中土壤的理化性质进行分析，结果表明：

(1)在石漠化发展过程中，土壤有机质淋失量不断增加，从而导致了其他土壤养分物质含量和阳离子交换量的减少，肥力下降，生产力降低。土壤有机质的减少有两方面的原因：一方面是由于植被系统的退化而引起土壤淋失量增加，包括直接淋洗和加速分解；另一方面是由于森林环境的消失，生物种类和数量急剧减少，生物富集作用不断减弱。在岩溶地区，碳酸盐岩化学溶蚀强烈，残留物极少，成土十分缓慢，土层浅薄，母岩风化对土壤养分物质的补充极其微弱，因此，生物的富集作用对于土壤的形成、肥力的积累与补充和土壤结构的改善就有着重要的意义，一旦生物小循环被破坏，整个系统即处于无补充的完全输出状态。

(2)土壤物理性质的恶化是水土流失的结果，也是石漠化发展的必然趋势。其原因一是受到地表径流的冲刷，松散的砂粒随水流失，黏结性较强的粉粒和胶粒相对增多，土壤的容重增大，坚实度增加，而孔隙却不断减少，致使土壤黏性增强，通透性降低，结构恶化；另一方面土壤化学性质的改变，主要是有机质含量大幅度降低，也成为其结构变坏的重要原因。

(3)石漠化过程中土壤理化性质的恶化与石漠化阶段发展之间具有相互促进、互为因果的正反馈关系。恶化的土壤子系统，既制约着植被的生长发育，又加大了地表径流的可能，促进石漠化的进一步发展，退化的植被子系统减弱了保持水土的功能和生物小循环的强度，诱发并加剧水土流失，促进了土壤子系统的恶化，形成一种正反馈的恶性循环。

(4)土壤理化性质的变化与石漠化阶段发展具有方向一致性。石漠化阶段和程度不同，土壤系统的退化程度亦不同，随着石漠化程度的加深而加剧，向着极端恶劣的方向共同发展。

理论上，当石漠化发展到末期阶段时，土壤的物理化学特性也应十分恶劣，但研究结果表明并非如此，主要是因为岩溶具有独特而极其复杂的小生境所致。即使是末期阶段，在一些封闭或半封闭的石缝、石坑、小石沟、石槽等负地形中仍有少量土壤留存，这些负地形受地表径流的影响不大或雨水淋溶程度低，土体得以保存，并维持了相对较好的土壤结构和相对较高的养分水平，这也是岩溶土壤的特殊性之一，是石漠化地区植被能自然恢复的物质基础。

四、石漠化过程中环境特征动态

石漠化形成的直接原因是植被的破坏，由于植被的破坏而引起了土壤系统和环境系统的退化，环境系统主要表现在小气候特征和土壤水分方面，通过对这两方面的研究，可以看出石漠化过程中与植被退化相对应的环境特征变化趋势。

通过对典型天气、典型地区的光照强度、辐射量、气温、相对湿度、地表温度、风速和土壤含水量的观测材料分析表明，随着石漠化的发展，环境由一种较为缓和的中生环境向着高温、低湿、风大且变化剧烈的旱生化方向发展。

第 6 章

石漠化形成的地质背景

石漠化是岩溶地区的脆弱生态系统与人类不合理生活、生产活动相互作用而造成的植被破坏、岩石裸露，具有类似荒漠景观的土地退化过程(蒋忠诚等，2003；李阳兵等，2004)。石漠化是我国西南岩溶地区最严重的生态问题，类似的问题也发生在世界上其他国家，例如在东南亚和地中海盆地。我国西南岩溶地区的石漠化问题不仅受到了国内外专家、学者的关注，而且已经引起了党和国家的高度重视。2000 年，就已将“推进西南岩溶地区石漠化综合整治”列入国家目标，“十一五”国家规划纲要中进一步明确了“加大荒漠化和石漠化治理的力度”。但目前由于对石漠化问题造成的生态环境脆弱性及其原因缺乏科学的认识，难以形成因地制宜的科学治理技术与方法。近年来，虽然由我国政府支持或由国际社会援助的缓解石漠化项目的实施以及相关治理工作取得了很大进展，但要实现石漠化治理的目标，还需要进行更深入的研究。

第 1 节　西南岩溶石漠化环境的脆弱性

一、岩溶生态系统的脆弱性

在热带和亚热带地区，岩溶生态系统的脆弱性是岩溶石漠化的基础。但是这种环境退化的恶性循环是由人类活动引发的，包括人口压力，不合理的土地利用方式和空气污染等。岩溶生态系统的脆弱性表现为干旱、洪涝、土壤侵蚀、石漠化、塌陷、生物多样性受到限制以及生产量低、当地居民生活贫困。在西南亚热带岩溶区，这些都是严峻的生态学问题。国际地质对比计划 IGCP 299“地质、气候，水文和岩溶形成”(1990 ~ 1994)和 IGCP 448“全球岩溶生态系统对比”(2000 ~ 2004)的全球对比表明，中国南方的岩溶石山，实际上是由地中海起，经中东、东南亚至中美洲整个岩溶生态脆弱带的一部分。把岩溶地区视为一种脆弱环境，较早见于 1983 年美国科学促进会(AAAS 1983)第 149 届年会。当时有一个专题讨论会，名为“脆弱环境的退化和治理，岩溶和沙漠边缘”。同年在中国贵州省举行了类似的研讨会。

南方岩溶地区气候暖湿，年平均降雨量 1000 ~ 2000mm，年平均气温 15 ~ 20℃，具有林业(自然植被)和农业发展的优势条件。岩溶生态环境脆弱，虽然与近年来人类活动引起的土地退化造成的环境恶性循环有关，但根本原因是与岩溶作用有关的特殊地质环境所引起。

二、岩溶石漠化环境的脆弱性

石漠化使其分布区水土流失进一步加剧，以至最终到无土可流的状态。2005 ~ 2006 年，水利部与中科院、中国工程院联合组织了全国水土流失与生态安全科学考察活动。通过考察结果分析，有关专家和领导一致认为，西南石漠化地区是我国当前水土流失防治工作最紧迫的地区，其次才是东北的黑土地区和西北的黄土高原区。石漠化地区，不但土壤容易流失，导致耕地减少、土壤质量下降，破坏农业生产条件，而且降低了地表和岩溶表层带对降雨和径流的调蓄能力，使地下、地表径流变幅增大，表层带岩溶泉枯竭，导致目前该地区有1700万人存在饮用水困难(蒋忠诚，2003)。

石漠化环境不仅危及高等植物生存，而且也影响到岩石表面上的苔藓和藻类。苔藓和藻类是岩溶森林的先锋物种，一旦丧失，植被的恢复非常困难。在极端的情况下，大范围内的碳酸盐岩表面随着藻类和苔藓的死亡而呈现白色，岩石的吸水率很低，大大破坏了造林条件，由于缺水干旱使造林的成活率通常在40%以下。在石漠化这种缺土甚至无土的不良条件下，常常靠苔藓、藻类植被先行，在碳酸盐岩表面造成持水层，帮助灌木、乔木发展。苔藓、藻类植被水分吸收或释放的能力可以高于裸岩的3~15倍(图6-1)。在天然条件下，树木在这样的薄含水层上可以生长和发展成森林。但是，一旦遭受破坏是很难恢复的。调查表明，在这种环境退化严重的状态下，在破坏因子消除后生态恢复至少还需要20年。石漠化环境，由于降低了对雨水的调蓄能力，而水土流失又堵塞了落水洞和岩溶管道这些主要排水通道，暴雨季节，洪流不能及时排泄，使洼地普遍形成洪涝灾害，造成耕地被淹，各种作物连年欠收，有的甚至导致这些地区的房屋、道路被毁坏，造成人畜生命财产损失。仅广西就有岩溶洼地内涝农田面积6.1万hm^2，内涝灾害严重。如马山古寨瑶族乡加善村拉段屯，是比较典型的岩溶洼地，全屯33户127人，耕地面积6.8hm^2，每年的5~8月份，连续降雨200mm以上都能造成内涝，时间长达2个月以上，特别是2005年6月19日至21日连降大雨212.0mm，造成拉段屯内涝，水最深处达10~18.0m，全屯33户受灾，农作物全部绝收，直至7月20日涨水才基本退完(光耀华，2001)。

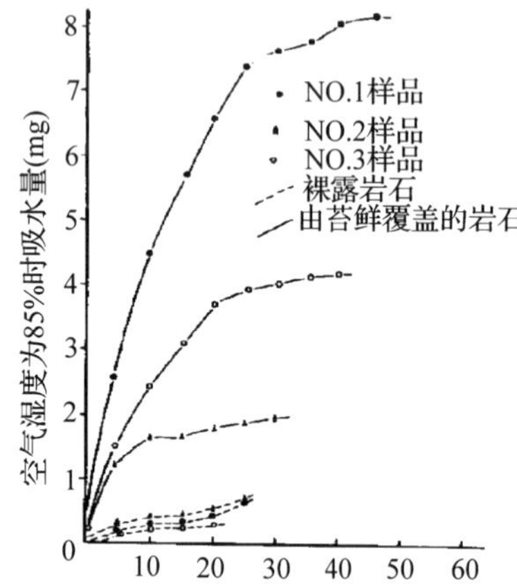

图6-1 在裸露的和有苔藓覆盖的碳酸盐岩之间的吸水率的比较

由于石漠化环境对生产、生活条件的破坏，导致石漠化地区的居民非常贫困，且西南地区的绝大多数国家级贫困县分布在石漠化地区，其中，贵州50个贫困县有41个在石漠化区，广西28个贫困县有25个分布在石漠化区，云南东部23个贫困县有22个在岩溶石漠化地区。以贵州为例，石漠化地区的生态和社会经济条件明显比其他地区差(表6-1)，而旱涝灾害比其他地区更加严重。

表6-1 贵州全省、岩溶区、石漠化区的生态环境及社会经济状况对比

对比项目	全省(1)	岩溶地区(2)	(2)/(1)	石漠化地区(3)	(3)/(1)
国土面积(万km^2)	17.61	15.1	0.857	9.04	0.513
岩溶比重(%)	61.9	71.3	1.152	73.8	1.192
森林覆盖率(%)	17.4	15.4	0.885	11.5	0.661
旱灾面积比重(%)	4.8	5.4	1.125	5.9	1.1225
土地垦殖率(%)	21.3	23.4	1.099	25.8	1.211

（续）

对比项目	全省(1)	岩溶地区(2)	(2)/(1)	石漠化地区(3)	(3)/(1)
人口总量(万人)	3707	3367.5	0.908	2036.2	0.549
人口密度(人/km^2)	210.4	223.1	1.060	225.2	1.070
贫困人口(万人)	313.46	279.19	0.891	195.8	0.625
贫困发生率(%)	9.74	9.62	0.988	10.52	1.080
经济密度(万元/km^2)	56.6	62.5	1.104	46.4	0.820
人均耕地面积(m^2)	994.6	1027.6	1.033	1093.7	1.100
人均 GDP(元)	2699.8	2812.6	1.042	2033.25	0.753
人均粮食(km)	385.8	385	0.998	378.4	0.981
农民人均纯收入(元)	1446.4	1464.8	1.013	1396.3	0.965

第2节　地质背景对石漠化形成与生态环境的影响

一、岩溶石漠化环境形成的动力过程

首先是岩溶作用过程，受制于 CO_2—H_2O—$CaCO_3$ 岩溶动力系统。它是一个开放的气、液、固三相不平衡系统，对环境的变化非常敏感。其次是脆弱岩溶环境中高人口压力下人类的开发和破坏过程。西南岩溶地区，人口密度在200人/km^2以上。为了满足粮食需求，迫使人们在坡度大于25°陡坡上种植农作物，利用石缝里的土壤进行耕种。当农作物收割后，裸露的土壤遭受流水侵蚀而逐步流失，导致土地逐年退化。这种不合理的土地经营方式导致了石漠化的形成。

使岩溶石漠化问题恶化的其他人类活动还有：砍伐树木、放火烧山和空气污染等。许多南方岩溶区能源短缺，当地居民为了获得燃料，年复一年地在陡坡上砍伐矮树丛、草丛，使植被恢复非常困难。同时，根据多年的经验，农民认为燃烧后的草灰是很好的庄稼肥料，所以，秋后常常在山坡上放火焚烧林草植被，并让草灰冲刷到洼(谷)地底部。虽然这种做法使洼地土壤的肥力得到了增加，但加剧了山坡的石漠化过程。

二、地质背景对石漠化形成的影响

岩溶石漠化形成的主要自然原因之一是可溶岩尤其是碳酸盐岩的造壤能力低。早在20世纪70年代，许多学者通过土壤的化学成分分析和岩石的溶蚀速度野外观测，进行碳酸盐岩溶蚀和成土过程的研究。柴宗新(1989)根据广西、贵州、云南、湖南、湖北及长江三峡碳酸盐岩区11个样品的平均溶蚀速度估算风化成土率为11.0 t/(km^2·年)。袁道先等(1987)根据贵州红黄土及广西红色黏土的化学成分分析结果估算，形成1m土层需要剥蚀掉25m的岩层，需要25万~85万年。根据贵州省岩溶区的主要河流的输沙量估算，贵州每年流失的成土物质总量约等于其60年的生成量。碳酸盐岩的溶蚀与成土过程研究为石漠化的形成机理研究奠定了基础。

西南地区的碳酸盐岩可分成4种主要类型：石灰岩、白云岩、灰岩与白云岩互层和不纯碳酸盐岩。由于不同的碳酸盐岩的类型，岩石中可溶岩成分不同，使得岩石形成土壤的能力

不同。2003年国土资源遥感大调查结果表明，石漠化土地与岩石类型有密切的关系(表6-2)。纯石灰岩以及灰岩与白云岩互层地区，不但碳酸盐岩成分纯，而且岩石坚硬、造壤能力低、土层浅薄、最易发生石漠化。纯白云岩地区，虽然碳酸盐岩成分纯，但岩石孔隙度大，容易风化，不但能够形成厚层土壤，而且形成的地貌坡度平缓，所以石漠化发生的比例最低。

表6-2 西南碳酸盐岩岩石类型面积与石漠化土地面积对比

项目 \ 岩石类型	纯灰岩	纯白云岩	灰岩与白云岩互层	不纯碳酸盐岩	合计
岩石面积(万平方千米)	18.22	3.31	6.70	13.75	41.98
石漠化土地面积(万平方千米)	4.64	0.63	2.13	3.1	10.50
比例(%)	25.6	19.0	31.8	22.6	100

碳酸盐岩岩层分布对石漠化也有很大的影响。以云南东部地区为例，由于岩层分布情况不同，石漠化情况在滇东北、滇东和滇东南存在明显差异。在滇东北，岩性以石灰岩—白云岩分散分布，石漠化土地面积小，且以轻度分布为主；滇东，岩性以石灰岩—白云岩、白云岩与石灰岩交错分布，石漠化以轻度、中度分布为主；滇东南，岩性以石灰岩连片分布、地貌主要以峰丛洼地(谷地)为特征，石漠化以中度、重度分布为主。换言之，碳酸盐岩的分布与石漠化分布之间有内在的联系(表6-3)。

表6-3 滇东碳酸盐岩分布与石漠化之间的关系

分区	碳酸盐岩面积(hm^2)	产出状态	石漠化土地面积(hm^2)	比例(%)
滇东北(Ⅰ)	11 121.0	夹层	2995.0	26.93
滇东(Ⅱ)	25 592.0	块状、相间分布	7379.0	28.83
滇东南(Ⅲ)	33 890.0	片状连续分布	17 947.0	52.96

大幅度的新生代抬升，坚硬的碳酸盐岩持水性低，长期强烈的岩溶化作用造成的地表地下双重空间结构，地表干旱缺水，植被恢复困难，也是形成石漠化的背景条件。调查表明，石漠化分布与地表河网密度呈显著负相关(图6-2)，其主要原因是岩溶石山区的双层水文地

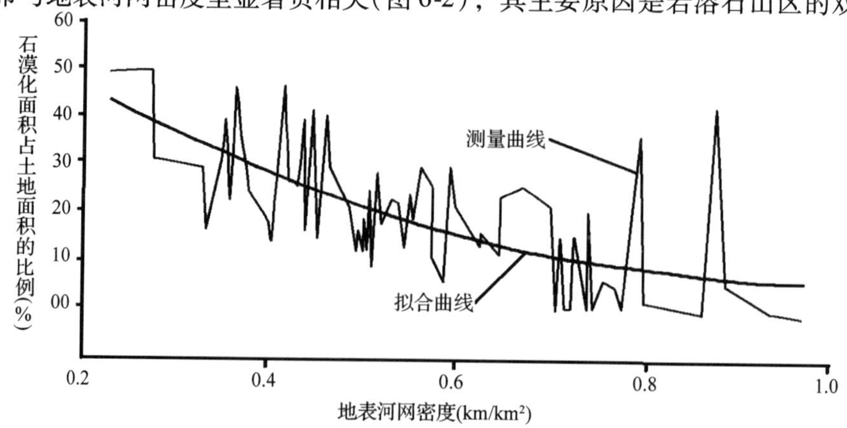

图6-2 贵州省地表河网密度与石漠化之间的关系

质结构，当地表水系网密度越小，意味着地下河更为发育，降雨在地表停留的时间就越短，地表的植被就要忍受更长时间的干旱胁迫，土壤也更容易随水流进入地下，石漠化也就更易发生。

地史上多次造山运动致使西南岩溶山区地势高差悬殊，为岩溶发育和石漠化提供了动力潜能。石漠化最典型地区多集中在构造活动强烈的河流上游及河谷地带，如乌江流域上游，南盘江、北盘江流域，红水河流域的上中游等。不同岩溶地貌类型区石漠化发生率存在明显的区别，在地势陡峻的峰丛洼地、峰林洼地、岩溶断陷盆和岩溶峡谷地区，石漠化程度最严重。同样的原因也导致土壤侵蚀最严重，尤其在石灰岩连片分布的峰丛洼地和岩溶峡谷，以黔西南地区为代表。

岩溶山区特殊的土体剖面结构也能加剧斜坡的水土流失和土地石漠化。岩溶山区土壤剖面中通常缺乏C层(过渡层)，在基质碳酸盐母岩和上层土壤之间，存在着软硬明显不同的界面，使岩土之间的粘着力与亲和力大为降低，一遇降雨激发便极易产生水土流失和石漠化。西南岩溶区有数量众多的地下河、洞穴，因此除了坡面侵蚀外，水土还通过落水洞等向地下河流失。此外，土壤抗蚀性能还与有机质含量有关，有机质含量越低，土壤抗蚀性越弱。由于岩溶地区的石灰土表层集中了土体绝大部分的有机质，表层以下土壤有机质含量迅速降低，一旦富含有机质和植物养分的表土层被剥蚀，良好的土壤结构受到破坏，土壤水稳性指数和结构系数降低，土壤抗蚀抗冲能力明显下降。

三、地质背景对植物生态的影响

在长期强烈的岩溶作用下产生的地表地下双层空间结构，不仅导致地表水漏失，而在暴雨期间地下通道排泄不畅时，则常常造成内涝，以致于岩溶地区许多农田往往是旱涝交加。

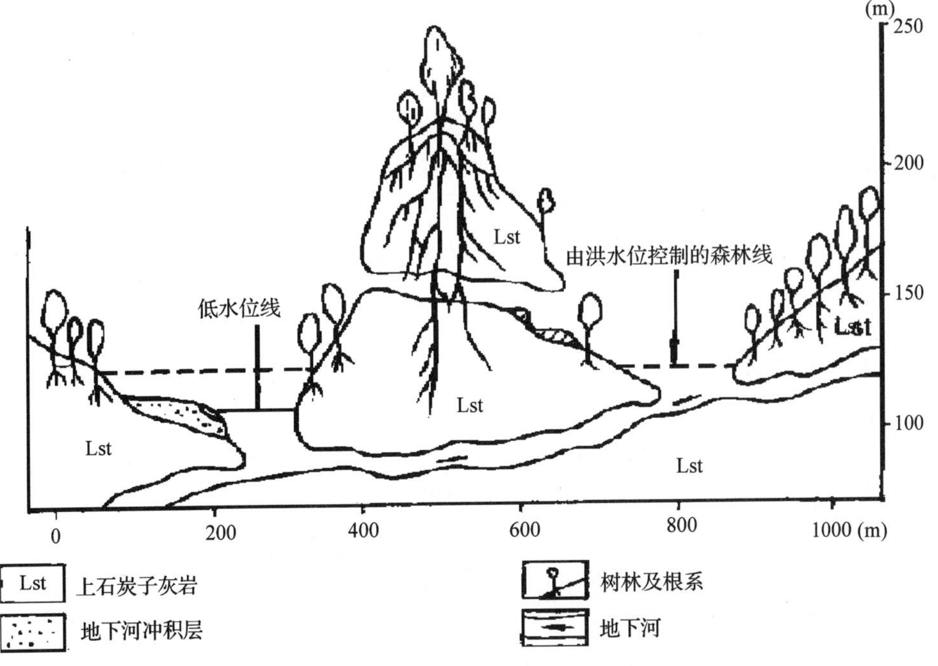

图6-3 在中国南方岩溶区形成反向森林线(广西宁明县弄岗自然保护区弄芮洼地)

几百年的侵蚀作用使周围山坡上的岩石裸露，在洼地底部淤积了小片土壤，也因年年受淹而不宜植被生长。因此，西南岩溶地区，特别是大片的峰丛洼地，常具有反向森林线(图 6-3)。

在有利的气候条件下，森林可在山坡中上部裸露岩石上发育，但那里土壤很少，树木常用很深的根系从岩石缝中，甚至地下河中吸取水份营养。另一方面，由于这种缺土、缺水和偏碱的岩溶小生态系统对物种的选择性，亚热带岩溶区的森林常具有石生、旱生和喜钙的特点，使生物多样性受到限制。黔南荔波县茂兰岩溶地区森林与湘南莽山花岗岩地区森林统计对比(表 6-4)，两者面积都是 2000km^2 左右，位于相同的纬度和气候条件相似，前者的蕨类植物、裸子植物的种属数和森林的蓄积量都只有后者的 20%~50%。

表 6-4　黔南茂兰岩溶地区森林与湘南莽山花岗岩地区森林统计对比

位置	岩性	面积（km^2）	蕨类植物（种）	裸子植物（种）	被子植物（种）	维管植物（种）	森林的积蓄量（万立方米）
茂兰	碳酸盐岩	1937	31	13	757	801	134
莽山	花岗岩	2000	>60	60	850	>1000	248

四、地质背景与生态环境的国际对比

全球岩溶环境对比表明，岩溶的双层结构并不都构成不利的生态系统。在东南亚、中美洲，新生代碳酸盐岩的孔隙度高达 16.0%~44.0%，具有较好的持水性，新生代地壳抬升也较小，双层结构带来的负面效应和石漠化问题，都不像中国南方和地中海地区那样严重。

在俄罗斯和西伯利亚平原的岩溶区，巨厚的冰碛层或冰水堆积给土壤的形成创造了有利的条件，而地下岩溶空间的形成，反而有利于排泄沼泽地区过多的水，碱性的碳酸盐岩也有利于缓解沼泽中酸性水的影响，因此，岩溶区往往成为可持续发展的农业基地。这些例子表明了岩溶生态系统的复杂性和对环境变化的敏感性。此外，在中低纬度岩溶区生态脆弱的原因，除了土壤贫瘠、双层结构外，坚硬的碳酸盐岩持水性低，大幅度的新生代抬升，缺乏大面积冰碛层或冰水堆积，水热季节变化极端的气候条件，如东南亚季风，也是重要的地质环境背景。

西南岩溶地区是一种受地质条件和人类活动控制的脆弱环境，它被复杂的地质构造、地层、深切的河流分割成许多水、热、生物地球化学背景条件千差万别的小单元，这与我国其他地区有着极大区别。要对该区域实施石漠化治理，首先要划分不同类型的岩溶生态系统，并通过深入研究，掌握各类型的生态特点和差异性，因地制宜地制定各种类型的治理措施，研发科学的治理模式与防治技术。

西南岩溶地区的石漠化，是特殊的地质条件和大的人口压力下的多种人类活动共同造成的，成因复杂，治理的难度大。因此，要有效推进石漠化土地的综合治理，除了国家要加大投入外，还必须发动全社会投入到石漠化防治工作中，同时要认真总结各个渠道资助实施治理项目所取得的经验，深入剖析某些项目取得的成功或失败的自然条件或管理上的问题，制订科学的防治政策与措施。

第 7 章

石漠化过程土壤特征动态变化

石漠化是岩溶土地退化的过程和极端情况，也就是生产力不断下降、损失的过程和结果。而土壤子系统是岩溶土地系统的重要组成，土壤退化即是植被子系统退化的必然结果，对植被子系统和土地系统产生较大影响。因此，研究石漠化过程中土壤特征的动态变化规律，可了解石漠化不同阶段土壤的基本特性，对加深石漠化过程的认识和植被恢复有重要意义。

第 1 节　岩溶土壤的形成

碳酸盐岩是指碳酸盐矿物含量超过 50% 的沉积岩，酸不溶物含量低于 50% 。我国大部分碳酸盐岩中酸不溶物含量较低，例如西南地区多数碳酸盐岩酸不溶物含量一般不超过 10% ，甚至更低，华南褶皱系碳酸盐岩则更纯，几乎 95% 的岩层酸不溶物含量低于 5% ，并且主要是纯灰岩和纯白云岩。这些岩类主要由可溶性矿物组成，具有较高的溶蚀速率，但仅含有少量的酸性不溶物，这些不溶物经风化、溶蚀而残留下来，构成了岩溶地区土壤的主要成分。由于土壤的物质来源少，再加上以石灰岩和白云岩为主的碳酸盐岩岩性坚硬，抗物理风化能力强，风化破碎十分缓慢。而碳酸盐岩溶蚀能形成巨大的地下和近地表空间的双重孔隙结构，并由裂隙、管道相互沟通，成为强烈进行物质、能量的迁移、交换的场所，土壤不需要远距离搬运，在岩石裂隙、地下洞穴进行迁移堆积，导致碳酸盐岩区土壤物质的丢失，造成碳酸盐岩的成土速率极慢(中国科学院地质研究所岩溶研究组，1987；孙承兴等，2002 年；周政贤，1987；柴宗新，1989；韦启潘，1996；郑永春等，2002)。因地表土壤对成土速度的估算方法不尽相同，目前对土壤的形成速率说法不一。周政贤(1987)认为，平均形成 1cm 土层需时 1000 年。袁道先(1988)研究表明贵州灰岩风化剥蚀速率仅为 23.7 ~ 110.7mm/1000 年，若按平均 61.68mm/1000 年的剥蚀速率、平均酸不溶物 3.9% 计算，1000 年只有风化残余物 2.47mm，换句话说每形成 1cm 厚的风化土层需要 4000 余年，慢者需要 8500 年，成土能力只是非岩溶区的 1/10 ~ 1/80，且厚度分配不均，这是岩溶山区土层浅薄且分布不连续、土壤生态系统脆弱易退化的背景和基本原因之一。据柴宗新(1989 年)的研究，形成 1cm 厚土层需 1000 ~ 3200 年。而韦启番(1996 年)在排除成土过程中不断发生的化学的、物理的淋溶以及地表径流的常态侵蚀后，计算得出形成 1cm 厚土层需 1.3 ~ 3.2 万年。而当植被遭到破坏的情况下，一旦出现降雨，水土流失情况极易发生，薄土层很快就会被冲刷掉，出现岩石裸露的石漠化灾害。据研究：20cm 厚的土壤只要不到 20 年的时间就可以被冲刷掉而形成石漠化，而同样形成 20cm 厚的土壤需要 20 万年的时间。由此可知，岩溶区生态环境一旦遭受破坏，导致土壤侵蚀加剧，土被流失贻尽，其植被恢复将相当困难。因此，迅速遏制岩溶区生态系统的退化，预防保护重于治理、改造，充分利用植物对环境的适应、改造能力，加快植被恢复速度非常关键。

第2节 石漠化过程的土壤特征变化

一、土层厚度

岩溶地区土壤厚度普遍较薄，通常不超过80cm，而石漠化土地的土壤厚度则通常在10～40cm，因而加强土壤保护极为重要。2005年国家林业局石漠化调查结果显示，石漠化土地中土壤厚度小于20cm的面积占到石漠化土地面积的54.4%，而大于40cm的仅占到10.7%。而随着石漠化程度的加深，土层厚度有逐步变薄的趋势(表7-1)。

表7-1 西南岩溶地区潜在石漠化与石漠化土壤厚度统计表 单位：hm^2

土壤厚度级	合计	石漠化土地					潜在石漠化土地
		小计	轻度石漠化	中度石漠化	重度石漠化	极重度石漠化	
合计	25 341 107.6	12 962 265.5	3 563 802.6	5 918 207.9	2 935 196.2	545 058.8	12 378 842.1
中厚(≥40cm)	2 797 880	1 381 650.9	623 945.5	416 333.4	265 483.1	75 888.9	1 416 229.1
薄(20～40cm)	9 050 733	4 524 321.9	1 587 033.3	2 271 258.5	597 931.6	68 098.5	4 526 411.1
较薄(10～20cm)	9 468 434.4	4 620 654.7	1 218 766.6	2 372 035.3	935 620.9	94 231.9	4 847 779.7
极薄(＜10cm)	4 024 060.2	2 435 638	134 057.2	858 580.7	1 136 160.6	306 839.5	1 588 422.2

二、土体构型

发育正常的土壤，其剖面土体构型为A-B-C，表层A层为腐殖质层或淋溶层，中间层B层是淀积层，下部C层为母质层，各层之间还存在一些过渡层段。但石灰岩地区土岩界面常不存在过渡结构(土层常缺乏C层过渡层)，即母岩与土壤通常存在着明显的软硬界面，使土壤与母岩之间的亲和力与粘附力大为降低；同时上层土体中的物理粘粒(＜0.01mm)容易发生垂直下移积累，从而造成岩溶地区土体的上松(质地轻、通透性强)与下紧(质地粘重、通透性差)，形成一个物理性状不同的界面；此外，土壤与母岩界面是一化学侵蚀面，当降雨渗透到岩石表面时，本身也产生化学侵蚀作用。在自然状态(无人为干扰)下，由于土壤水的渗透能力很强，使得地表径流常不足以在地表产生土壤侵蚀，化学侵蚀常常就在岩溶地区占主导地位，岩溶环境土壤与母岩间和土壤内部上、下层间存在的这两种质态不同的界面，一遇持续降雨或暴雨则极易产生水土流失和块体滑移，发生塌方、崩塌、泥石流等地质灾害，对区域群众的生命财产安全造成危害(苏维词，2001；孙承兴等，2002；路洪海等，2002；龙健等，2005)。

但由于受人为干扰影响，在石漠化形成过程中在土体构型上通常发生较大变化，土壤剖面层次结构朝不明显方向发展，轻度、中度石漠化土壤剖面表层土壤出现明显砂化现象，砂粒含量显著增高，土体构型变为AC-BC-C、AC-B-C；而重度、极重度石漠化土壤剖面的A层、B层或过渡层遭到严重侵蚀，导致B层、C层或其过渡层直接裸露在外，土体构型为C-BC-C、BC-C和C，形成基岩完全裸露或砾石堆积，呈现出大面积的岩溶石漠化景观。

三、土壤的机械构成

土壤颗粒组成是构成土壤结构体的基本单元，并与成土母质及其理化性状和侵蚀强度密切相关(常庆瑞等，2003)。土壤颗粒组成的变化是土地石漠化过程中最为普遍而有代表性的现象，土地一旦发生石漠化，首先表现为地表物质颗粒组成中细粒减少，粗大颗粒逐渐占据优势，即产生地表粗化过程，在植被破坏严重的地区，地表甚至被大量石砾覆盖或基岩裸露(王德炉等，2003；李阳兵，2004；龙健等，2005)。

严重石漠化土壤具有典型的粗骨性土壤的特征，小于0.001mm黏粒含量很少，0.05～0.001mm粉粒含量较高，细土部分的砂粒含量次于粉粒含量，高于粘粒含量，说明土壤矿质胶体缺乏，土壤颗粒粗大紧实，影响土壤团粒结构的形成；而严重石漠化的各级水稳性团聚体含量较低，大小团聚体的分配不合理，以大于0.25mm团聚体所占比例最大，而大于0.25mm水稳性团聚体有很大一部分是由颗粒组成中的粗砂粒构成，水稳性能低，且团聚体从大到小所占比例有逐渐增加的趋势，土壤结构性差。土壤水稳性团聚体数量表现为正常土壤>轻度石漠化>中度石漠化>重度石漠化>极重度石漠化，表明随着岩溶地区石漠化进程的加剧，水稳性团聚体含量明显降低，削弱土壤抗蚀性和蓄水性，土壤颗粒砂化更加明显，形成典型的粗骨土。

四、土壤物理性质

土壤物理学特性影响土壤的通气、透气、持水、导热、抗蚀等各种功能，是反映土壤质量的一个重要方面，主要是由于流水侵蚀作用所造成的，侵蚀程度的大小与植被状况(如植被的类型、盖度等)密切相关，受石漠化发展阶段影响。土壤容重、孔隙度反映了土壤紧实状况，孔隙分布可反映出土壤结构的好坏，影响土体中水、肥、气、热等肥力因素的变化与协调。在石漠化过程中伴随着土壤的粗粒化，必然引起土体的分散和结构的破坏，造成土壤物理性质的变化。土壤的容重随着侵蚀程度的加强而不断增加，而总孔隙度、毛管孔隙度和持水量则显著降低(苏维词，2001；王德炉等，2003；龙健等，2005)。据王德炉研究表明，极重度石漠化阶段土壤容重比正常土壤(潜在石漠化)阶段增加了35.3%，而总孔隙度、毛管孔隙度和非毛管孔隙度均有不同程度下降，与正常土壤相比，分别下降了9.2%、7.5%和4.3%。龙健等研究表明，正常土壤比石漠化土壤容重明显偏低，土壤总孔隙度和持水性能明显提高，在植被破坏和不合理土地利用的情况下，黏粒和粉粒由于土壤侵蚀而流失，使得土壤粗粒化，结构分散，导致土壤容重增加，孔隙度降低，持水性能下降。极重度石漠化较正常土壤容重增加53.6%，孔隙度下降39.8%，毛管持水量和田间持水量分别是正常土壤的47.8%和42.9%。从孔隙分布看，正常土壤和轻度石漠化的土壤，毛管孔隙、通气孔隙处于较为理想的状况，而中度至极重度石漠化的土壤，总孔隙度低，而非毛管孔隙度和通气孔隙度较高，说明严重石漠化土壤主要是由单一的粗颗粒垒结而成，增加了通透性，导致土壤对水、肥、气、热等的容蓄、保持和释供能力的恶化和丧失。

五、土壤肥力状况

土壤有机质是评价土壤肥力质量的一项重要指标，与多种土壤养分相关，同时对土壤持水供水能力、孔隙度和团聚体等物理性质有重要的影响。土壤有机碳和全N含量一定程度上反映了土壤环境因子组合的最佳程度(李香真等，2002 年)。随着石漠化的发展，土壤肥力状况发生明显衰退，土壤中的全 N 含量、有机质、腐殖质、阳离子交换量均有较大程度下降(杨胜天等，1999；苏维词，2001；王德炉等，2003；刘方等，2005；龙健，2005、2006；龙明忠等，2006)。据王德炉等研究表明，极重度石漠化阶段的有机质、总腐殖质酸、胡敏酸、富里酸、全 N 分别比正常土壤下降了 10.7%、4.2%、2.1%、2.1% 和 0.5%。龙健等研究表明，表层土壤有机质含量从潜在石漠化土地的 52.33g/kg 下降到极重度石漠化的 8.4g/kg，降幅达 80.0% 以上，不同石漠化程度土壤有机质、全 N 含量的水平只是正常土壤的 15.4%~66.6% 和 14.8%~56.7%，说明岩溶地区在植被破坏后，土壤养分随之丧失，逐渐失去了农业生产的土壤营养物质基础，虽然在人为长期合理的利用和培肥下有一定程度的恢复，但 C、N 库容的恢复和重建将是一个十分漫长的过程。而重度石漠化土地由于土层裸露，立地条件严重恶化，速效养分含量更是贫乏，土壤石漠化使土壤速效 N、P、K 含量明显减少，从潜在石漠化表层土壤 276.7mg/kg、5.5mg/kg、109.1mg/kg 减少到极重度石漠化的 25.3mg/kg、0.5mg/kg、17.9mg/kg，土壤抗侵蚀性能很差，生境处于恶性循环状态，土壤质量日趋下降。一方面是土地退化使有机质与速效 N、P、K 随着细粒物质的侵蚀而逐步损失；另一方面导致地表植被覆盖度降低，有机物来源减少，矿化分解作用强烈，不利于土壤肥力的提高。

随着石漠化程度的加剧，土壤中碳酸钙的含量逐渐增加，土壤吸附和交换阳离子的能力不断减弱(杨胜天等，1999；王德炉等，2003；龙健等，2005、2006)。土壤碳酸钙在同一土壤剖面上的分布表现为由上到下逐渐升高，中下部出现聚集现象；而从潜在石漠化到极重度石漠化土壤剖面表现为 $CaCO_3$ 含量逐渐升高，这是由于砾石堆积或基岩开始出露所致。

土壤阳离子交换量是反映土壤保持养分和缓冲能力的重要指标。表层阳离子交换能力随石漠化程度加深而呈现下降趋势。据王德炉等研究表明，极重度石漠化阶段的阳离子交换量、交换性 Ca 和交换性毫克分别比正常土壤下降了 55.6%、43.4%、52.8%。据龙健等研究表明(2005)，通常正常土壤阳离子交换量分别是石漠化土壤的 1.2~3.8 倍。土壤交换性能的降低和营养元素的减少，使土壤吸水保肥能力降低，肥力状况变差，直至土地生产潜力完全丧失，形成石漠化景观。

土壤腐殖质是有机物在土壤酶及微生物作用下形成的，并在一定的条件缓解分解释放养分供植物生长，而且对土壤理化性质也有很大的影响，对评价土壤质量有重要作用。土壤腐殖质化度(胡敏酸总量/土壤全碳量)是衡量土壤腐殖质品质优劣的标志之一。胡敏酸总量随着石漠化程度加深而降低，土壤腐殖质化度也呈现相似规律，通常是正常土壤 > 轻度石漠化 > 中度石漠化 > 重度石漠化 > 极重度石漠化。

以上研究表明土壤中养分含量的降低主要是因为有机质含量的减少而引起，有机质的淋失是造成土壤化学性质变化的主要原因。

六、石漠化土壤矿物质特征

矿物质是构成土壤的骨架，占土壤固体部分的 95% 以上，对土壤的性质有极大的影响，其元素组成是各种成土因素和成土过程综合作用的结果，可在一定程度上反映土地石漠化的类型和程度(龙健等，2002)。

岩溶土壤中 SiO_2 在土体元素组成中占绝对优势，与 Al_2O_3、Fe_2O_3 构成了土壤的主体，三者合计约占土壤矿物质总量的80%以上，其他成分的含量顺序通常依次为 $CaO > MgO > TiO_2 > K_2O > MnO > P_2O_5 > Na_2O$。据中国科学院南京土壤所研究，随着石漠化的发展，土体中 SiO_2 的含量明显升高，增量达300g/kg，Fe_2O_3、CaO、MgO、TiO_2 和 MnO 等成分不断降低，下降幅度一般在40.0%～80.0%；石漠化严重的土壤，SiO_2 含量在700g/kg以上，Fe_2O_3 不足40g/kg，MgO 低于9g/kg，CaO 由于基岩出露，含量在50g/kg以上；石漠化较弱或尚未发生石漠化的土壤剖面和层次，SiO_2 含量不超过650g/kg，Fe_2O_3 大于70g/kg，MgO 在10g/kg以上，这是由于化学侵蚀和淋溶作用所致。表明土壤石漠化导致土壤的形成速度减缓，发育程度变弱，其原因可能是表层风化程度较强的土壤流失，而下部土壤风化程度较弱，因而通体土壤富硅。

七、土壤微生物

在土壤质量的演变过程中，土壤微生物参与土壤的C、N、P等元素的循环过程和土壤矿物的矿化过程，微生物是供给植物营养元素的活性库，微生物种群数量的消长，一般能反映土壤肥力的变化（李香真等，2002；龙健等，2002、2003）。岩溶地区的土壤遭到严重侵蚀后，土壤肥力严重退化，这在土壤微生物数量上得到最为明显的体现。随着石漠化程度的加剧，土壤微生物数量呈明显降低趋势。据龙健研究表明，正常土壤细菌、真菌、放线菌和固N菌及微生物总数分别是石漠化土壤的1.4～29.3、1.0～2.9、1.3～6.6、1.6～46.3和1.1～32.1倍。由于土壤微生物积极参与土壤中物质转化过程，其数量直接影响土壤供肥和保肥能力。在陆地生态系统中，土壤微生物生物量作为有机质降解和转化的动力，是植物养分重要的源和库，对植物营养元素转化、有机碳代谢具有极其重要的作用，通常以微生物生物量碳含量来表示。不同石漠化程度的土壤微生物生物量碳差异明显，正常土壤分别是石漠化土壤的2.6～39.3倍，降幅达97.5%，这与土壤微生物总数密切相关。

土壤基础呼吸代表了土壤碳素周转速率及微生物的总体活性，其与微生物生物量的比值即代谢商（qCO_2），不仅能准确反映环境胁迫状况，亦与土壤演替密切相关，对指示岩溶地区土壤石漠化进程有一定现实意义。据龙健等研究表明（2005），基础呼吸表现出随着石漠化的进程呈现下降的趋势，降幅达86.0%，而代谢商则反之，随着石漠化进程而升高，表明随着岩溶土地的退化，土壤微生物受到的胁迫影响越大。

土壤微生物群落功能多样性随着石漠化进程而呈现降低趋势，主要是土壤微生物群落的种群结构受到了土壤石漠化的极大影响。据龙健等（2005）通过95种不同性质的碳源研究试验表明，极重度石漠化阶段的群落 Shannon 指数明显低于潜在石漠化阶段（正常土壤），降幅达95.2%。

八、土壤酶活性

由土壤微生物生命活动和植物根系产生的土壤酶，不但在土壤物质转化和能量转换中起着主要的催化作用，而且通过它对进入土壤的多种有机物质和有机残体进行生物化学转化，使生态系统的各种组分有了功能上的联系，从而保证了土壤生物化学的相对平衡状态。土壤酶对因环境或管理因素引起的变化较为敏感，并具有较好的时效性，是反映土壤质量或土壤健康较为敏感的指标。土壤酶活性是土壤肥力的重要组成部分，研究酶活性强度将有助于了解土壤肥力状况和演变（孙波等，1999；龙健等，2002、2003）。一般土壤有机残体分解强度差异可由土壤水解酶活性强弱得到解释，而氧化还原酶活性则可用来解释土壤中腐殖质再合成强度(杨玉盛等，1998)，石漠化土壤中各类酶的活性和土壤呼吸作用微弱。据龙健等研究表明，正常土壤的脉酶、蔗糖酶和蛋白酶分别是石漠化土壤的3.9、6.3、4.2倍。土壤蔗糖酶直接参与土壤碳素循环，而蛋白酶则直接参与土壤中含N有机化合物的转化。发生石漠化后，以上3种水解酶活性明显降低，表明土壤中C和N素营养循环强度有不同程度减弱，土壤肥力在不断恶化过程中。

岩溶地区土壤磷素普遍缺乏，往往成为林木生长的限制因子，严重退化地磷素缺乏更为明显，而土壤碱性磷酸酶酶促作用加速土壤有机磷的脱磷速度，可提高磷素有效性。据龙健等研究表明，石漠化过程对碱性磷酸酶活性影响较为明显，其中正常土壤碱性磷酸酶活性是重度石漠化土壤的5.3倍，极重度石漠化土壤的6.7倍，对表征严重缺磷的岩溶地区供磷状况有一定指示意义。另外，在石漠化程度加剧，过氧化氢酶和多酚氧化酶活性亦有较大幅度的降低，如正常土壤过氧化氢酶和多酚氧化酶活性分别是石漠化土壤的1.1～5.3倍和1.5～6.1倍，表明岩溶石漠化过程中土壤氧化还原能力减弱，从而不有利于土壤中某些有毒物质转化和土壤腐殖质的形成。

九、土壤侵蚀量状况

土壤侵蚀和石漠化具有成因上的因果关系，石漠化是土壤侵蚀长期作用的结果，土壤侵蚀是石漠化某一阶段作用强度的体现。岩溶区域因成土速率慢，因而土壤允许流失量小。韦启蟠(1992年)认为石灰土的允许流失量为50t/(km^2·年)，这个值仅为我国所规定的南方土壤允许流失量的10%。就土壤侵蚀强度而言，潜在石漠化土壤与非石漠化区差距不明显，侵蚀量很小，而轻度、中度石漠化土地侵蚀量最大，重度石漠化侵蚀量次之。据龙明忠等在花江大峡谷研究表明，对不同样地土壤侵蚀厚度取平均值，得出2004年5月至2005年5月，非石漠化、潜在石漠化、轻度石漠化、中度石漠化、重度石漠化的土壤侵蚀厚度分别为0.50cm、0.45cm、1.09cm、1.69cm、0.53cm，平均土壤侵蚀厚度为0.88cm。主要是非石漠化、潜在石漠化地区具有连片的林、灌、草地植被，土被覆盖度较大，或因是负地形，处于固体物质的搬运堆积环境，所以土壤侵蚀量较小，甚至有的地方还有土壤堆积的现象；土壤侵蚀量较大的是中、轻度石漠化地区，这两种类型土地有较低的植被覆盖率和较高的土被覆盖度，所以土壤侵蚀威胁大；重度石漠化地区因土壤侵蚀到一定程度后现存的土壤很薄或几乎没有土被，岩石裸露，所以土壤侵蚀量不大。

十、土壤质量退化类型

土壤质量退化一般可以分为两种形式：一种是渐变型退化，从正常土向潜在石漠化—轻度石漠化—中度石漠化—重度石漠化—极重度石漠化的退化过程。当植被破坏后，随着人类利用土地强度的加大，土壤侵蚀逐渐加剧，其作用是渐进的、平稳的，随着时间的推移，土壤质量逐渐退化，退化的程度从轻度发展到极重度；另一种是跃变型退化，从正常土壤直接到极严重石漠化的退化过程，这种情形多半发生在陡坡开荒(>25°)，在持续不断并逐渐加剧的自然和人为因素的干扰下，土壤质量产生退化阶段上不连续的退化过程，由于不合理的耕作方式和过度开垦，发生严重的水土流失，使正常土壤在短期内丧失土地生产能力，导致基岩大面积裸露，而呈现大规模的石漠化景观。

第 3 节　石漠化过程与岩溶土壤演变关系

(1)在石漠化发展过程中，土壤有机质淋失量不断增加，从而导致了其他土壤养分物质含量和阳离子交换量的减少，肥力下降，生产力降低。

(2)土壤物理性质的恶化是水土流失的结果，也是石漠化发展的必然趋势。其原因一是受到地表径流的冲刷，松散的砂粒随水流失，黏结性较强的粉粒和胶粒相对增多，土壤的容重增大，坚实度增加，而孔隙却不断减少，致使土壤粘性增强，通透性降低，结构恶化；另一方面土壤化学性质的改变，主要是有机质含量大幅度降低，也成为其结构变坏的重要原因。

(3) 石漠化过程中土壤理化性质的恶化与石漠化阶段发展之间具有相互促进、互为因果的正反馈关系。恶化的土壤子系统，既制约着植被的生长发育，又加大了地表径流的可能，促进石漠化的进一步发展，退化的植被子系统减弱了保持水土的功能和生物小循环的强度，诱发并加剧水土流失，促进了土壤子系统的恶化，形成一种正反馈的恶性循环。

(4)土壤理化性质的变化与石漠化阶段发展具有方向一致性。石漠化阶段和程度不同，土壤系统的退化程度亦不同，随着石漠化程度的加深而加剧，并向极端恶劣的方向发展。

第8章 岩溶地区地下河分布特征与开发利用

根据近年来的国土资源大调查资料，在西南岩溶区内年地下水天然资源量为$1808\times10^8m^3$/年，允许开采量为$615.7\times10^8m^3$/年，目前地下水开采量为$98.3\times10^8m^3$/年，可有效开发利用资源为$517.4\times10^8m^3$/年(表8-1)，已开采利用量仅占允许开采量的16.0%。表明西南岩溶区地下水开采潜力很大，潜力指数为5.26，潜力模数为12.4。其中，地下河水是主要的地下水资源(陈梦熊，2003)，占岩溶水天然资源量的70%以上。

表8-1 西南岩溶地区地下水资源开发利用潜力统计表 单位：km^2、万m^3/a

省市区	总面积	岩溶区面积	允许开采量	已开采量	潜力资源量	潜力指数	潜力模数
川西南	98 417	33 151	636 221	21 526	614 696	28.56	18.54
滇东	139 048	66 850	1 299 636	441 040	858 596	1.95	12.84
重庆	25 228	17 280	49 808	6219	43 589	7.01	2.52
贵州	166 936	129 600	138 865	160 300	1 228 350	7.66	9.48
鄂西南	30 039	19 850	251 256	93 626	157 630	1.68	7.94
湖南	88 074	59 598	690 949	94 206	596 744	6.33	10.01
广西	236 274	98 236	1 661 478	135 943	1 525 535	11.22	15.53
广东	24 563	9754	179 006	30 314	148 692	4.91	15.24
合计	808 579	434 319	6 157 006	983 174	5 173 832	5.26	12.41

西南岩溶区分布有3066条地下河，是西南岩溶地区主要的水文系统和水资源载体。而且由于地下河是岩溶地下水资源集中储存、径流和排泄通道，补给条件好，富水性强，具有较高的开发价值，是城乡供水的重要水源，因而也是岩溶水开发利用的重点。然而，地下河水分布不均，地下河系统的岩溶发育规律复杂，给地下河水的开发利用带来了困难。而且，随着近年来石漠化的加剧和土地利用发生的变化，不但地下河水文特征发生变化、水资源减少、水质恶化，而且地下河的改变和开发利用引起了洪涝、塌陷、水污染等一系列环境问题，进一步加大了地下河水资源开发利用的难度。

第1节 西南岩溶区地下河分布

在西南岩溶区，地下河的发育明显受地质环境条件特别是岩性和岩溶地貌的控制。根据已有不完全统计的2413条地下河资料(表8-2)，地下河出露于灰岩的占总数的54.5%，出露密度为7.2个/千平方千米，其次为碳酸盐岩夹碎屑岩，占16.9%，密度为6.2个/千平方千米，白云岩地区的地下河出口分布最低，占4.1%，密度为3个/千平方千米。

表 8-2　各碳酸盐岩类型区地下河出口数统计表

地貌类型	面积(千平方千米)	地下河出口数(个)	占总数的%	地下河出口数(个/千平方千米)
灰岩与白云岩互层	67.0	354	14.67	5.3
碎屑岩夹碳酸盐岩	41.1	142	5.88	3.5
碳酸盐岩与碎屑岩互层	31.2	96	3.98	3.1
碳酸盐岩夹碎屑岩	65.2	407	16.87	6.2
纯灰岩	182.2	1315	54.50	7.2
纯白云岩	33.1	99	4.10	3.0
合计	419.8	2413	100.00	5.7

究其原因，灰岩节理裂隙分布极不均匀，差异性溶蚀作用显著，易形成具有大型洞穴的地下河系统。而白云岩节理、裂隙相对均匀发育，有利于整体溶蚀作用的进行，常形成含水性相对均匀的裂隙含水层，以泉水的形式出露，而地下河不发育。

地下河出露与岩溶地貌类型关系分析表明(表 8-3)，地下河出口主要分布于岩溶丘陵区，占总数的 31.5%，其次为峰林洼地和峰丛洼地区，分别占 18.6% 和 18.5%。相应的岩溶丘陵区地下河出口分布的密度也较大，为 7.9 个/千平方千米；峰林洼地和峰丛洼地分别为 6.8 个/千平方千米和 6.2 个/千平方千米。地下河出口分布最低的是岩溶峡谷和岩溶断盆区，分别占 1.6% 和 1.6%，出露的密度为 1.4 个/千平方千米和 2.0 个/千平方千米，远低于平均数 5.7 个/千平方千米。

表 8-3　各地貌类型区地下河出口数统计表

地貌类型	面积(千平方千米)	地下河出口数(个)	占总数的%	地下河出口数(个/千平方千米)
岩溶丘陵	96.0	759	31.45	7.9
岩溶山地	67.5	223	9.24	3.3
岩溶峡谷	27.9	38	1.57	1.4
岩溶平原	35.3	163	6.76	4.6
岩溶断盆	19.2	39	1.62	2.0
岩溶槽谷	44.5	295	12.23	6.6
峰丛洼地	71.6	447	18.52	6.2
峰林洼地	57.8	449	18.61	7.8
合计	419.8	2413	100.00	39.8

第 2 节　不同地貌类型区的地下河分布特征及对环境的影响

一、峰丛谷地、峰林平原区地下河

主要分布于广西盆地、湖南南部和贵州高原面上，是我国岩溶发育最强烈、岩溶水最丰富的地区。主要出露地层为泥盆系至三叠系灰岩，连续出露面积数万平方千米，构造以宽缓褶皱为主，但破坏强烈。地貌以峰丛谷地、峰林平原为主。除水系干流外，多无常年性水流，但岩溶地下河系统发育，一般汇水面积较大，以集中排泄为主，地表水、地下水交替强烈，地下水动态不稳定，埋深较浅，一般小于50m。

地下河出口多位于河床两岸和河谷地带，出口位置低，由于地表河流（如红水河，三岔河）修建水坝蓄水，许多地下河出口被淹没于河水面以下。相对于其他类型区，地下河开发利用率较高，地下河出口处往往是人群聚居地带，人们通过地下河出口建库、天窗提水，或者钻井开发利用地下河水。

由地下河引起的环境问题主要是3方面：①是地下河排泄到谷地和平原引起洪涝灾害，如广西马山县的马山地下河（枯季流量为0.939 m^3/s）下游的谷地，几乎所有村屯年年受淹，时间为1个星期到1个月不等，村民一般采用打隧道的方法排洪，不但难度大，而且往往加剧了下游村庄的灾情；②是地下河水埋藏浅，与周围土地利用关系密切，上游的矿山和生活污水易污染下游的水源；③是平原地区超采地下河水，引发大规模的岩溶塌陷，如广西桂林、玉林、黎塘等地。

二、峰丛洼地、岩溶峡谷区地下河

主要分布于云贵高原向广西和四川、重庆、湖南、湖北低山丘陵过渡的河谷深切地带，为我国岩溶强烈发育地区之一（张卫等，2004），出露地层以寒武系至三叠系夹层型灰岩为主，构造以长条状紧密褶皱为主要特征。新生代以来地壳的间歇性抬升，地貌以峰丛洼地、岩溶峡谷、岩溶槽谷为主。含水介质为不均匀至极不均匀的溶隙管道，地下河发育长度数千米至十几千米，汇水面积十几至数百平方千米。由于层组结构、构造及新构造运动的主导控制作用，岩溶以纵向发育的地下河为主，由于隔水层的多层性，出现地表和地下跌水现象，常有悬挂泉或悬挂地下河出口，地下水多具承压性。

由于地块厚，水流切割深，地下河埋深大，地下河道常位于地表下百余米，甚至几百米。本来该地区地下河规模大，水流相对比较稳定，但随着地表石漠化，地下河水动态也不稳定，雨季形成洪流，枯季地下河水流量很小。而且，由于地下河水深埋，开发地下水困难，使地表岩溶地区严重干旱缺水，主要靠表层岩溶泉水或建水柜接雨水供生活用水，土地大多依靠降雨灌溉。一些地区通过堵截地下河管道，抬高地下水位，利用天然洼地建成地表地下联合水库来开发地下河水。

这个地区的地下河往往只有惟一的排水通道。石漠化地区的水土流失常把大量的土壤通过落水洞、地下河天窗带至地下，淤塞地下河道，造成雨季很多岩溶负地形受淹，不能耕种。如广西凤山县的坡心地下河上游，金牙乡下牙村谷地由于地下河堵塞造成常年积水，200多公顷土地常年撂荒。

三、高原断陷湖盆区地下河

以云南东部地区和贵州西南部为典型，地层以寒武系连续层状灰岩和白云岩为主。地貌以断陷盆地、丛丘洼地为主要特征（王宇，2006）。断陷盆地包括周围的山区和中间的盆地两部分。由于强烈的构造运动，断裂交错发育，各个时代的地层被切割成不同形态的断块，错落分布于不同的高程上，高的为山区，低的为盆地。岩溶含水岩组从山区至盆地区由裸露转为覆盖或埋藏型。裸露岩溶山区为岩溶水的主要补给、径流区，含水介质为溶隙管道，岩溶发育极不均一，大的管道形成地下河。从山地到平原区由裸露型向覆盖或埋藏型转折带附近，由于平原区的相对沉降，沉积了较厚的弱透水岩土层，构成了隔水边界，使地下河水流大部分在山缘土石分界线附近溢出地表，小部分形成盆地底部渗流。或者，受相对隔水层、阻水断层等的阻隔，在山谷较高位置形成暗河出口。地下河发育管道长度一般为数千米至数十千米。

由于地形高差大，所以地下河水流快且急，随着石漠化的发展，环境对水的储存调节能力减弱，使地下河水动态年变幅达数倍至数十倍，多为不稳定至极不稳定。

地下河是盆地地区的主要供水水源，因此，开发利用程度相对较高。但由于盆地的城市化程度高，又是重要的农业产区，需水量大，所以经常发生水资源短缺，导致枯季超采盆地底部的地下河水，形成密集的岩溶塌陷，如贵州六盘水。

断陷盆地是相对比较封闭的单元，盆地向下游排水也是通过地下河。但由于很多地区不注意污水处理而直接灌入地下河中，使地下河成了下水道，严重污染下游江河的水质。

四、溶蚀丘陵区地下河

主要分布于湖南和广西北部地区，出露地层以泥盆系至二叠系灰岩—白云岩为主，北部多为夹层；碳酸盐岩连续出露面积从数百至万余平方千米。岩性中的白云质增多控制着岩溶的发育特征，地貌上主要表现溶丘洼地、溶岗谷地；地下溶蚀空间连通性差，为不均匀的溶蚀管道，岩溶水动态不稳定，富水性中等为主，地下水埋深一般小于 50m。

溶蚀丘陵区地下河系统具有多块多层的结构特征，所以多数地下河长度不大，长在几千米以内，且有多处露头，岩溶水的动态对降水反映灵敏，滞后时间短，具有同步变化的特征。可以通过(中)小型分散工程，以蓄、引为主，蓄、引、提、排相结合的多种方式，对地下河水进行开发利用。

由于地下河水埋藏浅，露头多，所以与流域内土地利用关系密切，地表农田和生活污水易污染地下河水。此外，地下河引起的洼地洪涝和地下河水开采后引起的地面塌陷问题也较严重。

第 3 节　地下河开发利用的典型模式

目前西南岩溶区地下河开发利用有以下 6 种主要模式。

一、地下河出口建水坝或修建蓄水池蓄水

这是最普遍的地下河利用方式。大型的地下河出口往往是人口聚集、耕地较多、需用水量较大地区。如广西靖西县龙潭地下河流量为 2.288m^3/s(2004 年 9 月)，为县城供水水源，但此类地下河利用工程大多是 20 世纪 60 ~ 70 年代开发的，年久且管理不善，坝内侧发生多处土层塌陷，库水沿塌陷漏斗从地下管道排走，利用率较低，普遍存在渗漏和塌陷等工程问题。库区塌陷渗漏现象已成为地下河开发利用的主要工程问题。

二、地下河天窗提水

峰丛洼地低洼处常有天窗与地下河相通，利用天窗建有一定扬程的泵站提取地下河水，并在高处建一蓄水池调蓄并辅以输水渠系可供自流灌溉或农村生活用水。如广西马山县的兴华地下河(图 8-1)，由于在下游建百龙滩电站，河水位抬高，淹没地下河出口，地下水位抬高，降低了抽水成本，但上游的洪涝灾害有所加剧。

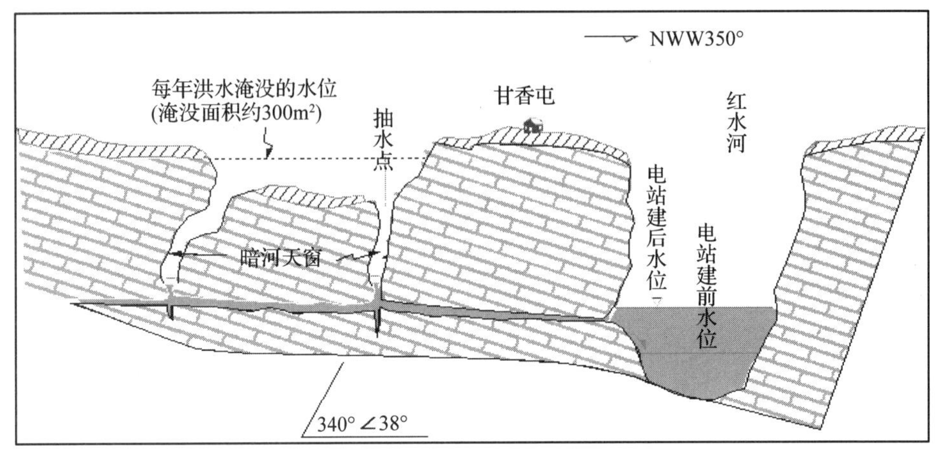

图 8-1　广西马山兴华地下河剖面示意图

三、地下河堵洞成库

在地下河道中寻找合适部位建坝堵洞成库，蓄水或抬高水位发电。在峰丛洼地区大多为封闭性较好的溶蚀洼地，洼地底部有与地下河相通的落水洞或天窗。可利用洼地蓄水成库。如云南马关县的鱼塘地下河（图 8-2），流域面积 253.4km^2，流经地层为中—上泥盆统的灰岩、白云岩，受下伏下泥盆统坡脚组（D_1p）泥质页岩夹粉沙质页岩的阻隔出露。出口标高为920.0m，枯季流量可达4.5 m^3/s(2004 年12 月1 日)，雨季可达30 m^3/s，拟在暗河的有利部位堵截地下水，抬高水位，目前正在施工中，预计发电可达8000 ~10 000kW。

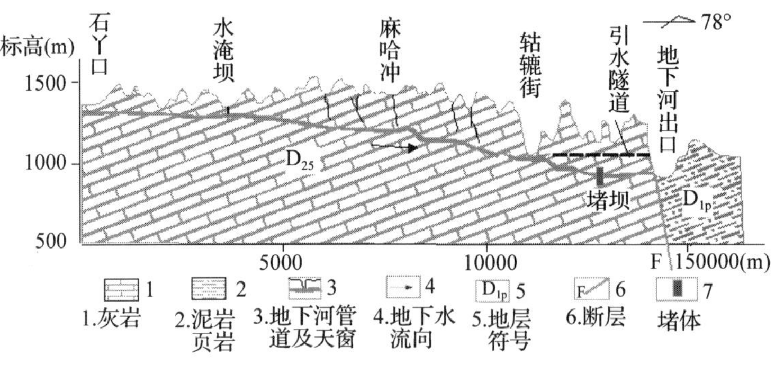

图 8-2　云南鱼塘地下河剖面示意图

四、兴建地表、地下联合水库

一些由地下河补给的河流，如果上游的地下河来水不足，则可在地表河段筑拦河低坝，利用河槽蓄水。尤其在明流、暗流相间的河流中，利用暗河段堵截，在上游的明流段河床蓄水。如贵州省威宁县新龙乡天生桥(图 8-3)，暗河入口段建坝蓄水，堵截暗河入口，建成地表和地下联合水库，抬高水位，通过隧道引水发电。

五、高位地下河引水

在河谷深切地带，一般地下河出口位置较高，利用天然落差引水发电为主要地下河开发利用方式，广西南丹的八半屯地下河(图 8-4)，流域面积 285.0km^2，地下河出口位于二叠系下统的茅口组（P_1m）灰岩，受三叠系中统边阳组（t_2b）粘土页岩及钙质砂岩相对隔水层阻隔出露。枯季流量 1.6m^3/s，调查时流量为 2.5m^3/s(2004 年 10 月 26 日)，出口与谷底落差近

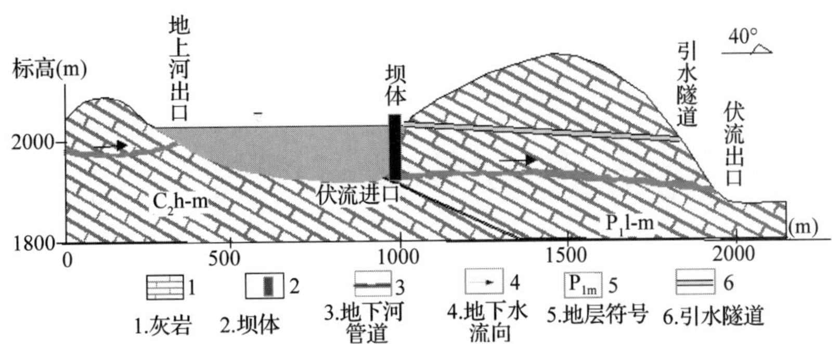

图 8-3　贵州威宁天生桥伏流进口堵洞成库示意图

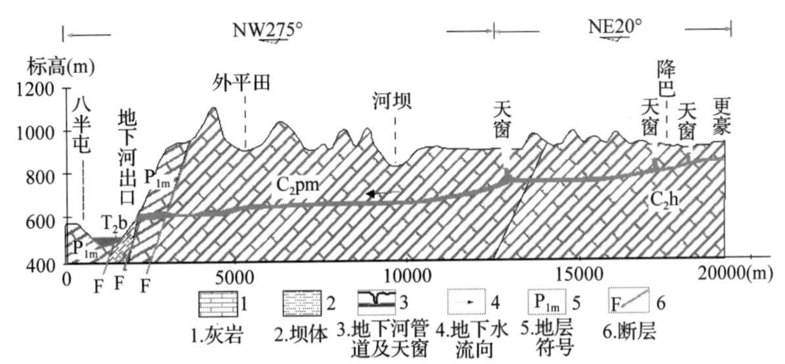

图 8-4　广西南丹八半屯地下河剖面示意图

60.0m，在出水口处建蓄水池，安装了 3 台发电机组，已正式投入使用。

六、多种方式联合使用

岩溶山区多数河流上游以地下河为主。流经峰丛洼地，中下游以相间分布的地表河与地下河为主，流经峰丛谷地或峰丛盆地，最终流出峰丛峡谷或以地下河形式大落差地流入分割高原面的深切峡谷河流。应根据河流流经不同地貌的类型，选用适宜的水资源开发利用模式。上游区建地下水库、溶洼水库或天窗提水工程；中下游宜建拦河低坝蓄水工程或泵站提水工程，以求分散式、多模式地拦蓄利用地下河水资源。

在地下河深埋段，人们依靠集水水柜，主要是在雨水降落到地面或表层未渗漏地下之前拦集和贮蓄雨水。在地下水深埋又无地下水点出露的峰丛洼地、谷地区，集水水柜已成为主要的水资源利用方式。

根据不同的岩溶地质和地貌条件，宜采取不同的地下河开发利用模式。长期的地下河开发利用的经验表明，发育于岩溶河谷区的地下河主要适宜于建设地下水库，开发利用水能资源；而发育于岩溶峰洼(谷)地区的地下河，适宜采用小型为主的引、提、截、堵、蓄技术方案，通过地下河天然出露通道，开发利用岩溶水；发育于岩溶盆地的地下河，适宜建设地表—地下水库，调蓄开发地下河径流；无建库条件的地下河，则宜采用引、提技术方案，开发利用地下河水资源；此外还可利用山区建库条件较好的洼地、盲谷，采用高压防渗帷幔灌浆、防渗墙等技术，堵截地下河伏流入口或落水洞，建设无坝水库，调蓄地表、地下径流，利用山区与平原区的高差，实现自流供水。

第 9 章

人口对石漠化形成的影响与调控

石漠化形成是岩溶地区自然—社会—经济系统相互影响、相互矛盾而产生的生态系统严重退化的结果。而影响石漠化的演替过程中的社会—经济复合系统中，人口因素又是该系统的最重要、最直接和决定性的影响因素。因此，在探索石漠化综合治理的途径中，除石漠化地区的自然系统的脆弱性和区域自然条件限制外，治理重点就是突出“以人为本”的理念，改变、改善社会、经济系统关系，实现人与自然和谐发展。因此在制定石漠化综合治理措施时，应强调人口控制的作用。

第 1 节　西南岩溶地区的人口特征

人口特征包括人口数量、人口密度、少数民族比重、人口分布状况、性别比例、年龄构成、人口素质、人均自然资源、经济状况等方面，是表征一个区域的人口总体状况。

西南岩溶地区贵州、云南、广西、湖南、湖北、重庆、四川和广东 8 省(直辖市、自治区)的 460 个县级行政单位(简称项目区)，有人口 22 237.8 万人，农村人口 17 648.0 万人。除汉族外，居住着壮、苗、回、瑶等 45 个少数民族，人口达 4500 多万人，是少数民族聚居地区，其人口特征有以下特点：

1. 人口密度大，自然增长率高，农业人口比重大

项目区人口占全国人口的 17.1%，人口密度 208.0 人/km^2，为 8 省(直辖市、自治区)平均人口密度的 86.1%，是全国平均人口密度的 153.3%。项目区少数民族多，且地处边远山区，人口增长速度远远超过全国平均水平。农业人口 17648.13 万人，占项目区总人口 79.36%，比全国农业人口比重高 20.24 个百分点。

2. 人均纯收入低，贫困面大

2004 年人均国内生产总值为 5072.0 元，只有 8 省(直辖市、自治区)人均国内生产总值的 51.9%；农民人均纯收入只有 2190.0 元，为 8 省(直辖市、自治区)平均的 83.0%，其中以贵州省岩溶地区农民人均纯收入最少，仅 1586.0 元。西南岩溶地区中有国家级贫困县 152 个，占西南 8 省(直辖市、自治区)国家级贫困县的 66.1%，贫困人口约 1000 万，约占全国贫困人口的一半，成为我国经济发展落后、贫困面最大、贫困人口最多的地区之一。

3. 人均耕地面积小，人地(粮)矛盾突出

西南岩溶地区人均耕地仅为 1.2 亩，部分石漠化严重县更少，仅为 0.5 亩。现有耕地中中低产田(土)比重超过 70%，坡耕地比重达 40.0%，其中坡度超过 25°的坡耕旱地(石旮旯地)面积超过 60.0 万 hm^2，占坡耕旱地面积的 1/4，加剧了人地矛盾。

4. 人与能源矛盾突出

项目区能源仍以薪材为主，造成当地人民对林草植被资源的依赖性大。

5. 少数民族聚居，文化教育落后

西南岩溶地区是我国少数民族主要聚居地之一，少数民族自治县49个，居住着苗、壮、侗、瑶、布依、水、回、哈尼、彝等45个少数民族，人口超过4500万。因地处边远、交通不便、信息闭塞、经济发展滞后，使得该地区文化教育和生产、生活方式相对落后，经济建设过程中环保意识较差，毁林开垦、陡坡耕种、过度樵采等不合理的生产、生活方式较为普遍。

6. 人水矛盾突出

据调查，贵州、云南、广西三省(自治区)石漠化地区目前至少有300多万人存在饮水困难，许多石漠化地区的群众，每年缺水4～5个月，有的要到10多千米外的地方挑生活用水，生产用水更是紧缺。

石漠化地区大部分地处西南少数民族地区，由于自然条件恶劣、历史人口基数大、区域经济贫困、长期文化闭塞和传统文化的影响，以及社会保障体制的不完善使得这些地区的人具有以下特征：

(1)人口存量大、分布局部集中；

(2)人口自然增长率较高、年增长量大；

(3)人口技术水平、生产技能差；

(4)人口文化与生态素质低、环保意识差；

(5)贫困人口多、生活水平差。

第2节　人口因素对石漠化形成的影响分析

通过对石漠化的形成机制研究，大部分学者普遍认为：石漠化的形成是以人为活动为主导因素而引起的岩溶环境恶化，是土地退化的结果。而人为活动主要源自人口压力，人口压力的根源是人口数量的迅速增加和人均拥有资源的迅速减少，形成了人地不可调和的矛盾。据研究表明：人口密度的大小，决定了资源需求的多少，人口过快增长超过了岩溶地区的生态环境承载力，人地矛盾突出，造成人粮矛盾、人与能源矛盾、人水矛盾等社会问题，是石漠化加剧的主要社会原因。在资源极其有限的情况下，表现为对资源破坏程度的大小，人口密度越大，矛盾越尖锐，破坏程度也越大，石漠化程度亦越深。具体过程可表现为“人口增加—陡坡开荒—植被减少并退化—水土流失加重—土地石漠化—贫困”的恶性循环。

据杨汉奎等研究(1988)，依据现今的生产力水平，岩溶山区人口环境容量通常不宜大于150人/km^2，超过此限度，人们为了生存，不得不进行毁林开垦、陡坡耕种等，从而加剧了人地(粮)矛盾，导致土地石漠化加剧。据统计，项目区的平均人口密度达208.0人/km^2，而人均耕地比全国人均耕地少1/5。石漠化最为严重的贵州、云南和广西三省(自治区)的岩溶地区的平均人口密度为175.2人/km^2，比全国平均人口密度135人/km^2高出29.8%，人均耕地1.1亩，比全国人均耕地少3/10。

在贵州省石漠化严重区域，只有10%～25%的土地面积为耕地，而且78%的耕地属中、下等低产田土，土地利用适宜性窄，土地人口承载力低。贵州省石漠化的扩展与人口增长息息相关。1950年，贵州省人口仅1417.20万人，人口密度为80人/km^2；1980年，人口达到2776.67万人，30年增长了近1倍，人口密度为158人/km^2；2000年第五次人口普查时，更是达到了3732.89万人，是1950年的2.6倍。50年来人口自然增长率为19.4‰，人口密度也高达212人/km^2。但耕地面积呈下降趋势，人均耕地面积由1950年的0.127hm^2下降到2000年的0.049hm^2，下降了2.59倍。粮食总产量虽然有大幅度增加，但由于人口增长迅猛，到2000年人均粮食仅为311.1kg。根据石漠化土地面积超过国土面积50%的县的土地测算，单位面积耕地上可耕种土地仅20%~30%，人口密度应为52~100人/km^2，但目前贵州岩溶山区的人口密度则远远大于其理论人口容量，大多数地区超载至少1~2倍，高负荷的人口压力叠加在脆弱的岩溶环境之上，使岩溶区域生态系统遭到严重破坏，加速石漠化土地的形成(表9-1)。

表9-1　贵州省人口增长与耕地、粮食变化情况

年　份	1950年	1960年	1970年	1980年	1990年	2000年
人口(万人)	1417.20	1642.99	2180.46	2776.67	3236.97	3732.89
耕地面积(km^2)	17 987	20 667	19 160	19 040	18 540	18 435
人均耕地(hm^2)	0.127	0.126	0.088	0.069	0.057	0.049
粮食总产(万t)	299.80	316.15	516.45	648.30	720.99	1161.30
人均粮食(kg)	211.6	186.7	241.2	235.4	222.7	311.1

注：表中数据根据《贵州统计年鉴》整理。

根据笔者对云南省广南县的石漠化形成研究，广南县石漠化的形成及面积扩展与人口增长呈十分密切的相关关系，从而加剧了人与薪材矛盾。广南县地处云贵高原，滇东岩溶高原区。在新中国成立初期由于人口数量稀少，这里仍然保留有大面积的岩溶原始森林和次生林。至1958年时，仍保留有290 220.0hm^2的有林地，7733.0hm^2疏林地，194 027.0hm^2灌木林地(表9-2)。而此时广南县人口只有324 181人(1950年为311 587人)。而至1974年人口猛增至487 450人，较1958年增加了50.4%。而此时，有林地锐减至70 287hm^2，减少了219 933hm^2，灌木林减至152 967hm^2，减少了41 060.0hm^2。据反映，有林地和灌木林地的减少，绝大部分为1958~1976年毁林开荒造成，而这部分开垦坡耕地历经20~30年，基本沦为石漠化土地。使得至2000年时，广南的有林地、疏林地和灌木林地合计332 153.0hm^2，较1958年减少了159 827.0hm^2。据2003年调查：广南石漠化土地面积达到20.0万hm^2，占全县土地总面积26.0%，而石漠化坡耕地达到了85 467.0hm^2。

表9-2　广南县历年森林资源与人口数据比较表

年份	人口数(人)	有林地(hm^2)	疏林(hm^2)	灌木林(hm^2)	有疏灌合计(hm^2)
1958	324 181	290 220	7733	194 027	491 980
1963	353 853	144 720	51 087	243 113	438 920
1974	487 450	70 287	106 533	152 967	329 787
1985	601 924	88 707	33 807	120 047	242 560
1990	659 392	104 507	28 653	123 493	256 653
1995	689 152	132 167	20 360	127 767	280 294
2000	740 405	191 867	6660	133 627	332 153

第3节 人口调控技术

石漠化地区的人口调控主要有以下3个途径，即：实行计划生育(家庭人口计划)，制定人口发展策略和组织人口外迁(生态移民、生存移民)。

一、计划生育(家庭人口计划)

实践证明，任何时期、任何区域，以家庭为单元的群体社会，对家庭人口的控制主要源自家庭人口计划，以及计划的实施，即每个家庭都有生几个小孩的计划。依据双方的能力，在现行的社会经济状况下，能抚养几个小孩长大，以及有几个小孩的生活他们认为是满意的，并考虑到政策许可、发展的需求，而作出家庭人口发展生育计划。可见家庭计划的制定与实施主要与文化、政策、技术相关。

政策与法制——在一定程度上是为了一个国家和民族的利益制定的人口政策与法律，如我国的人口控制与惩罚政策以及加拿大的鼓励生育政策是在不同社会—经济条件下制定的。对于石漠化少数民族地区，我国现阶段的少数民族照顾生育政策，很有必要进行调整，采取与其他地区和民族一致的生育政策，这样不但有利于这些生态脆弱地区的生态环境保护，同时也有利于这些地区的少数民族的发展。否则人口的过快增加减少了受教育的机会，使得低素质文化人口的增加，会不断加大少数民族与大众文化人口生活水平的差距，从而不利于少数民族的发展，在相当长一段时间内，应实行低生育的奖励政策和高生育的惩罚体制，有利于家庭计划中做出低人口的控制计划。

二、发展策略

在石漠化地区人口控制中，发展地方经济、提高生活水平，不但有利于这些地区人口素质的提高，同时，这些地区为了达到和维持一定的生活水平，就必须主动地控制人口数量。另外一个重要的方面，要给这些地区妇女以发展地位和发展环境，在当今社会，山区农村妇女尤其是石漠化地区的农村妇女，受教育机会很少，发展和活动空间狭小，大都局限在家庭范围。在个人发展机会很少的条件下，时间价值很低，妇女生育子女的成本尤其是间接成本更低，从而刺激了生育需求，而且在这些石漠化地区家庭自我控制人口的关键在妇女，养育子女的重任也在妇女。研究表明，妇女的受教育水平、文化与生态素质、自我发展的机会，直接影响到生育控制能力。有一项发展中国家的研究成果表明，妇女的中学入学率提高一倍，可以在10年内使总的生育率下降1.4%。因此，应鼓励妇女跳出家庭，接受教育，并激励和创造环境使妇女得到发展，使妇女彻底抛弃通过生育子女来展示自身价值的传统家庭模式。

中国石漠化地区相当长一段时间的生育高增长率其根源在于社会保障体制的不完善，尤其是农村养老保障体系的不完善。现在，石漠化地区的农村大多数老人仍然依靠子女来赡养和照顾，尤其是经济上的依赖，而父母为了减少子女的赡养压力，只有依靠多生子女来分散赡养，同时增加保障程度。这是现阶段农村人口控制的一个瓶颈。因此，在石漠化地区，首先依靠政府调节能力，加大改革，建立一套与之相适应的农村老人社会保障和社会照顾体制，只有这样才能使人口控制变成一个自觉行为，巩固现有的由于政策法律而产生的人口控制成果。

劳务输出——虽真正因为劳务输出而实现永久人口迁移的比例还比较小，但短期的劳务输出在总量上减少了人口压力，减轻了对自然资源的压力，同时增加了外来资金的流入，通过外出劳务人员对外界的接触和了解，带回许多有用的新思想、新信息，转变了山区农村传统落后的观念，拉动了山区农村的经济发展，对当地生态环境建设是一种积极影响。对于石漠化地区，从目前环境和生态安全考虑，发达地区和当地的政府都应积极开拓劳务市场，扩大劳务输出渠道，提高劳务输出比例，同时加强劳务输出人员的文化素质、生态环保意识与生产技能的培训力度，改变传统人口发展观念和生育观念。

三、人口外迁

1. 生存移民

生存移民在石漠化地区现阶段表现为人口的主动外迁（迫于生计和提高生活质量需求）以及被动外迁，如婚姻迁出、教育迁出。

婚姻迁出——石漠化地区的婚姻人口迁出在现阶段由于文化、信息的影响，使得年青人视野更加开阔，接触面更加宽了。因此男女青年婚姻迁出较为普遍，尤其是女青年，政府为了减轻石漠化地区人口压力，应在婚姻迁出上给予鼓励性优惠政策。

教育迁出——石漠化地区由于贫困，一般适龄青年由于升学迁出石漠化地区后，返回的非常少。这种迁移是一种非生态的迁移而是生存选择，这虽然在现实上减少了人口基数，但降低了区域人口质量。因此，政府要鼓励发展教育，普遍提高人口素质。

2. 生态移民

在我国三峡工程区、三江源自然保护区、京津工程区、西部沙漠化地区及西南石漠化严重区域已经开始生态移民试点，试验性建立一些生态无人区，其效果初步显现，影响较大。但在石漠化地区开展大规模的生态移民尚未正式启动，其主要原因是石漠化地区地处西部广大贫困地区、欠发达地区、少数民族地区，就近就便安置非常困难，政府投入很大，加上人口文化与生态素质较低，开发性的移民和迁出安置困难重重。另外，由于石漠化地区生态系统自然恢复能力有限，在石漠化地区建立生态无人区，实行完全的生态移民的困难很大。

因此探索与沙漠化地区不同的生态移民的途径和方法是石漠化综合治理工作上的一个新课题。笔者认为现阶段石漠化地区可采取分流式安置和整体搬出方式进行异地搬迁和生态移民。

(1)分流式安置：以减少迁出地的人口压力，增加迁出地的人均耕地水平，为驻留地人员提供更多的生产和生活空间，使其逐步走出困境。这种迁出方式主要是人口密度过大，人均耕地极少(0.3 亩以下)的石漠化区域的贫困农户。

(2)整体搬迁方式：这种方式是将整个自然村屯迁出，以恢复原居住地的生态环境，主要对象是人均耕地少(0.5 亩以下)，居住特别分散，居住点农户特少或没有固定居住地，又没有承包地和承包山林权，且地质灾害容易发生区域的贫困农户。

根据安置方式与性质的差异，可采取以下几种具体安置途径：

① 开发性建设移民——在石漠化地区，就近利用自然资源建设劳动密集型加工产业，集中招工，使部分人口完全脱离石漠化地区而生存。

② 城镇服务性移民——开放石漠化地区附近城镇户口管制，给石漠化地区农民进城定

居从事服务和商贸行业提供优惠政策与扶持引导。

③ 流域集中居住迁移——在石漠化地区以流域(或乡、村)为单位通过兴建集镇，集约经营农业，提高非坡耕地农作物产量，普及推广非木质能源，从而减少人口对石漠化土地的压力。

④ 国家生态安置——对贵州、云南、广西局部极贫困石漠化山区，国家应通过兴办工厂，企业安置移民和在长江中下游平原农作区计划迁移生态难民并列入国家财政预算，确保移民的生产、生活水平不断提高。

第10章 岩溶地区石漠化研究中的若干问题

“南石(石漠化)北沙(沙漠化)”是制约我国西部地区可持续发展的两大生态环境问题。西南岩溶地区包括以贵州为中心的广西、云南、四川、湖南、湖北、广东、重庆8省(直辖市、自治区),在全球三大岩溶集中分布区中连片裸露碳酸盐岩面积最大,是青藏高原隆起在南亚大陆亚热带气候区形成的一个海拔梯度大、地势格局复杂、生态脆弱的独特环境单元。独特性主要表现在以下几个方面:

(1)可溶岩成土速率缓慢;

(2)水文过程变化迅速,旱涝时常发生;

(3)水、土资源空间分布不匹配;

(4)水热因子的高度时空异质性,贯穿于岩溶生态系统形成与演化的各个环节;

(5)氮、磷、钾极度缺乏的高钙/镁土壤环境;

(6)环境容量小,生态系统可恢复性低。

同时,该区居住着2亿多人口、45个少数民族,贫困人口相对集中,人地矛盾非常突出,在资源开发和经济发展过程中存在着严重的生态环境问题。其中,表土和养分流失与生态系统退化是最基本、最突出的问题,综合的表现形式是石漠化。

岩溶石漠化代表了世界上一个比较独特的荒漠类型,即湿润区石质荒漠化,形成了独特的区域生态系统,但在20世纪90年代末期岩溶石漠化才受到普遍重视。岩溶石漠化不仅使土地生产力下降、地表植被覆盖率锐减、系统水源涵养能力削弱、地表水源枯竭,而且造成土地资源丧失、粮食减产。另外,该区地处长江和珠江两大水系的上游,一旦生态屏障崩溃,将严重危及中国近一半国土的生态安全(Wang *et al.*, 2004)。“加快小流域治理,减少水土流失,推进黔桂滇岩溶地区石漠化综合治理”已明确列入国家“十五”计划。2004年8月,国家发展和改革委员会为进一步推动西南石山地区石漠化综合治理工作,下发了“关于进一步做好西南石漠化综合治理工作指导意见”,岩溶石漠化过程研究与治理工作得到了高度的重视。

近年来,通过退耕还林、封山育林、坡改梯、砌墙保土、改良土壤、开发岩溶水、发展沼气、种植适生经济作物、生态移民等措施,在西南部分地区岩溶石漠化治理工作取得了一些成效(李阳兵等,2004)。

(1)典型岩溶峰丛山区:以表层岩溶带调蓄功能重建为突破口,形成有一定调节能力的微型水利工程系统,辅以技术工程(水柜等)、生物工程(沼气等),改善居民基本生存条件;通过土地利用结构调整,名优特产推广,发展壮大经济基础。成功的实例有广西马山县古零乡弄拉的生态恢复、表层岩溶带泉的恢复、名特中草药发展;贵州罗甸县大关的地头水柜、土地整理、生态恢复等。

(2)溶蚀丘陵区：以建立水资源综合开发利用工程为主，通过土地利用调整，建立合理生态模式，走综合发展之路。成功实例有湖南龙山县洛塔、贵州毕节地区、湖南永州大庆坪以地下水寻找为主的综合治理模式。

(3)峰林平原区：通过区域水资源调蓄和有效利用，结合土壤改良和农业结构调整，优化水土资源配置，建立高产稳产粮食和经济作物生产基地。成功实例如广西来宾小平阳的农业综合开发模式。

(4)深切峡谷区：可采用蓄、提、引方式，综合开发利用岩溶水资源；通过坡田改梯田，封山育林，修建防洪排水渠及水保墙等措施，实施水—土—生态综合治理。成功实例如贵州贞丰北盘江镇的顶坛片区，基本技术模式可概括为"优质高效经济林(经济作物)+林产品粗加工+庭院经济+小水窖"，称顶坛模式。

尽管有上述一些成功的例子，但石漠化土地面积扩展的总体趋势并没有得到有效遏止：有些石漠化地区虽经过长期封育，仍不能恢复植被；有的治理模式因为严重的地域局限性或欠考虑地方经济承受能力，无法大面积推广；有的地区引种外来植物不当，诱发生态危害，抑制当地作物生长。总体而言，除国家投入不足和政策失误等原因外，对石漠化发生机制与岩溶生态系统稳定性机制不清楚，缺乏比较完善的石漠化防治理论和技术体系也是重要的原因。

笔者认为，岩溶石漠化现象在宏观上主要表现为水土流失与生态系统退化，导致土地资源丧失和自然灾害频发；在微观上主要表现为生态系统(岩石/土壤—植被—水—大气系统)生物地球化学循环过程的改变或中止以及植被的难恢复性。因此，在宏观上要求更大范围地深入研究岩溶山区水土流失与石漠化的时空演变格局与发生发展规律、退化生态系统修复的生态、经济和社会效益的协调统一规律；在微观上需进一步研究岩溶山地土壤的侵蚀机理和石漠化过程中植物与环境之间的竞争和协同机制，生态系统的结构和功能变化，系统内部各个圈层之间的物质转化、养分循环、能量流动和信息传递。石漠化过程与生态修复中许多科学问题的解决，需要开展以岩溶科学为主的多学科交叉与综合研究。

第 1 节　国内外研究的若干问题

国内外对岩溶环境问题的认识基本上是同步的。自 LeGrand(1973)在美国《科学》杂志上发文指出了岩溶地区地面塌陷、森林退化、旱涝灾害、原生环境中的水质等生态环境问题以来，受到世界各国的普遍关注。1983 年 5 月，美国科学促进会 149 届年会安排了"岩溶环境问题"专题讨论，并将岩溶环境列为一种脆弱的环境；1983 年 9 月，贵州环境科学学会召开"贵州岩溶环境问题"学术讨论会。近 10 年来，随着岩溶地区以石漠化为主要特征的生态环境退化日益严峻，国内外对岩溶地区的研究重点有了明显变化，从原来的侧重地貌过程和水文过程的研究转变到岩溶生态系统脆弱性和人类影响、岩溶地区的环境退化、生态重建研究。联合国教科文组织(UNESCO)和国际地质对比计划(IGCP)共同资助的以我国学者袁道先院士为项目负责人的一系列岩溶地区生态环境研究计划，从"地质、气候、水文和岩溶的形成"、"岩溶作用和碳循环"、"全球岩溶生态系统对比"到"岩溶含水层和水资源全球对比研究"也反映了这一趋势。

一、碳酸盐岩风化成土过程与成土速率

西南岩溶山区缺水少土是致使生态环境脆弱的主要原因之一。因此，岩溶地区碳酸盐岩的风化作用与成土过程成为科学家们长期以来一直热切关注的科学问题(王世杰等，1999)。虽然已有大量研究工作涉及碳酸盐岩的风化过程及其成土作用，但许多科学问题仍未得到解决：比如石灰土是岩溶地区分布较为广泛的一种土壤类型，目前不少学者认为土层物质来源于下伏碳酸盐岩风化残余，相对于黄壤、红壤，它是一种发育程度比较低的碳酸盐岩风化壳，但石灰土是否是碳酸盐岩风化成土的初级阶段或碳酸盐岩红色风化壳的前身却一直未有定论(Ji *et al.*，2004)；在贵州岩溶地区各级地貌面上广泛分布的红色风化壳，其形成过程的时间序列至今没有确立；有关碳酸盐岩风化成土速率的研究途径有多种，但由于成土过程的复杂性而至今没有获得多数科学家们共同接受的结论；学者们都认识到了生物参与矿物或岩石风化作用的重要性，但在岩溶环境水—土—岩石相互作用中生物在岩石风化和土壤侵蚀的作用过程却是大家关心而又不清楚的科学问题。对碳酸盐岩风化作用的研究是理解岩溶地区土壤的形成、成土速率的关键，同时也是正确评价岩溶山区水土流失的关键和生态恢复的工作基础(王世杰等，2006)。

二、岩溶生态系统的类型划分与生态区评价

在全国生态区划时西南岩溶区被作为一种特殊的类型，称之为旱性岩溶生态系统区(杨勤业、李双成，1999)，或称之为岩溶脆弱生态区(傅伯杰等，2001)。但是，在西南岩溶山区内部，由于气候、地形、地质构造、岩溶作用、土壤等条件的不同，形成了千差万别的岩溶生态系统。不同地域类型的岩溶生态系统有共同的特征，但由于地理、地质背景的较大差异，生物圈、岩石圈、土壤圈、水圈、气圈等的组合结构导致峰丛山区、溶蚀丘陵区、峰林平原区、岩溶高原盆地、岩溶峡谷区等典型生态系统的岩石—土壤—植被—大气系统的基本过程差异。

目前对西南岩溶区生态环境类型划分时评价指标侧重于地貌形态、水热条件和土壤类型；对贵州岩溶生境进行脆弱类型区划分时指标主要为碳酸盐岩出露、地表形态、坡耕地百分比；根据初级地貌形态组合、土壤和植被的差别划分土地类型。这些工作并没有反映出岩溶环境的特殊性，没有反映出不同岩溶生态系统类型内在差异的本质特征。同时对岩溶石漠化的特点、危害及生态治理对策等进行的一系列探讨仅限于概念上，对石漠化的特点和成因缺乏典型的案例研究(李彬，1995；蔡运龙，1996；万军，2003；苏维词，2002；王世杰，2002；熊康宁等，2002)。石漠化的评价指标不统一，影响了结果的可比性，导致石漠化治理不能充分体现各地岩溶资源环境优势的局域治理模式(Wang *et al.*，2002)。在岩溶地区执行的生态建设项目中，相当一部分仍然是一套几十年一贯制、南北方均适用的如“坡改梯、植树造林、中低产田土改造、杂交包谷推广”等单项开发治理工作，结果是石漠化趋势依然严重，贫困形势仍然严峻。

尽管人类活动是导致石漠化发生与发展的根本诱因，但近年的研究逐步认识到地质背景对石漠化的形成和防治存在着本底性的约束(Wang *et al.*，2004)。以岩性为例，石灰岩和白云岩二者的岩性差异决定了石灰岩分布区与白云岩分布区在岩石裂隙发育程度、风化作用方式、地上地下双层结构、土壤分布、土层厚度、表层岩溶带的水文特点及小生境分布和生态

结构等方面都有差异。二者的溶蚀残余物在地表具有不同的堆积和流失方式。基岩岩性与石漠化的发生与发育存在着较为密切的联系(李瑞玲等，2002)。表层岩溶带与植被系统相互作用，生态效应显著，但表层岩溶带的发育深受地质构造的控制(姚长宏等，2001；李先琨和苏宗明，1995)。实际上岩溶生态系统各圈层发生着地质地貌组合→水文土壤组合→植被和小生境组合结构的作用过程，不同组合结构的岩溶生态系统具有特殊的功能，其稳定性与脆弱性各异，从而形成了不同区域岩溶生态系统与生境类型的多样性。

西南岩溶生态系统的变化趋势如何？何种因素是岩溶生态系统演替的主驱动力？不同岩溶生态系统的本质差异如何？要回答这些问题，需要进一步加强发现研究、比较研究和目的研究。一是需要从地球系统科学观认识岩溶生态系统，考虑岩溶生态系统各圈层的综合作用，由单一因子划分走向综合的生态区评价，突出岩溶环境不同于非碳酸盐岩区的特殊性。二是依照生态集成和生态模型方法，通过分析、讨论与综合，补充性野外考察，以生态区域为准划定边界，考虑区域内自然与社会属性的空间格局，以及组成这一格局的基本信息单元，进行高度综合的、跨学科、高层次与前瞻性的生态区评价。

三、岩溶流域的土壤侵蚀作用与危险性评价

水土流失是区域生态环境退化的重要表现形式之一。长期以来，不少地学工作者对其进行了大量研究，但这种研究主要侧重于非岩溶地区。在涉及到岩溶环境下的水土流失研究时，人们常常以非岩溶地区的标准去衡量他，并进而得出岩溶地区水土流失轻微的结论，淡化了岩溶环境的脆弱性。由于岩溶环境是一种特殊的地域综合体，这种对待方式在很大程度上缺乏科学性。近年来，一些岩溶工作者逐渐认识到这种局限性，并针对岩溶环境的特殊性，以一种新的目光去审视这一问题，认为应该建立适合于岩溶山区的土壤侵蚀强度分级标准，但至目前为止，研究进展不大(柴宗新，1989；陈晓平，1997)。

岩溶地区的土壤侵蚀作用有以下特征。

(1)更多的被侵蚀土粒为短距离搬运，具明显的季节性特征，实际的表土侵蚀比水文观察结果更为严重；

(2)与表土物理侵蚀相伴存在的化学侵蚀更是特别，某些流域的化学侵蚀速率达0.2mm/年，超出平均水平的 2 ~3 倍(白占国和万国江，1995)。

由于化学侵蚀的严重，相应地导致了氮、磷、钾等养分的大量流失(Han and Liu，2004)。因此，西南岩溶地区与黄土高原土壤侵蚀的发生机理和环境效应存在着显著的不同：黄土高原主要以物理侵蚀为主，而岩溶地区不仅存在着严重的物理侵蚀作用，而且侵蚀土粒存在着显著的短距离搬运现象，其机理较为复杂，同时有相当一部分地区则以化学侵蚀为主。因此，急需对岩溶地区独特的区域侵蚀过程和特征开展专门研究。只有把土壤物理侵蚀与化学侵蚀、流域侵蚀与湖泊沉积作为一个有机整体进行考虑，通过元素和核素示踪以及质量平衡计算方法，才能对岩溶地区区域侵蚀作用及其环境效应问题取得系统全面的认识。这是目前国际上侵蚀作用研究的前沿和热点问题。

四、岩溶生态系统的修复依赖对生态过程研究的突破

生态过程包括物质过程、能量过程、生态系统对人为破坏的响应过程、人类对生态系统的控制与破坏过程。生态过程的研究是当前基础生态学的核心问题，也是应用生态学和基础

生态学紧密联系的枢纽和桥梁(Chapman，1992)。从根本上解决生态环境与资源问题，常常依赖对生态过程的研究成果。岩溶生态系统的修复需要对生态过程动力学和微观机理的认识，包括营养物质的生态过程、生态系统生产力形成及与之相关的退化生态过程、演替发展过程、自我恢复过程、生态调控过程和生态恢复过程。

1. *岩溶生态系统中生物地球化学循环成为核心科学问题*

陆地生物圈中的相互作用表现出复杂的生态学上的网络性和时间上的动态变化(Patten，1994；Odum，1983)，在生态系统和陆地生物圈的稳定性与发展中至关重要。所以，模拟自然和人类扰动下的陆地生物圈动态变化是陆地生物圈模式研究的一个巨大挑战(Bonan，1995)。目前的模式研究已从简单的回归模式演变为生物圈过程模式，向生物圈动态模式方向发展：

(1)模拟陆地生态系统的动态变化；

(2)连接植被动态变化与生物地球化学过程；

(3)连接生物地理过程与生物地球化学过程；

(4)连接土地利用变化和生物地球化学过程；

(5)模拟能量、水和生物地球化学循环相互作用(田汉勤，2002)。

岩溶环境中物质的生物地球化学循环受地质(岩石、土壤)、地理(地形地貌和气候)、生物(植被、土壤微生物等)、水(地表水、地下水)与大气(自然与人为输入物)的控制(袁道先，1988；袁道先，2001；Allegrucci *et al.*，1997)。岩溶生态系统的普遍特征是富钙、偏碱的地球化学环境，缓慢的土壤形成与浅薄的土壤覆盖，活跃快速的纵向水运动和生态系统有限的水利用，土壤中养分库与有效性的不平衡及时间和空间的不匹配，形成具有喜钙性、耐瘠性、岩生性和旱生性的岩溶植被，并产生丰富的植物特有种、名特优果树和药材(蒋忠诚，1999)。因而岩溶生态系统运行的基础是系统中大气—水—土壤—生物(植物-微生物)等界面的物质(养分与水分)生物地球化学循环，其运动规模、转移方向、流通速率是决定生态系统生产力与稳定性的关键控制因素，其耦合与脱耦合是岩溶生态系统稳定与退化的根本原因，其调适与重构是岩溶生态系统修复和优化的根本途径所在。岩溶生态环境的特殊性在于这种循环的脱耦合决定的生态系统的脆弱性，使得植被变化、土地利用方式的改变导致生态系统生产力和稳定性的快速改变(李阳兵等，2004；刘方等，2005)，同时影响到自然—社会—经济系统的可持续性。水分和养分循环方式的变化，如森林向农田的生态系统转换会显著降低土壤有机质活性组分的含量、组成和生物有效性(郭景恒等，2002；Liu *et al.*，2003)。基岩大面积的石漠化过程的实质是岩溶生态系统正常生物地球化学循环过程的改变或中断过程(潘根兴，1999；潘根兴，2000)。

由于岩溶生态系统变化大、结构复杂、功能多样、时间和空间异质性高，加强不同岩溶生境类型的生物地球化学过程研究，建立生物地球化学循环对生态系统演替过程的响应和动态机制模型，分析生物地球化学循环的某一过程与环境因子间的关系，如与植物光合作用、土壤有机质分解转化等的关系(朴河春等，2004)，并将生物地球化学循环的全过程或多个过程综合考虑，形成一系列模型的集合。利用GIS技术，更有效地考虑空间因素变异状况和变化趋势造成的生物地球化学过程的差异，预测未来环境变化或人类活动对岩溶生态系统功能的影响，为制定岩溶生态系统优化调控对策和措施提供科学依据。

2. *岩溶生态系统格局与过程的综合研究亟待加强*

生态过程研究的热点有生态系统生产力形成及与之相关的碳氮过程、生态系统水分循环规律、不同尺度的生态过程及尺度转换。生态学的新进展再一次强调了空间格局与许多生态过程的相互作用(Ahern，1999)，尤其是景观格局与系统耦合过程的相互联系。生态学研究中的异质性受到生态学家的广泛关注，生境的异质性，尤其是土壤要素的空间分布格局成为异质性研究的一个重要领域。

目前对岩溶生态系统单一生态过程的研究较深入，对退化岩溶森林自然恢复过程生物物种组成和各物种种群丰富度的动态规律和特征有所认识(喻理飞，2000，2002；朱守谦，2003)，但目前的研究尚无法解释决定这种规律的内在机制。由于过去岩溶研究重基岩、轻土层，以至于对岩溶生态系统演替中土壤的养分库功能、水库功能和种子库功能的认识不全面。岩溶山地特殊的水文过程虽早已被认识到，但其相应的生态效应没有得到应有的重视，没有开展岩溶山地生态过程与水文过程的交叉研究，无法说明植被斑块格局、径流形成、泥沙养分运移等之间的内在关系(李阳兵等，2003)。

3. *岩溶生态水文过程研究程度正在不断提高*

1992年在Dublin国际水文与环境大会上正式提出了生态水文学概念(Zalewski，*et al.*，1997)。大多数学者认为生态水文学是研究生态格局和过程下的水文机制的科学，气候—植被—土壤的相互作用是其控制性的因素，土壤湿度是其关键的研究因子(I Rodriguez-Iturbe，2000)。他的一个重要研究方向是在不同时空尺度上和一系列环境条件下探讨生态水文过程(黄奕龙等，2003)。随着水文循环的生物圈部分(BAHC)和国际教科文组织主持的国际水文计划(UNESCO/IHP2.3-2.4)国际项目的实施，生态水文过程研究得到迅速的发展和广泛的重视，成为当前研究的热点。

当前，人类非理性活动对西南岩溶山地生态水文格局的破坏十分严重，地表生态水文过程已经失去协调发展的态势。探索生态水文演化规律，以岩溶山区典型小流域为单位，对遭到破坏的生态水文格局进行恢复和重建，是西南岩溶山地生态恢复重建的关键所在。岩溶山地兼具干旱区生态系统和山地生态系统的特征，具有独特的二元水文地质结构，虽地处湿润气候区，降水充沛，但由于岩石裸露率高，渗透性强，土体零星、浅薄等原因，致使土壤贮水量低，临时性干旱时有发生，干旱程度不亚于一些长期干旱地区。据对乌江流域岩溶石质山地土壤的水分状况的长期监测，在连续放晴下未郁闭新造林地土壤能保持的田间持水量仅可供植物7~14天的蒸腾。对比岩溶灌丛生态系统、人工林和天然林生态系统、森林生态系统的水文和生态效应，发现它们在小气候调节、降雨截留、土壤和地被物对水分的调节、控制侵蚀、表层岩溶带的调蓄功能等方面均存在明显的差异(何师意等，2001)。裸露石山环境的表层岩溶带对岩溶水的调蓄功能较弱，只有提高表层岩溶带的森林覆盖率才能增加表层岩溶水的调蓄功能(蒋忠诚等，2001)。已有的初步研究表明，植被类型因素、土地利用类型因素、岩组类型与结构因素、地貌类型因素等都对水土流失过程、水文过程、水资源量和水质都有着较大的影响(贺中华等，2004；王在高等，2002)，但对具体的影响作用存在着一些不同的看法。有的研究认为即使在坡度陡峻的岩溶地区，良好的草被覆盖能极大地减轻水土流失量，其效果远远好于乔木及灌木林(彭建和杨明德，2001)；相反的意见认为乔木林地的土壤结构、水源涵养性能、抗侵蚀能力均优于灌丛、草坡(张萍和曾信波，1999)。总之，目前的研究主要集中于各类生态系统的水文效应，几乎未涉及生态过程和格局的水文学机制，没有从生理、形态解剖结构方面研究植物的水分利用效率，以及根系吸收水分对土壤水分时空异质性的响应方式。目前对多数植物这方面的了解很少（傅松玲和黄宝龙，2002），对流域土地利用格局与径流形成、养分流失、泥沙运移等之间的内在关系也了解很少。笔者认为，在今后的土地利用结构与生态过程的研究中，除加强小流域水文行为、生态效应及其优化调控的研究外，尚需注重大的流域和区域范围内的研究，通过尺度转换方法和空间信息技术等，探讨多尺度格局与生态过程的相互关系，揭示区域尺度上生态过程研究的特点与规律，以便更好地服务于政府决策和国家需求。

4. 生态格局与土地利用的环境效应的认识严重不足

从景观以上尺度考虑生态修复问题已逐渐引起了生态恢复学家的关注，但在这方面开展的有效工作却不多，景观生态学的迅速发展与不断深入，为景观以上尺度的生态恢复提供了可能。研究景观层次上的生态恢复模式及恢复技术、选择恢复的关键位置、构筑生态安全格局已经成为关注的焦点（李阳兵等，2004）。

目前对西南岩溶山地生态系统景观整体的退化过程重视不够，使用的资料仍以地面调查和统计资料为主，使研究工作无论在多时相对比还是在区域选择上都受到很大限制（张惠远等，2000；张惠远和王仰麟，2000）。对西南岩溶山地景观整体退化的生态环境效应也缺乏深入认识，无法模拟生态安全条件下的土地利用的空间格局和提出生态安全条件下土地利用方式，致使石漠化过程继续发展（贾亚男和袁道先，2003；蒋勇军等，2004）。近年来，随着遥感技术的不断发展，以 TM、ASTER、SPOT 影像为信息源进行大比例尺区域研究的途径已逐步得到验证和推广。

依据现有资料，对西南岩溶山地进行生态区划分，探讨不同生态区景观格局时空演变规律及驱动力机制研究，进一步探讨景观格局变化与生态环境退化与恢复过程的关系，有重要的理论和现实意义。以下两方面的问题值得引起进一步注意：一是以格局—过程关系为中心的生态空间理论，二是以有序人类活动为中心的景观生态建设理论，构建不同生态区景观变化区域综合模型。

五、岩溶生态系统适应性修复研究

有关恢复生态学的研究起源于 100 年前的山地、草原、森林和野生生物等自然资源管理研究，作为一个生态学分支学科则在 20 世纪 80 年代才得到确立（任海和彭少麟，2001；蒋志刚等，1997）。恢复生态学从理论与实践两个方面研究生态系统退化、恢复、开发和保护机理，为解决人类所面临的生态环境问题以及实现可持续发展提供了重要途径（Dobson，*et al.*，1997）。近 20 年生态恢复的研究和实践，研究对象广泛涉及森林、农田、草原、荒漠、河流、湖泊和废弃矿地等退化生态系统，并对退化生态系统类型和健康的诊断，退化原因、机理和程度的研究，退化生态系统修复的机理、模式和技术上做了大量的探索（赵晓英等，2001；彭少麟和陆宏芳，2003；Ehrenfeld，2000；Halbert，1993；Kobza *et al.*，2004；Lee and Lawrence.，1986）。

岩溶森林是一种特殊的森林生态系统，国外对在人地矛盾冲突的条件下恢复岩溶森林、提高森林固土保水能力方面的研究极少（Costanza *et al*，1997）。国内在该方面的研究同样也滞后于地带性森林生态系统的研究（刘济明，1997；沈有信等，2004）。目前对顶极状态岩溶森林生态系统属性、生物生产力特征，岩溶生境生态空间多层、异质性，植物适应方式和途径多样性，植被恢复的可能性、恢复过程的研究已有了初步认识，但对水分和养分在植被恢复过程中的作用、植被恢复的理论、恢复成功的标准、植物对岩溶生境的适应机制和演替规律等缺乏系统研究，尚待完善和深入，尤其是对于不同生态环境区中，从退化的极端状态的石漠化开展的植被发生、发展机理与演替规律、生态恢复学过程和恢复机制更是缺乏认识。同时，也未涉及岩溶生态系统中植被恢复对生态环境的作用机制研究，明显缺乏岩溶生态系统的优化调控理论。

第 2 节　石漠化研究的展望

石漠化不是纯自然过程，而是与社会、经济紧密相关，以人类活动为主导因素而引起的环境恶化、土地退化过程。只有实现环境改造、经济发展和社会进步三者的协调发展，即只有生态意识、生态工程、生态经济三者充分结合，提高一个地区或流域整体的经济实力(Sabine and Samuel，2001)，石漠化等环境问题才能得到真正的全面解决。让退化土地自然恢复的思路已不切实际，必须通过投入人力和物力，对退化土地进行生态重建。生态重建工作必须以基础科学研究为先导。岩溶石漠化治理的前提是开展土地石漠化成因机制的研究，只有得到岩溶石漠化成因理论的有力支撑，才能有效地避免大规模生态重建的盲目性，并降低其风险性。鉴于石漠化研究涉及自然、社会和经济多学科的问题，综合上述，笔者认为在目前阶段应主要关注以下 6 个方面的问题(王世杰，2005)：

(1)不同成因类型石漠化景观的生态示范区建设；

(2)石漠化在不同时空尺度下的驱动机制，特别是人类驱动力，确定自然因素和人文作用对石漠化过程正负面影响以及各自的贡献率；

(3)石漠化基础信息系统、灾害监测预警系统、灾害评价与辅助决策系统的研究；

(4)石漠化的水文生态过程与植被恢复重建机理；

(5)岩溶生态系统退化和石漠化过程中的生物地球化学过程；

(6)石漠化综合防治战略与模式。

只有循序渐进地进行治理工作，才能较好地全面理解西南岩溶山区出现的石漠化问题。

第 11 章

石漠化防治技术

由于石漠化地区水土流失严重，决定了石漠化地区的生态恢复和植被重建是一个艰难的过程，需要强有力的技术支持。在多年的石漠化防治过程中，我国广大科研人员对石漠化防治技术进入了深入的研究和试验，探索、总结出了一批符合实际、各具特色、效果明显的石漠化防治实用技术。归纳起来，这些技术又分直接防治技术和间接防治技术两个方面(表11-1)：

直接防治技术：指对石漠化土地进行治理的技术，包括生物治理技术、工程治理技术和生物与工程相结合的治理技术等；

间接防治技术：指通过减轻对土地利用压力而促进石漠化地区植被恢复、生态重建的技术与措施。包括农村能源建设、人口控制与生态移民、生态保护、扶贫开发与产业开发以及生态意识培育等等。

第 1 节　生物治理技术

一、封山护林(植被管护)

封山护林是一种投资最少，见效快，且预防土地石漠化最直接、最有效的方法之一。在西南岩溶地区石漠化治理中，也可结合我国天然林保护、重点生态公益林建设等生态工程进行实施。

(1)目的：通过实施封山管护，减轻或解除生态胁迫因子，使现有林草植被不受破坏，并朝顶极群落演替发展，提高岩溶生态系统的稳定性和可靠性。

(2)范围：非石漠化土地、潜在石漠化土地上的林草植被盖度较好的有林地、未成林地、灌木林地、牧草地等，现阶段不具备生态恢复的重度、极重度石漠化土地中的未利用地等。

(3) 技术要点：设立管护机构，安排管护人员，落实管护经费；制订管护措施；设立管护标牌；采用全封、半封或轮封方式。

二、封山育林(草)

封山育林(草)是一种遵循自然规律，以封禁为基本手段，充分利用自然恢复能力，模拟利用自然规律的技术措施。具体是指有计划、有步骤地采用各种强制性封禁手段，尽可能减少人类活动，利用森林植被的自身发展规律适当采取人工促进恢复措施，逐步恢复自然植被，达到扩大林草资源，提高森林(牧草)质量的经营手段，具有投资少、效果好、易掌握、可操作性强等特点，是石漠化治理中行之有效的一种方法。南方岩溶区优越的水热条件、丰富的物种资源为植被自然恢复提供了环境和物质基础。一方面在恢复早期阶段，群落组成以喜光先锋植物占优势，群落高度低、盖度小，先锋植物的种实小、重量轻，易到达退化群落中，并能适应早期群落环境，迅速萌芽生长，恢复潜力高。另一方面，自然恢复过程中，植物能较充分地利用岩溶生境中各类小生境资源，如石面、石缝、石沟等，而这往往又是人工造林所不能及的，反映出自然恢复在对资源利用上更合理、充分。在经济发展较落后、交通闭塞、资金有限的条件下，植被自然恢复具有重要作用和地位，但自然侵入树种杂乱，树种间竞争并逐步淘汰所需时间较长，可利用性差。因此，仍需要采取人工促进措施，逐步实现定向培育。

表 11-1　石漠化防治技术体系

<table>
<tr><th></th><th></th><th>技术措施</th><th>适用类型</th><th>适用地类(或主要建设内容)</th></tr>
<tr><td rowspan="13">直接技术</td><td rowspan="5">生物治理技术</td><td>封山护林</td><td>非石漠化、潜在石漠化土地</td><td>有林地、灌木林地、牧草地</td></tr>
<tr><td>封山育林(草)</td><td>潜在石漠化、石漠化土地</td><td>疏林地、宜林地、无立木林地、有林地、灌木林地、牧草地、未利用地</td></tr>
<tr><td>人工造林植草</td><td>轻度、中度石漠化土地为主</td><td>宜林地、无立木林地、牧草地、未利用地</td></tr>
<tr><td>低效林改造</td><td>轻度、中度石漠化土地为主</td><td>灌木林地、有林地</td></tr>
<tr><td>生态农业技术</td><td>潜在石漠化、石漠化土地</td><td>耕地</td></tr>
<tr><td rowspan="3">生物与工程治理技术</td><td>坡改梯植树植草</td><td>石漠化土地</td><td>旱地、宜林地、无立木林地</td></tr>
<tr><td>退耕还林还草</td><td>石漠化土地</td><td>旱地</td></tr>
<tr><td>工矿石漠化治理技术</td><td>石漠化土地</td><td>工矿废弃地</td></tr>
<tr><td rowspan="5">工程治理技术</td><td>坡耕地——坡改梯</td><td>石漠化土地</td><td>坡耕地</td></tr>
<tr><td>弃石取土造田(土)</td><td>石漠化土地</td><td>旱地(石旮旯地)</td></tr>
<tr><td>沃土工程</td><td>石漠化土地、潜在石漠化土地</td><td>旱地</td></tr>
<tr><td>小型水利水保设施建设</td><td rowspan="7">减轻人类活动对土地的压力</td><td>水渠、拦水坝、蓄水池等</td></tr>
<tr><td>人畜饮水工程</td><td>水池、水窖等</td></tr>
<tr><td colspan="2" rowspan="5">间接技术</td><td>农村清洁能源</td><td>含沼气池建设、节能灶、小水电、太阳能</td></tr>
<tr><td>控制与生态移民</td><td>计划生育、劳务输出和移民等</td></tr>
<tr><td>扶贫开发及产业建设</td><td>技术、资金、政策等扶持</td></tr>
<tr><td>生态保护技术</td><td>含自然保护区、自然保护小区等生物多样性保护建设、有害生物防治等</td></tr>
<tr><td>生态意识培育</td><td>含宣传、文化教育等</td></tr>
</table>

1. 目的

对具有一定植被盖度或有特定培育目标的石漠化土地及潜在石漠化土地，以岩溶生态系统自然修复为基础，通过落实管护措施和人工促进更新措施(封育措施)，提高林草植被盖度，减少水土流失，实现岩溶生态系统的自然修复。

2. 范围

具有一定自然恢复能力的石漠化土地及潜在石漠化土地上的无立木林地、宜林地、疏林地；郁闭度 <0.50 的低质、低效有林地，有望培育成乔木林的灌木林地及轻度石漠化牧草地，具体按《封山育林技术规程》执行。

3. 技术要点

设立封山育林的标志、标牌；落实封山育林的管护机构和管护人员；制定封山育林的封育措施和管护措施。

4. 封山育林的关键技术

(1)封育地段的选择。选择具有一定数量的母树或幼树、具有萌芽更新能力的植株、伐桩等无性繁殖体或邻近有母树的地段，或封山育林可提高林草植被覆盖度的地段，以及郁闭度 <0.50 低质、低效有林地、有望培育成乔木林的灌木林地及植被盖度一般的牧草地。

(2)封育类型的划分。通过封育措施，封育区预期能形成的森林植被类型，按照培养目的和目的树种比例以及人为干扰方式、立地条件、群落特点、演替阶段、自然恢复潜力等方面的差异，可划分为乔木型、乔灌型、灌木型、灌草型、竹林型 5 个类型。

(3)封育方式与年限。根据封育地段的植被状况、生态区位及当地的生产生活实际需要，因地制宜地选择全封、半封和轮封方式。全封指封山期整个封山地段禁止一切不利于林木生长的人为活动；半封指在林木生长季节实行全面封禁，其余时间在严格保护目的树种幼苗幼树前提下，可有计划地砍柴、割草和放牧；轮封是指分片轮流封禁。

根据岩溶生态系统自然修复的实际情况，石漠化土地封育年限最低为 5 年，一般为 8 ~ 10 年。

(4)人工促进天然更新(补植补播)。通常采用栽针留灌抚阔技术，此技术不仅是一种增加阔叶树比例、促进形成混交林、改善造林地生境条件、提高成活率的措施，而且体现了一种经营思想：即充分利用造林地植被对小生境的改造作用，创造有利的温度、湿度、土壤水分环境，对侵入树种及造林地原有乔木树种加强抚育，使其形成复层混交林，以改善小生境，提高造林成活率和保存率。具体做法是对封育地区缺苗少树的局部地段通过局部整地、砍灌、除草等手段以改善种子萌发条件；或补植补播目的树种，逐步实施定向培育；间苗、定株、除去过多萌芽条，促进幼树生长，既有利于群落演替发展，又有利于提高经济效益的树种数量，促进成林更新速率。树种主要选择“石生、喜钙、耐旱”的乡土树种，土壤条件较好的局部可采用人工植苗方式，补植以乔木树种为主；补播以灌木树种为主。

(5)组成及密度调控。通过一段时间的封育后，封育区林木的郁闭度达到一定程度(0.8 以上)后，可通过留优去劣、砍弯留直、砍萌生留实生、间密留稀、变单纯林为混交林、变单层林为复层林，同时辅以人工整枝、抚育等措施，提高林分的经济和生态效益，维持地力和提高森林涵养水源、保持水土的功能。通常林分中目的树种保留 1000 ~ 2000 株/hm^2，郁闭度 0.3 ~ 0.4，灌木盖度 50% 左右，并适时调控，促进岩溶生态系统的顺向演替。

(6)管护和利用。加强宣传教育，提高对封山育林重要性的认识，特别是加强病虫害防治，杜绝森林火灾和人畜破坏，以保证林分正常生长。制定乡规民约，建立健全森林管护制度，落实管护措施和经费，协调好群众的生产生活用地，遵循生态系统可持续经营的理念，采用灵活多样的封育与管护方式保证林草植被自然恢复，是确保封山育林成功和实现林业可持续经营的重要保障。

三、人工造林(种草)

人工造林是为了缩短林草植被的恢复时间，通过筛选出具有抗性强，当地适生的乔木、灌木树种或草种，在生境相对优越的地段实施植苗或播种造林种草，加强后期管护与抚育，加快植被顺向演替进程，实现生态恢复与重建。岩溶森林生态系统退化严重地区，从次生裸地上自然恢复植被相当困难，所需时间长，而根据不同的小生境因地制宜地选择不同造林树种进行人工造林恢复林草植被，是岩溶生态系统恢复最直接、最有效、最快速的重要举措之一，也是现阶段实现岩溶地区生态状况改善、农村经济产业结构调整的必由之路。与封山育林相比，具有投入大、技术要求高等特点(如所需种苗量大，整地、造林管护与抚育要求高等)，且受到环境状况和经济条件制约，但一旦造林种草成功，林草植被恢复速度相对较快，效果明显。在一些人力所不能触及的荒山、山头，还可实施大面积的飞播造林，降低造林成本，效果也十分明显，如在贵州省黔南州实施飞播造林后，昔日的荒山现已变成一片翠绿。

1. 目的

对缺乏幼苗、幼树和母树资源，自然修复能力较差的石漠化土地，通过实施人工植苗造林种草，提高林草植被覆盖率，改善岩溶生态环境，并实现农村经济结构的调整。

2. 范围

发生在无立木林地、宜林地、旱地、牧草地及未利用地上的石漠化土地，以轻度、中度石漠化土地为治理重点。

3. 主要技术措施

退化岩溶森林自然恢复过程表明了其主体是由低级阶段向高级阶段顺向演替的过程，但仍具向更高级阶段演替的潜力，加之在早期恢复速度慢，因此在树种选择上要以自然群落、不同演替阶段的群落或原生性群落的种类组成作为树种选择的依据，以乡土树种为主，同时引入一些处于演替较高阶段、有培养前途、已有一定栽培经验的树种，提高恢复潜力和速度。总之，树种(灌木、草本)选择首先遵循生物学原理，并要兼顾经济效益。在传统造林技术的基础上，通过发扬、创新，现形成了包括径流林业技术、容器盛水造林技术、干旱区节水造林技术、注射灌溉节水造林技术、柏木桤木混交林营造技术、植物篱营造技术等新技术。

(1)选择造林树种(草种)

选择造林树种(草种)时要考虑树种的生物学特性和生态学特性，选择适应性强，耐干旱瘠薄、喜钙、根系发达、成活容易、生长迅速、更新能力强，特别是无性繁殖更新能力强的树种，同时要考虑树种的生态防护效益和经济效益。

(2)苗木选择与供应

选择优良种源、实施就地取苗，选用Ⅰ级、Ⅱ级苗木造林、补植。在条件允许的区域，在栽植和补植时，选择切根苗和容器苗也是提高造林成活率的有效措施。在育苗期间切苗，能促进侧根发育，增加根系生物量和呼吸面积，提高根茎比例，提高造林成活率。容器苗在移植时对根系伤害少，能促进植株的成活，尤其在种植与补植时期受恶劣天气影响较小。根据实际情况，苗木定植之前可采用生根药物浸根、保水剂等技术处理，提高造林成活率。现已有成熟技术包括吊丝竹节间切口育苗技术、马尾松切根育苗技术、刺槐播种育苗技术等。

种苗供应由各省(直辖市、自治区)林业厅统一安排，部署种子调运和种苗生产。各县(市、区)应建立种苗站和种苗培育基地，实行苗木定点供应，健全种苗管理和技术服务体系，保证种苗的数量和质量。

(3)造林季节

造林季节适宜与否，直接影响到苗木的成活，以及直播种子发芽及发芽之后能否顺利成长。通过研究，土壤水分一般在雨季期间含水量高，旱季期间含水量低，阴天(雨量少的)和雨天含水量虽低但较稳定。根据以上规律，造林最好选择在雨季的阴天或小雨天进行，可以提高造林的成活率。

(4)密度与配置

造林密度以“见土整地，见缝插针，适当密植”为原则。确定合理的密度还须综合考虑培育目的、树种特性(包括种类、生长速度、冠幅大小等)、立地条件等方面。若营造用材林，其树种生长快，冠幅大，立地条件适宜，且为混交复层林时，造林密度可适当小一些，反之可大。经济林，尤其是混农作业，可适当疏植。用材林密度，针叶林一般为3000～6000株/hm^2；阔叶树种为2500～4500株/hm^2；经济林一般为390～1667株/hm^2。种植点配置视生境特征、立地条件而定，一般无规则配置。

(5)整地技术

造林地整理时不全面砍山、不炼山，充分利用造林地植被覆盖，以减少土壤水分丧失。试验表明，造林地保留一定株数和盖度(30%～80%)的灌木草本，土壤平均含水量提高11.49%，造林保存率提高11.7%。

整地时依据岩石裸露率高，土壤多存在于岩间缝隙之中的特点，采用北方气候干旱地区造林整地的成熟经验。在整地时采用鱼鳞坑整地，有利于汇集径流，可提高穴内含水量，可比同一时期同一部位的块状整地的土壤含水量高2.7%，苗木成活率提高10%～20%；造林后用地膜、枯枝落叶或者石块覆盖穴面可降低土壤水分蒸发，具有较好的保墒作用，采用覆盖穴可提高土壤含水量5%～10%；另外可采用保水剂等措施，以提高苗木的保水能力；整地时在栽植穴下坡外缘用石块砌成挡土墙，以保持水土。

(6)定植技术

由于石漠化区域土层薄、土体不连续，土壤含水量低且季节性强，因而采用植苗造林为宜。但因树种不同，可根据当地实际采用直播种子造林、容器苗造林，对于立地条件较好的退耕地也可采用插条造林。植苗造林的关键如下：

根系疏展：即定植的苗木根系应向四面均匀地伸展，而无扭转弯曲的现象。

适当深栽：一般土壤下层较为湿润，适当深栽苗木，可使根系吸收更多水分，并可阻止风力动摇根部，折断新生嫩根。

覆土踏实：根部覆土后，应踏实不留空隙，保证根部能与土壤紧密接触。

覆盖保墒：汇集表土，造林穴表面用石块或植被覆盖，可形成局部较厚土层的小生境，加之造林穴表面覆盖，有利于土壤保墒，提高土壤含水量和造林成活率。

生根剂和保水剂等新技术的使用：苗木栽植前，选用ABT生根粉配制成50g/m^3或100g/m^3的溶液及根宝溶液浸根造林，可提高苗木根系活力和再生能力，促进根系的发育，增加抗逆能力，提高造林成活率。另外对造林地块使用保水剂，可减少水分蒸发量，据试验比较，在干旱和石漠化地区造林，其成活率可提高30%左右。

新技术、新工艺的应用：新技术主要包括ABT生根粉的处理方法、ABT生根粉在桑树、金银花扦插育苗中的应用、生根粉与菌根剂的应用技术、高效抗旱保水剂应用技术、保水剂在干热河谷中的应用、拌土型和蘸根型吸水剂应用技术等；新工艺包括提高陡坡造林地成活率技术、覆膜育苗技术、覆膜造林技术、漏斗式或扇形式径流集水整地技术、"88542"隔坡反坡水平沟整地技术等。

(7)抚育与管护

抚育是保证造林绿化效果的关键，有"三分造，七分管"之说。人工造林的抚育年限一般为造林后连续3年。

所有治理范围必须实行封山管护，禁止采土采石，禁止放牧、打柴和烧荒，禁止复垦。并在交通要道设立石漠化治理工程标志碑，按一定面积确定一位管护员，制定管护的奖罚制度。

(8)间伐措施

对林分郁闭度达到0.8以上，或遭受病虫害或自然灾害导致林木受损时，抑制林木生长，森林的生态效益和经济效益逐步下降，应及时对林分进行抚育间伐。间伐的对象、方式与普通林分基本一致，但间伐强度相对较小，且尽量间伐针叶树种，保留阔叶树种，间伐后林分的郁闭度通常不小于0.6。

四、低效林改造

对于坡度较为平缓、林分生态防护效果较差、林分生长缓慢或经济价值较低，但具备进行定向培育的潜在石漠化或轻度石漠化土地，在保证其生态效益的条件下，遵循自然规律，通过合理的疏伐、抚育、补植或采伐改植改造等措施，提高林分质量，定向培育用材林、防护林和经济林，实现生态效益与经济效益的有机统一。

1. 目的

通过对低产低效林分进行改种、疏伐、除杂除草或适当补植目的树种，增强石漠化土地生态效益的同时，提高土地生产力，实现高产高效的目的。

2. 范围

立地条件较好的潜在石漠化土地或轻度石漠化土地上的有林地、灌木林地。

3. 主要技术措施

(1)改造更新

对于林分生长缓慢，防护与经济效益差，且不符合培育目的的林分，在尽量保护好下层灌木、草本，保证生态环境不恶化的前提下，对乔木树种进行采伐，选择生态效益、经济效益好的目的树种进行更新，培育符合经营目标的林分。

(2)密林疏伐与补植

对于密度过大，优势树种或目的树种不突出的林分，实施合理疏伐，疏伐的原则为"去劣留优，去小留大，保留目的树种去除杂木"，株行距尽可能保持在2m×2m以上，保留密度1500株/hm^2以上为宜，以保证林分通风透气，增大接受光能的空间，减少病虫害发生。同时对林中空地及时补植目的树种，改善林分结构。

(3)开沟保土

对水土流失严重的石漠化土地要保留林草植被，进行梯土化及垦复抚育，开设排洪、分洪沟，并设置生物绿篱。同时，对裸露根进行培土，提高土壤蓄水保肥能力，促进根系生长，改善树体营养状况。

(4)修枝复壮

对于营养不良、过早老化、主干不突出的树木，可通过人工截干萌芽更新或修枝复壮。同时对冠内的病虫枝、干枯枝、细弱枝、徒长枝全部清除，培育成良好的林分。

(5)除草松土

每年2~3月和9~10月各进行除草和清杂1次，结合除草工作，对林地翻垦1次，提高目的树种吸收肥水的能力，为增产增效打下良好基础。

(6)科学施肥

结合除草松土，建议在改造完成后的前3年每年施肥1次，经济林根据树木实际生长情况，可适当增加施肥次数。肥料建议以农家肥为主，无机肥与有机肥合理搭配，可保证养分均衡、肥效长、效果好。

(7)病虫鼠害防治

低产低效林改造要加强病虫鼠害的检测检疫和预测预报，发现病虫鼠害及时制定防治措施，科学防治。幼苗或幼树阶段有老鼠危害时，投放鼠药；有病虫害发生时，及时采用低毒高效低残留的农药防治。

五、生态农业技术

1. 目的

在农业生产过程中，采用优良品种，改变传统经营方式，加强水土保持措施，实施生态环境良好的高效农业，实现岩溶地区群众的增产增收，加速区域农民脱贫致富的步伐。

2. 适宜范围

潜在石漠化与石漠化耕地。

3. 主要技术措施

(1)改变传统的粗放经营和顺坡耕种方式，采用等高耕种，按现代农业耕种模式，实施节水保水技术、地膜覆盖技术、保墒技术、修建生物篱、小型水保措施，防治水土流失，防止石漠化扩展。

(2)大力推广优良抗旱高产高效的新品种，推广农林、农药、农牧混合经营模式，增加生态系统的稳定性。

(3)实现降坡、平整土地，进行客土改良，大力推广农家有机肥和生物农药，提高土地生产力，增加单位面积产量。

(4)提高土地的复种指数和覆盖度，减少土地裸露时间，防止雨水冲刷。

第 2 节　工程治理技术

一、坡耕地——坡改梯工程

1. 目的

通过对坡耕地进行降坡、清除裸露岩石、平整土地，修筑阶梯状的耕地，提高土地生产力。

2. 适应范围

人多地少，耕地资源非常紧缺的区域，部分坡度平缓、土层相对深厚的轻度、中度石漠化坡耕地。

3. 主要措施

(1)按“GB/T 16453. 1 – 1996”规定的水土保持综合治理技术规范和坡耕地治理技术，采用沿等高线进行降坡，清除坡耕地中的裸露岩石，对土地实施平整，在梯土外侧用石块砌挡土墙，挡土墙高度通常略高于耕地水平面。

(2)在耕地的外侧种植灌木或草本，营造生物绿篱。

(3)根据坡地梯田面积和水源情况，合理布设池、塘、堰等蓄水和渠系工程，充分利用降水，解决灌溉与拦蓄泥沙等问题。

二、弃石取土造田(土)

1. 目的

通过对坡度平缓、基岩裸露度相对较小、土层较深厚的石漠化土地进行改良，改造成耕地，提高土地生产力。

2. 适应范围

人多地少、耕地资源非常紧缺的区域，部分坡度平缓、土层相对深厚的轻度、中度石漠化荒山荒地、未利用地。

3. 主要措施

(1)通过爆破手段炸除裸露石头，将土壤集中起来，开垦成旱地或水田，可有效防止水土流失。

(2)加强对耕地周边林草植被的保护。

(3)修建合适的小型水利水保设施，提高防洪抗旱，抵御自然灾害的能力。

三、沃土工程

1. 目的

对土层瘠薄、生产力低下的耕地实施土壤改良，增加土层厚度和土壤肥力，提高土地生产力，实现增产增收的目的。

2. 适应范围

坡度较为平缓的轻度石漠化和潜在石漠化坡耕地。

3. 主要措施

(1)实施客土工程，增加土层厚度；施加农家有机肥料和生物绿肥，培肥土壤。

(2)依据自然条件，修建小型水利水保设施，提高防洪抗旱、抵御自然灾害的能力。

(3)加强对土壤养分诊断分析，根据土壤养分缺失状况进行科学补充。

四、小型水利水保设施建设

1. 目的

对石漠化防治区域科学布设小型水利水保设施，提高有效灌溉面积，增强抵御自然灾害的能力，形成多功能的防治体系。

2. 适应范围

水资源缺乏与有效利用率低的石漠化区域。

3. 主要措施

(1)合理布设引水渠、灌溉渠、拦砂坝、谷坊坝和小水塘等拦、蓄、积、灌、排设施。

(2)充分利用当地水资源，包括地表和地下水资源。

五、人畜饮水工程

1. 目的

确保石漠化区域的群众及牲畜的生活用水需求。

2. 适应范围

生活用水匮乏的石漠化区域。

3. 主要措施

(1)房屋周围选择合适的地段建立人畜饮水设施，包括蓄水池、水窑等。

(2)加强人畜饮水设施周边的环境保护，防止水资源的污染。

第3节　生物与工程综合治理技术

一、坡改梯——植树种草、种植农作物技术

1. 目的

通过将坡耕地改成梯田(地)，种植用材林、经济林及农作物，减少水土流失。

2. 范围

坡度比较平缓，地表土体比较连续且土层相对较厚的轻度、中度石漠化土地。

3. 技术要点

(1)坡改梯后一般要求在新建梯地的外侧用石头砌成挡土墙，防止水土流失；

(2)在耕地的外侧可种植灌木或草本，营造生物绿篱，提高涵养水源的能力，防止造成新的水土流失；

(3)在树种选择上优先考虑培育经济林，提高经济效益，调整区域的农村经济结构，如种植花椒、茚楝、花红李、核桃、板栗、杜仲及高效农作物等；

(4)实施良种壮苗、加强水肥管理，科学防止病虫鼠害，确保高产高效。

二、退耕还林还草工程治理技术

1. 目的

对坡度较大，水土流失严重的坡耕地，通过实施退耕还林还草工程，恢复林草植被，减少水土流失，改善生态状况；同时适当发展经济林(药材)，实现农村经济结构调整，发展高效林业、牧业，促进岩溶地区经济、社会的可持续发展。

2. 范围

坡度较大(重点为25°以上坡耕地)，水土流失严重的石漠化坡耕地及石旮旯地。

3. 技术要点

(1)在树种选择上优先考虑生态效益，同时要注重经济效益；

(2)在树种搭配上，注重乔灌草配植、针阔混交、多选择常绿阔叶树种；

(3)编制作业设计，严格按作业设计施工，并制定严格的管护措施，预防退耕地的复垦；

(4)严格兑现各项补助政策。

三、工矿石漠化治理技术

1. 目的

对工矿废弃石漠化土地通过植树种草，增加地表植被盖度，防止崩塌、滑坡、泥石流和水土流失等自然灾害发生，改善区域生态条件。

2. 范围

开矿采石废弃后形成的石漠化土地。

3. 技术要点

(1)以选择须根发达、耐旱的灌木树种为主，乔灌草相搭配。

(2)根据不同区域工矿石漠化的现状，采取不同的生态恢复模式。对于工矿石漠化土地基岩裸露的平坦地段，需进行炸石整地、客土造林；对于边坡碎石区域，则在保护好现有植被的条件下，选择根系发达的低矮灌木和草本(藤本)进行治理；对于陡坎和石壁顶部采取开挖排水沟，清除地质灾害隐患物，如大树、单个岩石等；同时，陡坎和石壁可通过喷混植生、液压直喷、植生槽(盆)、钢筋砼框格悬梁、三维网喷混植生、梯级爆破等方式，充分利用高科技手段培育土壤基质，增加坡面的接触面或通过工程措施为林草植被生长创造环境，在保证安全稳定的条件下，加快林草植被恢复。

(3)加强水肥管理，创造林木、草本适生环境。

第 4 节　社会因素在石漠化防治中的作用

通过减轻或解除石漠化胁迫因子，实现石漠化区域的生态保护和脱贫致富同步发展。

一、农村清洁能源工程

石漠化地区农村能源短缺是造成农民滥砍滥伐森林的重要原因。坚持“因地制宜、多能互补、综合利用、讲求效益”和“开发与节约并重”方针，以市场为导向，以服务农村经济发展为目的，将农村清洁能源建设置于农业、农村经济的可持续发展之中，确保石漠化综合治理得到巩固、不反弹。农村清洁能源工程主要包括沼气池工程、节能灶(汽化炉)、小水电和太阳能等。

1. 沼气池工程

目前，农村主要能源仍是薪材，而薪材的砍伐是石漠化地区植被破坏的重要因素之一。因此，实施以沼气池建设为主要内容的农村能源建设工程，特别是大力发展以沼气为纽带的生态农业，不仅可改变农村能源结构和用能方式，减少生产生活中对森林植被的破坏，巩固封山育林成果，改善生态环境，增强生态自我修复能力，更重要的是以沼气为纽带把沼气建设与养殖业、种植业和加工业相结合，从而形成"猪—沼—果"、"猪—沼—菜"、"猪—沼—鱼"等一系列生态农业模式，通过对物资的多层次利用，实现生态、经济良性循环，推动农业和农村经济协调可持续发展，增加农民收入，促进农村社会文明进步，实现生态效益、经济效益和社会效益同步提高，增强人们的生态环境意识，激发群众治理石漠化的积极性。

目前推广应用较多的主要有曲流布料水压式、底层出料水压式等沼气池型。

沼气池工程技术要点：

(1)为保证沼气池的正常运转，农户需常年存栏4头猪，并种植0.3hm^2林木(经济林)或0.1hm^2蔬菜，形成以沼气为核心的生态经济农业体系；

(2)沼气池选址要根据当地的地质水文情况，选择土质坚实、地下水位低、背风向阳靠近畜禽舍、厕所，有利于池进料和沼气池越冬的地段；沼气池与厨房的距离不要超过25m；

(3)聘请经过培训、持有施工合格证人员建池，建池完工后沼气池应经过10天左右的养护，通过试压检验后，确保沼气池不漏气、不漏水，才能投入使用；

(4)在沼气池使用实践中总结的经验是"三分建池、七分管池"，表明对沼气池的日常管理非常重要。主要包括：经常检验其酸碱度，控制pH值在6.8~7.5为宜；沼气池要勤加料和勤出料，沼气池的投料比例应严格按规定执行；经常搅拌沼气池内的发酵原料，控制发酵浓度，户用沼气池适宜的发酵浓度应该控制在6%~10%；做好安全发酵，预防有毒有害物质入池，以免造成池内细菌中毒；安全管理，沼气池的进、出料口应加盖，预防人、畜掉入；沼气池要安装压力表，当压力过大时，应立即用气或放气，确保压力稳定在一定范围内；经常检查进、出料口用开关是否有漏气、漏水现象发生。

2. 节能灶(汽化炉)

节能灶(汽化炉)是一种投资少、省能耗、高效率、低污染的高新技术产品，可使用煤、薪材、秸秆、茅草等作为能源。经测算，使用节能灶每年可节约一半能源。为了减少工程区的薪材消耗，确保工程区内每农户有1口沼气池或节能灶(汽化炉)，政府可以适当补助购灶费用。

节能灶技术要求：需要安置在容易通风的位置，使用时应严格遵守操作说明。

3. 太阳能工程

太阳能是太阳内部连续不断的核聚变反应过程产生的能量。太阳能既是一次性能源，又是可再生能源，它资源丰富，既可免费使用，又无需运输，对环境无任何污染。目前石漠化地区主要推广的有太阳能热水器，小容量的太阳能蓄电池等。

太阳能设备必须购置正规厂家生产的产品，使用过程中严格执行操作手册。

4. 小水电工程

小水电代燃料工程以解决农民生活能源，以用电完全代替烧柴燃煤，改变农民生活方式，可以有效巩固退耕还林、还草成果，有效保护天然林资源，进一步提高岩溶地区植被覆盖率，恢复和保护生态环境，防止石漠化土地扩展。小水电工程可以大力提高区域内农民群众的生活水平，促进农村经济发展，是一项兼顾“生态、社会、经济效益”的德政工程、民心工程，可真正实现“以林涵水、以水发电、以电护林”的良性循环。

目前，小水电技术比较成熟，在西南地区得到广泛使用，是我国农村电气化建设的重要内容，也是石漠化防治和农村脱贫致富的重要辅助手段。

二、人口控制与生态移民

石漠化地区的人口增长过快，土地环境承载压力大，是石漠化快速扩展的社会胁迫因子。减轻人口压力是实现石漠化区域生态恢复与可持续发展的有效手段。石漠化地区的人口控制主要有生态移民、家庭计划生育，发展策略(劳务输出)和社会保障体制建立与改革等。

(1)家庭计划：加大计划生育政策的宣传，树立新的先进生育文化意识；依据农村实际，在政策许可、发展需求的基础上，制订合理的家庭人口发展生育计划，并大力推广节育技术。

(2)发展策略：鼓励妇女接受教育，并激励和创造环境使妇女得到发展，使妇女彻底抛弃通过生育子女来展示自身价值的传统家庭模式；同时加快农村城镇化建设速度，加大劳务输出力度，转移农村剩余劳动力。

(3)社会改革：在石漠化地区首先依靠政府调节能力，加大改革步伐，建立一套与之相适应的农村养老保险社会保障和社会照顾体制，只有这样才能使人口控制变成一个自觉行为，巩固现有的人口控制成果；另外，对实施计划生育政策，尤其是一胎生育政策的家庭予以奖励，对违反计划生育超生的进行严惩。

(4)生态移民：对于生态区位重要，岩石裸露，水资源缺乏，生态状况明显恶化，土地生产力低下，不适宜于人类居住的生态脆弱区域，适当安排生态移民；经测算，目前石漠化区域需生态移民的群众近 400.0 万人。生态移民要注意以下几点：①选择生态移民点要确保搬迁群众有一定的土地资源和稳定的经济来源，能适应社会主义新农村建设的需要；②同时加强对原有居住区域石漠化土地实施综合治理，采取封山育林(草)、人工造林等生态恢复措施；③实施生态移民不能强制执行，必须尊重当地群众的意愿，要有规划、有步骤地分批实施。

三、扶贫开发及产业建设

在保护岩溶地区生态状况的前提下，充分发挥岩溶地区资源优势，国家在政策、资金、技术等方面进行扶持，加快产业结构调整步伐，促进当地经济社会的发展，实现农村的脱贫致富。岩溶地区具有丰富的自然景观、人文景观等旅游资源优势，通过招商引资、承包经营等途径加大旅游资源开发力度，壮大旅游产业(如广西桂林，贵州黄果树、织金洞、四川九寨沟，云南石林等)；通过大力推广优良种质资源，培育种养业及相关的加工产业等，如金银花产业、茶业产业、水果产业、纸浆材产业等；岩溶地区矿产资源丰富，可加大矿产资源开发力度；利用岩溶地区的水力资源，加快水利水电建设。

四、生态保护技术

1. 自然保护区建设

我国岩溶石漠化地区具有复杂多样的自然环境、丰富的种质资源、多样的植被类型、珍贵的古树名木及珍稀保护野生动植物资源，为生物多样性保护和自然保护区建设提供了良好的条件。建立自然保护区不但是我国生态建设和保护事业的需要，也是我国石漠化种质资源保存和石漠化防治的需要。结合岩溶地区自然、社会经济状况，在岩溶生态严重退化地区，或植被保存较为完好的地区，选择原生性、典型性相对较高的珍稀野生动植物原生地及天然林区等特殊功能区，抢救性地建立各种类型的自然保护区。目前，我国已建成了云南西双版纳，贵州茂兰，广西木论、弄岗等国家级自然保护区，贵州道真大沙河、麻阳河黑叶猴、柏箐岩溶台原等省级和县级保护区几十个，对石漠化的防治工作进行了有益偿试。加大了石漠化地区自然保护区建设力度，实现石漠化地区“防、治、保”全面协调发展。

2. 生物多样性保护

除建设自然保护区进行生物多样性保护外，还可通过封山育林（草）、林木种质资源保护工程、森林（湿地）公园、保护小区等建设，防治岩溶区域的生态退化，保护好生物多样性。

3. 有害生物防治

有害生物大面积爆发可能导致岩溶植被退化，岩溶地区生态恶化，加剧土地石漠化。必须贯彻“预防为主，综合治理”的方针，做到早发现、早防治，将有害生物控制在萌芽阶段。同时，加强林业有害生物的检验检疫、预防扩散、建立健全病虫鼠害监测预报体系与管理体系，严防有害生物的发生与危害。有害生物防治应积极推广生物防治技术，减少污染。

4. 森林防火

岩溶地区森林火灾对岩溶地区的林草植被构成了严重威胁，是导致石漠化发生的重要因素。森林防火工作必须认真贯彻“预防为主，积极消灭”的方针，做到见火即报，发现火警火灾，及时组织人员全力进行扑救；建立消防机构，组建森林防火体系；成立专业或半专业森林防火紧急扑救队伍，配备灭火工具与设备；按照《森林防火条例》，健全森林防火制度，设置永久性护林防火宣传橱窗、森林防火宣传牌和防火标志牌，同时通过深入社区宣传，提高群防意识。

五、生态意识培育

加大石漠化防治宣传力度、加强文化教育和科技培训，提高群众的生态意识：

（1）加大对国家生态建设相关的法律法规和石漠化防治目的意义的宣传，提高群众的生态环保意识和对石漠化防治紧迫性、必要性的认识；

（2）巩固岩溶地区的义务教育成果，提高学校教育水平，开办农民夜校，提高区域群众的文化与生态素质，消除文盲；

（3）举办各类技术培训班，增加群众的种养技术水平，防治水土流失，减缓土地退化。

第 12 章

石漠化地区造林树种选择

石漠化治理的首要任务是恢复岩溶地区的林草植被，实现岩溶生态系统的恢复与重建，是石漠化防治的基础和关键。生态恢复与重建的主要方式就是通过封山育林育草和人工植树造林来恢复林草植被。在封山育林育草和人工植树造林恢复林草植被的过程中，最重要、最关键的技术措施就是造林树(草)种的科学选择。西南岩溶地区的有关专家学者、工程技术人员在科学研究和生产实践过程中，以生态学为基础，以适地适树为原则，针对不同石漠化地区筛选出了适宜的造林树种，为石漠化防治工作打下了坚实基础。在充分继承了前人多年研究的基础上，通过广泛开展调查研究和生产实践，在对西南岩溶地区石漠化土地进行科学分区的基础上，提出了各分区石漠化土地造林树种，以期有益于推进石漠化治理工作的顺利开展，为改善岩溶地区的生态环境尽一份力量。

第 1 节　西南岩溶地区的环境地质特点和立地分类

一、西南岩溶地区环境地质的主要特点

1. 具有地上、地下双层空间结构

强烈的岩溶作用，既形成了地表岩溶系统，又形成了地下洞穴和空隙系统，构成了双层空间结构。由于地下空间的存在，岩溶地下水主要以地下河的形式贮存和运动，西南地区仅云南、贵州、广西、湖南、四川 5 省(自治区)就有 2836 条地下河，总流量达 1482.0m^3/s，总长度 13 919.0km。这使地表水与地下水转化频繁，并且岩溶地下水空间分布不均，使得岩溶水资源分布状况和开发利用条件不容易查明，岩溶地下水资源丰富开发的地质依据不足。地下空间的存在导致西南岩溶区岩溶干旱、岩溶塌陷频繁、地下水污染严重等特殊的环境地质问题。

2. 岩溶水系统小型分散

由于受地层、构造和岩溶地貌的控制，岩溶水文地质系统具有小型、分散的特点，地下河平均流域面积为 160.0km^2，很多泉域系统还不足 1.0km^2。这就造成了复杂的环境多样化的立地条件。

3. 区域岩溶地貌类型多样

主要的宏观地貌组合形态有峰丛洼地、峰丛谷地、峰林谷地、峰林平原、岩溶盆地、岩溶峡谷、岩溶槽谷、岩溶丘陵等，除了宏观地貌之外，石林、溶痕、溶沟、溶隙、溶孔、溶洞、石牙等岩溶微形态也非常发育，并且地区差异大，“十里不同天”就是对岩溶石山地区地貌的写照。

4. 富钙的生态环境

碳酸盐岩的溶蚀，使整个地区的环境包括土、水、植物等富钙(镁)，并偏碱性。在这样一个富钙(镁)、缺水、缺土的环境里，致使岩溶植被具有旱生性、石山性和喜钙性的特点。

二、立地分类

对于岩溶地区的立地分类虽有所研究，但尚缺乏系统成果。笔者认为分析石漠化土地立地的要点是保证造林的可行性、成活率和林木的生长情况。因岩溶地区耕地不足，居民贫困，所以还要考虑某些立地对经济果树、药材品质的影响。根据我国立地分类的相关要求及分类经验，岩溶地区石漠化土地立地分类重点要考虑以下因子。

首先是地貌、气候因子。这是立地分区的主导因子，制约环境的水热条件。西南岩溶区可分为7类：亚热带高山高原区，亚热带斜坡低山区，干热河谷区，亚热带峰丛山区，亚热带丘陵平原区，热带峰丛山区，热带丘陵平原区。

其次是岩石因子。主要可分为纯碳酸盐岩和不纯碳酸盐岩两类，二者对土壤条件和植物的营养供应状况有很大影响，进而影响植物物种的选择和造林的经营管理。

第三是地形坡度。影响土体分布状况、基岩裸露率、造林施工的困难程度，一定程度上决定着自然植被恢复的方式。35°以上地区，环境非常脆弱，水土流失严重，植被生长困难，造林难度很大，封山可能效果更好。35°以下才是造林的重要区域。

第四是土体连续性。其反映值为基岩裸露率，决定了立地在造林和自然植被恢复方面的可能程度。可分为4类：石漠化(岩石裸露率大于70%)、零星土(岩石裸露率50%~70%)、半连续土(岩石裸露率30%~50%)、连续土(岩石裸露率小于30%)。

第2节 造林树种选择原则

一、造林树种选择的基本原则

石漠化造林树种选择应坚持适地适树的原则，尽量选择原生性的乡土树种，满足物种的多样性，采用乔灌草相搭配，实现生态与经济效益兼顾，符合定向培育的目标。

(一)原生性、乡土树种原则

石漠化土地造林树种选择优先考虑原生性群落中的种类，以乡土树种为主，尤其以常绿阔叶的乔灌木树种为主。对于引进造林树种必须开展引种试验栽培，表现稳定且对当地物种不构成威胁时，才能进行推广。

(二)多样性原则

树种选择应仿照原生性群落种类组成，坚持乔木、灌木、草本相结合，合理配置，多物种生态恢复与重建，形成复层异龄的多物种稳定生物群落。

(三)定向性原则

所选造林树种必须符合定向培育的生产经营目的，实现效益最大化。

(四)地带性原则

根据区域的气候、地形地貌、立地状况及社会经济条件，遵循适地适树的原则，选择合理的地带性适生造林树种。

(五)生态适应性原则

选择造林树种应具有耐干旱瘠薄、喜钙、萌蘖性强、分布广、抗寒抗旱能力强等特性。

(六)生态与经济效益兼顾原则

造林树种选择以生态树种为主，适当考虑经济树种，在实现水土保持的基础上，尽可能发挥土地的经济生产能力。

二、树种选择的具体要求

(1)能忍耐土壤周期干旱和热量变幅悬殊。具体来说，在幼苗期间，既能在土壤潮湿环境下生长，亦能抵抗土壤短期干旱的影响；既能在温差小的环境下生长，亦能在夏日炎热天气、日夜温差较大的条件下不致受到灼伤或死亡。同时，在高温、干旱影响作用下，亦能照常进行生理活动；

(2)要求根系特别发达，具有耐瘠薄土壤能力。主根在岩缝中穿透能力强，更为重要的是侧根、支根等向水平方向发展能力强，即在岩隙缝间的趋水趋肥性显著，须根发达，具有较强的保水固土作用，且能充分分解和吸收利用土壤中的养分；

(3)成活容易，生长迅速，能够短时期郁闭成林或显著增加地表盖度；

(4)具有较强的萌芽更新能力，便于天然更新，提高抗外界干扰能力。

(5)适宜于中性偏碱性和喜钙质土壤生长的树种。

三、石漠化分区

根据我国石漠化土地分布特点、行政区划、地带性气候、大地貌特征、主要江河分布及岩溶中地貌特点，将我国西南地区石漠化区域区划为 4 个一级区划单位和 14 个二级区划单位(表 12-1)。

表 12-1　西南石漠化区域区划体系

一级区划	二级区划
Ⅰ. 两广热带、南亚热带区	Ⅰ-1 粤西、北岩溶丘陵区
	Ⅰ-2 桂西岩溶丘陵区
	Ⅰ-3 桂中、桂东北岩溶低山区
Ⅱ、云贵高原亚热带区	Ⅱ-1 长江水系乌江流域黔西区
	Ⅱ-2 长江水系黔东、黔中、黔东南岩溶区
	Ⅱ-3 长江水系黔西北、东北岩溶区
	Ⅱ-4 珠江水系南北盘江等黔南岩溶区
	Ⅱ-5 滇东、滇东南高原岩溶区
	Ⅱ-6 滇西、滇西北高山峡谷岩溶区
Ⅲ、湘鄂中、低山丘陵中亚热带区	Ⅲ-1 湘西岩溶中、低山区
	Ⅲ-2 湘南、湘中岩溶丘陵区
	Ⅲ-3 鄂西、鄂东南岩溶中低山区
Ⅳ、川渝鄂北亚热带区	Ⅳ-1 川东南岩溶山地
	Ⅳ-2 渝东、鄂北山地丘陵区

四、分区简述与造林树种选择

(一)两广热带、南亚热带区(Ⅰ)

该区处于南方岩溶地区的南部，以低山与丘陵为主，海拔一般低于2000m，属热带、南亚热带气候类型，其中以南亚热带季风气候和海洋性气候较为明显，年均气温18～25℃，年降水量1200mm以上，具有暖热湿润、多雨冬短、持续性降雨及暴雨多的特点。区域内岩溶土地面积超900万hm^2，有石漠化土地面积246.0万hm^2，主要集中在广西，如红水河流域、南盘江、黔江、浔江流域，生态区位重要。当前存在的主要问题：石漠化土地面积大，危害重，且集中分布在经济相对落后的区域；区域内以中度、重度石漠化为主，治理难度大，投资高。

1. 粤西、粤北岩溶丘陵区

该区域属热带、南亚热带，年均降雨量在1200mm以上，年均气温在22℃左右，以低山与丘陵为主，主要包括广东西北部的韶关市、清远市、云浮市、肇庆市等，共涉及19个县级单位。

石漠化土地面积不大，占全国比重也较低，但基岩裸露率较高，且主要分布在珠江下游连江、北江等区域，生态区位极其重要，且严重影响生态景观，对广东生态省的建设和珠江三角洲乃至港澳地区的社会经济发展构成巨大危险。

主要造林树种有广东松、木荷、赤桉、杜鹃、八角、台湾相思、任豆、莱豆树、光皮树、阴香、柏木、翅荚香槐、枳椇、香椿、南酸枣、川桂、吊丝竹、绵竹等。

2. 桂西岩溶丘陵区

此区域属热带、南亚热带地区，年均降雨量在1200mm以上，平均气温在22℃左右，冬季温和，无降雪，以低山与丘陵为主，主要包括广西的南宁市、崇左市、北海市，百色市的西部、南部等。

石漠化土地面积大，是广西石漠化的主要分布区域，主要集中分布在珠江(左江)上游的红水河、浔江及南盘江流域，基岩裸露率较高，水土流失严重，重度、极重度石漠化土地比重高，对南宁和珠江三角洲地区的稳定与发展构成威胁。

主要造林树(草)种有顶果木、肥牛树、降香黄檀、狗骨木、银合欢、云南石梓、任豆、香椿、台湾相思、马占相思、赤桉、喜树、山葡萄、八角、金银花、木豆、猕猴桃、竹类(吊丝竹、慈竹等)、砂仁等。

3. 桂中、桂东北岩溶低山区

此区域属南亚热带区，高温多雨，年均降雨量在1000mm以上，其中降雨主要集中在4～8月，并易造成暴雨；平均气温在18℃左右；以低山为主，主要包括广西的桂林、柳州、来宾、河池等市；该区域有我国重要的风景名胜区——桂林和目前正在红水河上兴建的国家第二大电站——龙滩电站。

该区域石漠化土地面积较广，潜在石漠化土地面积比重较大，水土流失较严重，是广西较贫困的地区之一。

主要造林树(草)种有任豆、香椿、苏木、喜树、山葡萄、木豆、柏木、杜仲、木豆、黄栀子、五倍子、核桃、李子、枇杷、柿树、白藤、苦丁茶、金银花、猕猴桃、山黄皮、象草、香根草、吊丝竹、慈竹等。

(二)云贵高原亚热带区(Ⅱ)

该区属中亚热带温暖湿润的气候类型和南亚热带气候类型，年均降雨量在800～1200mm，其中降雨主要集中在5～10月，并易造成暴雨，年均气温在10～18℃。该区域属山地高原地貌，山高坡陡，河谷深切。主要包括贵州和云南，是南方岩溶地区的核心区域，岩溶面积超过2000.0万hm^2，岩溶地貌类型最齐全，分布连续。石漠化土地面积大，分布广，程度深，危害严重，达620.0万hm^2，主要分布在五大江河的上游，生态区位极其重要。当前存在的主要问题：石漠化土地面积大，危害严重，扩展速度快；经济相当落后，地方财力有限；人口密度大，人均耕地少，陡坡耕种突出。

1. 长江水系乌江流域黔西区

该区属中亚热带区，为山原山地、高原丘陵地貌，海拔1600～2400m；气候具有冬长夏短，夏湿春干，雨季与旱季明显的特征；年均气温10.6～15.2℃，年降雨量1000～1200mm，70%集中在5～10月；主要包括贵州省毕节地区的威宁、赫章、纳雍、毕节、大方、六盘水市的水城、盘县、六枝及兴义等县市，为乌江、北盘江的上游，地势高亢，山高坡陡，河谷深切。

该区域是多条江河的源头，石漠化土地面积较大，且程度较深，是需治理的重点区域；但当地农民文化素质偏低，生态意识薄弱，经济贫困。

主要造林树(草)种有：滇柏、柏木、藏柏、福建柏、马尾松、泡桐、梓木、滇楸、麻栎、栓皮栎、女贞、臭椿、刺槐、苦楝、化香、喜树、云贵鹅耳枥、猴樟、椤木石楠、香叶树、复羽叶栾树、黔竹、桤木、杜仲、黄柏、花椒、核桃、乌桕、漆树、桑树、棕榈、油桐、盐肤木、梨、桃、五倍子、刺梨、紫穗槐、金银花、火棘、龙须草等。

2. 长江水系黔东、黔东南区

该区处于贵州高原的东部与东南部向湘西丘陵过渡的斜坡地带，以低山丘陵为主，属典型的中亚热带温暖湿润的气候类型，冬寒不剧，夏季不热，年均气温14～17℃，年降雨量1000～1300mm，3～5月降雨量占年降雨量的35%左右，全区林业相对较发达，主要包括贵州省黔东南州和铜仁地区。

该区石漠化土地分布相对较零散，面积比重小，石漠化危害不太突出，但潜在石漠化比重大，经济欠发达，是需要进行预防的重点区域。

主要造林树(草)种有：滇柏、福建柏、柏木、马尾松、华山松、滇楸、楞树、光皮桦、麻栎、栓皮栎、女贞、臭椿、刺槐、苦楝、喜树、猴樟、椤木石楠、香叶树、黔竹、桤木、杜仲、黄柏、花椒、核桃、乌桕、漆树、桑树、棕榈、盐肤木、刺梨、紫穗槐、金银花、火棘、龙须草、薰衣草等。

3. 长江水系黔西北、黔东北岩溶区

该区地处贵州平原向四川盆地过渡的斜坡地带，年均气温13～18℃，年降雨量1100～1300mm，属中亚热带气候类型；主要属山地和丘陵区；包括贵州省的赤水、习水、遵义市的桐梓、务川、仁怀、道真、绥阳、遵义等县市。

该区地处乌江的中上游，是长江流域石漠化最严重的区域，也是我国目前水土流失最严重的区域之一，直接危及到乌江电站及长江三峡水库的安全，且该区的经济和文化均相对落后。

主要造林树(草)种有：滇柏、柏木、藏柏、华山松、青桐、滇楸、响叶杨、麻栎、白栎、栓皮栎、女贞、臭椿、刺槐、云贵鹅耳枥、猴樟、椤木石楠、香叶树、复羽叶栾树、黔竹、慈竹、杜仲、黄柏、花椒、核桃、乌桕、川桂、漆树、桑树、棕榈、盐肤木、刺梨、紫穗槐、金银花、火棘、龙须草、方竹等。

4. 珠江水系南北盘江等黔南岩溶区

该区是贵州高原向广西丘陵过渡的斜坡地带，全区以低中山河谷地貌为主，河流侵蚀切割较强，河谷发育，山高坡陡，水土流失非常严重。由于受河谷地带和印度洋季风及太平洋东南季风的影响，冬暖夏热，冬春干旱。年均气温 18 ~ 20℃，年降雨量 1100 ~ 1300mm，局部河谷蒸发量大于降雨量。范围主要包括贵州省贵阳市、黔南州、黔西南州、安顺市的部分县市。

该区是西南岩溶地区中岩石裸露率高、石漠化土地面积大，且集中成片分布；石漠化程度深，石漠化危害最突出的地域之一，属全国石漠化土地重点治理区，且经济文化和交通状况欠发达，森林植被覆盖率较低。

主要造林树(草)种有：马尾松、华山松、云南松、滇柏、柏木、藏柏、高山松、青桐、梓木、滇楸、光皮桦、麻栎、白栎、栓皮栎、女贞、臭椿、刺槐、苦楝、云贵鹅耳枥、猴樟、椤木石楠、香叶树、复羽叶栾树、黔竹、杜仲、黄柏、花椒、核桃、乌桕、漆树、桑树、棕榈、油桐、盐肤木、梨、桃、车桑子、刺梨、紫穗槐、砂仁、金银花、火棘、龙须草、皇竹草等。

5. 滇东、滇东南高原岩溶区

该区属于南亚热带和中亚热带气候类型，气候温和，雨量充沛，但分配不均，主要集中在 5 ~ 10 月；属溶原与丘峰地貌景观，石林发育强烈，形成了举世闻名的昆明石林，主要包括云南省的文山州、红河州、曲靖市、昆明市、玉溪市、昭通地区的部分县市。

该区是我国珠江(南盘江)、红水河的发源地，生态区位非常重要，且石漠化土地面积较大，程度较深，水土流失非常严重；该区域属少数民族聚居区，经济欠发达，如云南石漠化最严重的地区——文山州，8 个县全为国家贫困县。

主要造林树(草)种有：墨西哥柏、滇柏、圆柏、藏柏、柳杉、冲天柏、滇合欢、昆明朴、漆树、云南樟、无患子、桉树、青桐、新银合欢、枫杨、滇楸、滇青冈、光皮桦、川滇桤木、任豆、麻栎、白栎、栓皮栎、女贞、臭椿、刺槐、苦楝、川楝、苗楝、云贵鹅耳枥、椤木石楠、圣诞树、羽叶楸、黑荆树、膏桐、高山栲、花红李、石榴、银杏、板栗、杜仲、黄柏、花椒、核桃、乌桕、油桐、滇榛、漆树、桑树、棕榈、盐肤木、余甘子、柑桔、清香木、车桑子、刺梨、紫穗槐、金银花、火棘、白花刺、苦刺、马桑、三叶豆、棕榈、白千层、青刺尖、黄荆、地盘松、龙须草、云实果、黑麦草、雀麦、紫云英、拟金茅等。

6. 滇西、滇西北高山峡谷区

该区位于云南省西部、西北部，属于中、北亚热带气候类型，以中、高山为主，江河切割深，气候类型垂直现象明显，出现“一山有四季”的景象，是金沙江、澜沧江、怒江中上游。包括澜沧江以东的云南省的迪庆州、丽江市、保山市、临沧州和大理州的香格里拉、德钦、维西、丽江、华坪、宁蒗、鹤庆、保山、施甸、永德、镇康、耿马、沧源等县。

该区山高谷深、峰峦叠障、高差悬殊、立体气候明显，生态环境复杂，经济较为落后，人民生活普遍贫困，但人口密度较低，人为活动影响较少。

主要造林树(草)种有：云南松、华山松、麻栎、栓皮栎、高山栎、高山栲、漆树、清香木、无患子、新银合欢、川楝、刺槐、黑荆树、香椿、旱冬瓜、云南樟、花楸树、桦树、马桑、花椒、青刺尖、油桐、云南黄杞、相思树、胡枝子、车桑子、马桑、余甘子、棕榈、香叶树、任豆、青刺尖、膏桐、白千层、石榴、花椒、银杏、油桐、云实果、拟金茅、黑麦草等。

(三)湘鄂中、低山丘陵中亚热带区(Ⅲ)

该区属典型的中亚热带气候类型，高温多雨，四季分明，年均降雨量在 800 ~ 1800mm，以低山丘陵地貌为主体，基点海拔不高但相对高差较大，主要包括湖南、湖北的西南部和东南部。该区岩溶分布面积达 800.0 多万 hm^2，石漠化土地面积 200.0 万 hm^2，约占西南岩溶地区石漠化土地面积的 1/7。当前存在的主要问题是潜在石漠化土地面积大，集中连片；石漠化土地呈块状或带状分布，如湖南湘西州与湖北恩施州，湘中地区的安化、新化、隆回、新邵县和湖北东南部的大冶、阳新等县；立地类型复杂。

1. 湘西岩溶中、低山区

位于西南岩溶地区的东缘，年均气温在 15 ~ 20℃，年降雨量在 800 ~ 1200mm，属山地地貌，岩溶地貌发育强烈，石漠化程度较深，且成片分布。主要包括湖南省的湘西州、张家界市、怀化市的部分县市。

石漠化土地面积相对集中，且程度深，水土流失严重和生态环境脆弱，是湖南省社会经济最不发达的少数民族聚居地区。

主要造林树(草)种有：圆柏、中山柏、铅笔柏、侧柏、湿地松、火炬松、柳杉、麻栎、白栎、栓皮栎、女贞、臭椿、刺槐、桤木、杜仲、乌桕、漆树、桑树、刺梨、紫穗槐、金银花、山葡萄等。

2. 湘南、湘中岩溶丘陵区

该区年均气温在 18 ~ 24℃；年降雨量在 1000 ~ 1600mm；属山地、丘陵、平原地貌；岩溶地貌发育一般，石漠化土地呈带状、块状分布。主要包括湖南省的邵阳市、娄底市、益阳市、永州市和郴州市的部分县市。

石漠化土地面积不大，但分布较集中，且景观效应较差，局部缺水较严重。

主要造林树(草)种有：圆柏、火炬松、柳杉、麻栎、白栎、栓皮栎、女贞、臭椿、刺槐、苦楝、桤木、杜仲、乌桕、漆树、桑树、盐肤木、梨、桃、刺梨、紫穗槐、雪花皮、金银花等。

3. 鄂西、鄂东南岩溶中低山区

该区年均气温在 18 ~ 24℃，年降雨量在 1000 ~ 1600mm，属山地、丘陵地貌，岩溶地貌发育一般，石漠化土地比例较大。主要包括湖北省的恩施州、宜昌市与东南部的黄石市、黄冈市、咸宁市及武汉市的部分县。

该区以恩施州、宜昌市的石漠化土地面积大，程度较深，且处于长江黄金水道两侧，三峡水库的库区边缘地带，生态区位重要，严重影响到区域生态景观。

主要造林树(草)种有：柏木、侧柏、圆柏、油松、日本落叶松、黄山松、马褂木、泡桐、响叶杨、麻栎、白栎、栓皮栎、女贞、青冈、枫香、杜仲、香椿、乌桕、漆树、桑树、油桐、盐肤木、刺梨、火棘、紫穗槐、金银花、马桑、杜鹃花等。

(四)川渝鄂北亚热带区(Ⅳ)

该区属中亚热带气候类型和北亚热带气候类型，年降雨量 700 ~ 1200mm。年均气温

12～18℃，降雨季节分配不均，主要集中在5～9月，以中、低山地貌为主。主要包括湖北的西北部，重庆的东南、东北部，四川的东南部、南部。该区域岩溶分布面积达800多万hm^2，石漠化土地面积超过230万hm^2。石漠化土地主要分布在岩溶发育强烈的江河河谷地带，如三峡库区，以及与云贵高原相连的重庆东部、鄂西北及川南等地区。当前存在的主要问题是人口密度大，人均耕地少，植被状况一般且破坏较为严重，石漠化防治的科技含量不高。

1. 川东南岩溶山地

该区属中热带和北亚热带气候类型，石漠化土地主要分布在四川与贵州、云南交界处的金沙江流域，山高、江河河谷切割较深，坡度大，水土流失严重；包括四川的高县、兴文、古蔺、叙永、长宁、珙县、金阳、布拖及乐山、峨眉山的部分县市。

石漠化土地面积不大、程度不高，但山高、江河河谷切割较深，坡度大，水土流失严重，且原生植被破坏比较严重，对长江干流危害较大。

主要造林树(草)种有：马尾松、柳杉、刺槐、桤木、红椿、岩桂、圆柏、火炬松、响叶杨、麻栎、白栎、栓皮栎、杜仲、乌桕、漆树、盐肤木、梨、刺梨、紫穗槐、金银花等。

2. 渝东、鄂北山地丘陵区

该区属典型的北亚热带气候类型，水热条件一般较好，光照条件较差，属中低山地貌，位于长江的中上游区，是我国重要的水力发电区域，是三峡水电站的重要库区。该区主要包括重庆市的彭水、酉阳、巫山、奉节、城口、丰都、石柱、黔江、巫溪和湖北省十堰市、襄樊市及宜昌市长江以北及孝感市、随州市的石漠化土地。

该区岩溶发育强烈，峡谷深切，水土流失严重，属长江的中上游地区，对三峡电站和葛洲坝电站等的安全运行至关重要。

主要造林树(草)种有：柏木、泡桐、响叶杨、麻栎、白栎、栓皮栎、红椿、女贞、刺槐、桤木、杜仲、乌桕、漆树、桑树、油桐、刺梨、紫穗槐、金银花等。

第 13 章

石漠化治理典型模式

西南岩溶地区岩溶生态环境脆弱，立地条件恶劣，一旦破坏后形成石漠化土地生态恢复难度极大。然而，多年生产实践经验表明，石漠化土地只要在造林之前做好立地环境的调查研究分析，并在此基础上科学规划，并选择合理的造林恢复模式，因地制宜地选配树种并加强管理，植被修复不仅能有效促进西南岩溶石漠化环境的生态恢复，还能帮助当地居民通过发展生态产业来发展经济。

第 1 节　不同立地环境的石漠化防治典型模式

根据西南岩溶区的立体环境特点，特别是脆弱环境及其生态恢复的最佳途径，可概括成 7 类主要的植被修复技术模式及其配套的树种和措施。

一、峰丛洼地水源林 + 水土保持林 + 经济林模式

1. 立体条件和环境特点

主要分布于贵州西部和南部，广西的西北部和中部，云南的东南部，其他地区零星分布。海拔高度因地而异，贵州主要在 800 ~ 2000m，广西和云南在 400 ~ 800m。气候为亚热带季风气候，年均气温 14 ~ 20℃，年均降雨量 1100 ~ 1800mm。

地貌为峰丛洼地山地，岩溶发育、地形奇特，以落水洞为排水点，水流排向地下。

除洼地底部、垭口和山麓外，坡度普遍在 35°以上，山麓地形坡度一般在 15 ~ 30°，水土流失和漏失均严重。

岩石主要为纯碳酸盐岩，石漠化比较严重，缺水、少土。

山坡零星的土壤主要为石灰土，富钙、偏碱性。耕地主要分布于洼地底部、山麓和山坡下部。洼地底部虽然土壤较厚但常受淹；山麓和山坡耕地多为石旮旯地；山坡上部和山峰多为石漠化严重的石山，但在垭口附近常有季节性表层岩溶泉出露。

2. 植被修复技术思路

山顶地段实施封山育林，在封山的基础上，以发展水源林为主，涵养水源，使表层岩溶泉成为常流泉；山坡地段将石旮旯地实施退耕还林，重点发展以藤本、灌木为主的水土保持林；山麓地段发展以果树、药材为主的高效经济林；洼地底部根据植物生长的适宜性和受淹的情况，发展经济作物和粮食作物。

3. 树(草)种选择

水源林：广西主要树种有银合欢、青岗栎、任豆、香椿、竹子等；贵州有华山松、滇柏、柏木、喜树、香椿、核桃、吊丝竹等。

水土保持林：金银花、刺槐、核桃、山苍子、木豆等。

经济林：贵州主要树种有板栗、核桃、杜仲、花椒、金银花等；广西有柿子、枇杷、黄皮、澳州坚果、苦丁茶、金银花、杜仲等。

4. 配套措施

(1)农田基本建设：包括坡改梯工程、洼地排涝工程、落水洞水土流失防护、建设地头水柜和节水灌溉系统。

(2)加强种苗培育与管理，培育石漠化地区适生的速生树种和经济效益好的名特优经济林树种，精心管护，建设高效生态林和经济林。

(3)发展沼气、水电等柴薪替代能源，力争家家户户建有沼气，减少居民对木材消耗。

二、石漠化比较严重的山区封造结合模式

1. 立体条件和环境特点

主要分布于云南、贵州、广西的岩溶峡谷、岩溶槽谷和峰丛洼地等典型地貌分布区。海拔高度和气候因地区差别很大，但海拔均在2400m以下，年均气温12℃以上，年均降雨量1000mm以上。

岩石主要为纯碳酸盐岩，岩溶发育，地形陡峻，石漠化土地主要发生在山坡，坡度普遍在35°以上，水土流失非常严重，土被不连续、破碎和瘠薄。山峰和岩溶峡谷、槽谷山坡多为荒山，局部山坡也有少量耕地，分布于谷地及两侧山麓。山坡、山麓耕地也为石旮旯地，生境恶劣，生产力低下。由于石漠化严重，山坡和峡谷地段干旱缺水。

2. 封造技术思路

对于35°以上、土壤少、土层薄、地表水极度匮乏、立地条件极差，基本不具备人工造林的条件，应采取全面封禁的技术措施，减少人为活动和牲畜破坏。根据生态环境条件，先培育草类，进而培育灌木，通过较长时间的封育，最终发展成乔木、灌木、草本相结合的林草植被群落。

35°以下山坡和山麓实施退耕还林工程，发展以果树、药材、香料、饲料为主的经济林果木，增强石漠化区域居民的经济收入，改善经济状况。

3. 树(草)种选择

主要选择本地适生，最好是已经广泛栽培的名特优植物。广西主要树种有：任豆、香椿、柿子、枇杷、黄皮、澳州坚果、苦丁茶、金银花、肥牛树、竹子等；贵州有漆树、黄柏、李、板栗、核桃、杜仲、花椒、竹子等。

4. 配套措施

(1)建设水土保持堤坝、引水、提水等小型水利灌溉系统；

(2)根据当地实际情况，完善管护制度，对完全封山区加强管理，并安排专人长期监管；

(3)发展水电、沼气等薪材替代能源，减少居民对木材及灌草的采伐。

三、石漠化区生态移民与封山育林模式

对于生存环境特别恶劣、石漠化非常严重的峰丛洼地和岩溶峡谷地区，应实施生态移民。生态移民是石漠化治理的一项非常有效的措施。它既能减轻人口对岩溶生态环境的压

力，又能拓展居民的生存空间，提高居民的收入水平。

该模式包括两项内容，一是移民安置，二是移民迁出地的生态重建。移民安置要确保迁移居民不返回原住地，这就要建立"科研单位 + 公司 + 基地 + 农户"的新体制和管理模式，将一些石漠化严重地区的居民移居到环境压力小、生产条件较好的地区，除了经济上的支持外，还要利用先进的科技，对移民进行支柱产业培植，并进行科学的管理和市场引导，使农民的收入迅速提高，生活环境得到不断改善。

移民迁出地的生态重建需要因地制宜地采取生态重建的模式。全面封山，局部植树造林，逐步恢复石漠化地区的生态环境。具体技术思路、树种和配套措施参考前述的第 2 个模式。

四、干热河谷乔灌草相结合治理模式

1. 立地条件和环境特点

主要分布于红水河、赤水河、南盘江、北盘江等海拔 600m 以下的沿江两岸干热河谷地段。该区不独立成带，镶嵌在一些海拔较低的河谷地带，因受焚风效应的影响，河谷地段具有如下特点：

(1)热量丰富，大于等于 10℃积温达 5500℃，年均气温大于 18℃，昼夜温差大，干旱；年均降雨量 1000mm 左右，干燥度大于 1.5；

(2)大气和土壤水分亏缺，中心地段呈现"稀树草原"景观。该区土壤主要是山地黄壤，水土流失严重，泥石流、滑坡频繁；

(3)宜林荒山面积大。

2. 植被修复技术思路

该区域的首要目标是恢复和扩大森林植被，改善石漠化山体的土壤，增加水土保持功能。由于干热河谷区干旱少雨，原生适生植物以灌木为主。因此，林草植被恢复过程中应推广以灌木为主的乔灌草林草植被恢复模式。在林种搭配上，主要采取灌草结合、乔草结合的方式。

3. 树(草)种选择

在树(草)种的选择上，主要引进本地或外地适生的耐热、耐旱、耐瘠薄、喜钙的树种。灌木主要有剑麻、番麻、小桐子、余甘子、车桑子、花椒、三叶豆、金银花等；用于混交的草有蓑草、白魔玉、黑麦草、柱花草、光叶紫花苕等；主要乔木树种有：赤桉、巨尾桉、新银合欢、核桃、板栗、相思、印楝、桑树等。

4. 配套措施

(1)增加集雨灌溉工程、提水灌溉工程或在上游修建水库，改善山坡灌溉条件；

(2)加强育苗技术，主要采取容器育苗，先催芽后播种，以解决苗木成活率低的问题；

(3)由于热量条件好，一些耕地可发展蔬菜，成为贵州的蔬菜基地。

五、高山、高原岩溶丘陵林草牧结合模式

1. 立地条件和环境特点

主要分布于云南东北部、贵州西部和广西西北部的乐业、天峨、南丹等区域。该区域海拔通常在 1300 ~ 2400m，坡度较陡，普遍在 25°以上，但山顶部相对比较平坦；该区域多为

河流的源头，气温相对较低，年均气温 13～16℃，年均降雨量 1200mm 左右，土壤主要是山地黄壤；由于陡坡开垦、过度放牧和开矿采石等，导致水土流失严重，泥石流、滑坡频发，石漠化问题突出。此外，由于该区域热量较低，阔叶乔木树种较少，可选择的造林树种也较少，恢复难度较大。

2. 植被修复技术思路

以营造水源林和水土保持林为方向，实现乔木、灌木、草本相结合，生态防护林和经济林相结合，人工造林与封山育林相结合。坡地主要采取灌草相结合、乔草相结合的方式，恢复林草植被，以防治水土流失；山顶和比较平坦的地带，适当发展草场和牧场，改善农村居民经济状况。

3. 树(草)种选择

乔木树种以针叶林树种为主，如华山松、云南松、滇柏、侧柏等；灌木树种主要有小桐子、余甘子、车桑子、三叶豆、金银花等，用于混交的草有蓑草、白魔玉、柱花草等；牧草主要有黑麦草、白三叶等。

4. 配套措施

(1)发展集雨灌溉工程和节水灌溉系统，修建水土保持防护堤坝，改善山区灌溉条件；

(2)加强牧场建设，引进和改善种草、养畜技术。

六、水库上游河谷陡坡地带水土保持林和防护林模式

1. 立体条件和环境特点

主要分布于红水河和乌江等河谷两岸，有很多大中型水库和水电站，是实施西电东送的重要水电站。由于该河谷地带及其相邻地区人口密集，土地资源少，人地关系的矛盾比较尖锐，以致出现高强度的土地开发利用现象。河谷两侧的谷坡以及河堤两侧的土地多数被开垦为耕地、园地、菜地，只有少量地段栽种了不连续分布的护岸、护堤林。而河谷地带以水动力和重力为营力的侵蚀作用十分强烈。因此，沿江河两岸地表物质稳定性很差，具有侵蚀容易、保护难的特点，在不合理的人类社会经济活动影响下，极容易产生河谷坡径流侵蚀、坡麓洪水沟蚀，以致引发河岸崩塌，坡体滑坡，河堤抗洪能力降低和河流泥沙含量增高等生态环境问题。

2. 植被修复技术思路

江岸地带造林的主要目标是营造水土保持林和护岸林，用于护岸固坡、护堤稳基，减少江河泥沙，保护和改善长江、珠江中上游沿江两岸生态环境。有些地块可以封造结合，实行封禁管护，以实现护坡、护岸、护路，减少土壤流失以及塌陷、滑坡、泥石流等灾害。

3. 树(草)种选择

主要选择根系发达、萌蘖性强、抗冲性好的树种，如杨树、喜树、枫杨、香椿、大叶桉、金银花、桤木、桑树、慈竹、榆树、刺槐、水杉、柳杉、柳树、紫穗槐、柑桔等。

4. 配套措施

在水土流失严重的地带，修建水土保持林保护堤坝；在塌陷、滑坡、泥石流等易发地段，要进行工程防护与处理。

七、风景旅游区观光林业模式

1. 环境特点

西南岩溶区景观资源丰富，很有开发前景。一些已成为著名的风景旅游区，如云南的石林、普者黑，贵州安顺的黄果树、贵阳的红枫湖、荔波的小七孔，广西的桂林山水、乐业天坑、德天瀑布等，其他区域还有许多极具开发潜力的岩溶景观。

风景旅游区的自然特点为：风景旅游区及其沿路地带，自然条件一般较好。但西南岩溶地区雨水充沛，热量丰富，森林植被长势较好，交通比较便利，且具有较好的生态建设实践经验。但土地资源珍贵，人为破坏较严重。

2. 植被修复技术思路

生态旅游区及其沿路地带，造林树种选择上应首先考虑观赏性较强，生态效益十分突出的树种，营造的林分应为景区、景点添光增彩。规划时既要考虑与景区的协调性和统一性，还要考虑立体配置、水平混交等因素；整地不宜采用炼山、全垦、大穴等方式。部分风景区及其沿路地带，还有一些独特的景观地貌，如石林、石穹、壁画等，是一种自然和人文遗产，这些地带绝对不能进行绿化。

风景旅游区周边公路、铁路十分发达，通道绿化是当地对外的窗口，是一个地方的“形象工程”。结合通道工程建设，在次要公路、偏远地带，营造生态型通道林，体现固土、绿化等功能；在主要公路、人口密集区，营造生态经济型通道林，体现固土、绿化、美化、经济等功能；在旅游区景点附近，有计划地种植景观林，丰富景观资源。

3. 树(草)种选择

乔木树种可选择喜树、枫杨、枫树、樟树、香椿、慈竹、银杏、桤木、慈竹、红椿、枫香、马褂木、水杉、柳杉等；经济树种可选用猕猴桃、柑橘、桃、梨、李等；灌木树种可选用紫穗槐、剑麻等；此外还可以配置一些花草品种，丰富景区景观。目前岩溶旅游区的景观林主要有：椰树、红叶林、枫树、玉兰等。

总之，只有认真分析西南岩溶地区石漠化土地的生态环境状况和立地条件实际，以寻找石漠化土地生态恢复的限制因子为突破口，以选择适生的造林树(草)种为植被修复的中心，加强科学研究和实践，合理配置植被恢复技术措施，加强试点示范与推广，形成科学的石漠化植被修复模式，为石漠化区域的生态建设提供技术支撑。

第2节　不同区域的石漠化治理典型模式

一、两广热带、亚热带区

1. 广西石漠化土地喜树栽培模式

(1)适宜范围：分布区年平均气温18～21℃，最热月平均气温26～28℃，最冷月平均气温8～12℃，极端低温－5℃，年降雨量1000mm以上，相对湿度在80%以上的轻度、中度石漠化无立木林地、宜林地及坡耕地。

(2)技术思路：喜树为落叶乔木，属深根性树种，树形美观，生长迅速，适应性强，生长迅速，是集生态、经济效益于一体的生态经济型模式，通常营造纯林。

(3)技术措施：6月开花，11月果熟，果实由青绿色变为黄褐色，要及时采集；采回后晒干种子，筛选去杂进行干藏；苗期怕旱，喜肥湿；为保证发芽整齐，建议采取浸种催芽，注意发芽率仅70%左右；1年生苗高达60～80cm，可出圃定植；采用穴状整地，根据土被情况“见缝插针”式挖穴；在早春雨后采用1年生裸根苗造林或采用截干造林，截干造林不宜深栽，比苗木原土痕深3～5cm即可，截干露头以2～3cm较好，密度1200株/hm^2；补植或秋季造林可采用当年生容器苗。

(4)效益评价：喜树生长迅速，树干高大通直，树形美观，树冠宽阔，枝叶茂密，肥土能力强，涵养水源效果好。另外，喜树叶可做绿肥，果、叶、树皮、根部位含有喜树碱，是一种抗癌药物；木材结构细密，材质轻，可作包装箱、胶合板和用于造纸工业等。此模式具有显著的生态效益和经济效益。

2. 广西岩溶山地任豆树与吊丝竹混交模式

(1)适宜范围：年降水量1100～1600mm，年均气温在22℃左右，最热月平均气温28℃左右，最冷月平均气温12℃左右，绝对低温-4℃以上，岩溶山地的中、下部土层深厚的轻度、中度石漠化宜林地、无立木林地及旱地。

(2)技术思路：任豆树是落叶高大乔木，耐干旱瘠薄，生长迅速，根系穿透力强，萌芽更新能力强，是石山速生优良树种。吊丝竹是石灰岩地区造林绿化最好的竹类品种之一。充分利用本地的水热条件，通过“见缝插针”的办法种植任豆树和吊丝竹，形成混交林，加速岩溶山地植被恢复。

(3)技术措施

造林树种配置：在保护好现有灌丛植被的前提下，适当调控灌丛密度和覆盖度。配置任豆树和吊丝竹混交造林，每公顷造林密度任豆树900～1200株，吊丝竹450～600株。

种苗：任豆树采用一年生裸根大苗或容器苗，吊丝竹采用一年生苗或埋秆造林。

整地：整地时主要考虑岩石裸露和植被状况，株行距不作统一要求。以穴状整地为主。

穴规格：任豆树40cm×40cm×30cm，吊丝竹50cm×50cm×40cm，于造林前一个月整地。

造林：栽植时汇集表土于穴内，深度超过苗木原土痕3～4cm，分层踏实，再覆细土，用杂草或枯枝落叶覆盖保湿。

幼林抚育：造林后连续抚育3年，每年两次，分别于5～6、9～10月进行，主要是松土、扩穴、施肥。竹子3年后开始择伐，任豆树5～6年后修枝间伐，以促进形成结构良好的混交林。

(4)效益评价：任豆树是石山速生的珍贵用材、薪材和饲料林树种；吊丝竹是石灰岩地区石漠化土地治理的理想竹类，成材快，经济效益好。本模式除能加速石漠化土地治理和改善生态环境外，还能加快群众脱贫致富，具有较好的生态、社会和经济效益。

(5)可选树种：乔木树种有苏木、香椿、木棉；灌木树种有山葡萄、金银花等。

3. 广西凤山县岩溶山地核桃、木豆混交模式

(1)适宜范围：年平均气温15～19℃，年总积温5500℃以上的低中山地区，岩石裸露率30%～70%的轻度、中度石漠化宜林地、无立木林地及旱地。

(2)技术思路：木豆是木质化多年生常绿灌木，生长快，当年可成材，且根系发达，根瘤又能固氮，增加土壤肥力，是一种生态经济型木本粮食植物。核桃耐干旱瘠薄、喜钙质土

壤，进行混交可形成复层混交林，能提高森林涵养水源、保持水土的功能。

③ 技术措施：核桃母树应选择适应性强、丰产、稳产、种仁充实、取仁易、出仁率高和含油率高、生长健壮、20 年生以上的优良单株；可选择冷水浸种、冷浸日晒、冷浸湿沙催芽、石灰水浸种等方法处理种子，提高出苗率，1 年生苗高达 60 ~ 80cm，可出圃定植；采用穴状整地或鱼鳞坑整地，有条件可施基肥（有机肥或复合肥）；于 12 月至翌年 3 月用 1 年生裸根苗造林，用地膜或枯枝落叶覆盖，密度为 750 株/hm^2；造林后 3 ~ 5 年，每年穴状抚育 1 次（50cm × 50cm）。

木豆采用种子直播，每穴 3 ~ 4 粒，混种在核桃行间空地上，依据岩石裸露程度用种3 ~ 9kg/hm^2；3 ~ 4 月播种，播种前先浸种 1 夜，发芽后，每穴保留 2 株为宜；当核桃生长受到影响时，应对木豆进行适当刈割；当核桃树封林后，木豆要连根铲除。

（4）效益评价：核桃根系发达，枝繁叶茂，是良好的水土保持树种，同时核桃造林后第 5、6 年开始挂果，第 8 年进入盛果期，平均单位产量 1800kg/hm^2，按 7 元/kg 计，平均亩产值 6180 元/hm^2；木豆是木质化多年生常绿灌木，生长快，根系发达，能固定土壤，保持水土，另外根瘤能固氮，增加肥力，前 3 年可适当种植木豆，叶可做绿肥或饲料，木豆籽是一种很好的粮食。两者混交，具有显著的生态效益和经济效益。

4. 广西"养殖—沼气—种植"三位一体的"恭城模式"

（1）适应范围：具备建设沼气池的所有石漠化区域。

（2）技术思路：有机地实现生物链之间的环环相扣，种植树木（草本），用叶喂牲畜，牲畜的粪便可用于发展沼气，沼气池的剩余物可用于作有机肥，返回到林地，改善土壤肥力，形成一种良性循环。

（3）技术措施：所选树种、草本是优质的牲畜饲料，且萌芽更新能力强，如木豆树、优质草种等；为了满足沼气的供应和发酵的需要，通常需要饲养牲畜 3 ~ 4 头（猪）；及时将沼气池的剩余物处理，返回到林地。

（4）效益评价：本模式是一种典型的生物链综合开发模式，种植树木可保持水土，实现生态效益；同时，沼气是一种很好的能源，可用来照明和取暖等，可大大减少薪材能源的消耗，防治石漠化扩展；另外通过喂养牲畜可为农民增加收入，加快农村脱贫致富。

5. 广西封山育林结合补植吊丝竹、任豆树、香椿等树种模式

（1）适宜范围：石漠化程度较高，具有一定数量的乔、灌木幼苗、或具有一定天然下种能力的母树、或具有较强萌芽能力的根蔸，或通过封山育林可提高植被盖度的南亚热带石漠化土地及潜在石漠化土地。

（2）技术思路：通过对现有植被的管护，加上人工补植补播部分适生树种，改善生态环境，遏制石漠化土地扩展。

（3）技术措施：选择喜钙质、深根性的石山适生树种，如吊丝竹、任豆树、香椿、苏木等，补植密度 450 ~ 750 株/hm^2，前 3 年应对封育区内的补植或天然幼苗进行穴状松土、除草；落实封山育林的相应管护措施；封育类型和方式要依实际情况确定。

（4）效益评价：通过 5 年左右的封山育林，可提高 10% ~ 20% 的综合盖度；10 年以后，补植的经济、用材树种可发挥经济效益。本模式具有投资少、见效快的特点。

6. 热带地区大叶相思薪炭林模式

（1）适宜范围：北回归线以南的丘陵、台地、滨海沙地等轻度、中度石漠化土地。

(2)技术思路：大叶相思具有适应性强、生长迅速、容易繁殖、根能固氮等特性，木材坚韧、纹理细密，木材燃烧力强、烟少、火旺，是优良的薪炭材，可用于热带石漠化地区的治理。

(3)技术措施：造林前1个月，进行穴状整地，并施基肥；用容器苗于春雨初期阴雨天造林；依据土被情况，密度为2400～3600株/hm^2为宜；造林后当年松土和除草2次；造林后4～5年可进行樵采，保留1～3条枝，然后让其萌芽生长，并适当进行施肥，每隔3～4年进行一次樵采；如培养为用材林，则在15年左右进行采伐。

(4)效益评价：本模式不但能较快地绿化石漠化山地，还能提供大量的薪材，生态与社会效益俱佳。

7. 广东省罗定市泥质灰岩赤桉绿化模式

(1)适应范围：平均气温在20℃以上，降水充沛的热带、南亚热带泥质石漠化区域。

(2)技术思路：赤按生长速度，郁闭成林早，树干干形好，既能做工业原料林，并具有很强的萌芽更新能力，又是优良的薪材；通常营造纯林。

(3)技术措施：采用穴状整地，并要施基肥(复合肥)；培育薪炭材密度可适当加大，密度可达3300株/hm^2，工业原料林则可适当减少；造林后要进行穴状抚育，并依经济状况实行追肥。

(4)效益评价：本模式除满足绿化美化环境外，还可提供工业原料材或薪炭材，具有较好的经济收益。

8. 广东省云安县城郊杜鹃绿化模式

(1)适应范围：石漠化严重城郊或风景区域，生态环境恶劣，景观效应差的地段。

(2)技术思路：爆破整地工程技术结合生物措施对石漠化土地进行绿化美化治理，提高景观效果。杜鹃除适宜石灰岩土地生长外，其花特别鲜艳美观，深受群众喜欢。

(3)技术措施：采用爆破整地技术，对缺乏土壤的局部炸穴，采用客土回填；种植大苗杜鹃或树蔸，适当浇水和施肥；杜鹃成活后要注意修枝、整形；加强管护工作。

(4)效益评价：杜鹃除有涵养水源、保持水土的功能外，还具有很好的观赏价值，本模式兼顾到了生态与景观效应。

9. 广西百色市任豆树×苏木混交造林模式

(1)适宜范围：岩溶山地、岩溶裸露率较低(30%～60%)，土壤石砾含量高，土层浅薄，植被稀少的轻度、中度石漠化土地。

(2)技术思路：本模式适合于立地条件较差的地块，通过任豆树与苏木混交，可以改变立地条件，既达到生态恢复目的，又可获得木材、饲料、药材等产品，提高群众参与石漠化治理的积极性。

(3)技术措施

造林树种配置：任豆树与苏木混交密度为每公顷10 450株，其中，任豆树450株，苏木10 000株，比例为4:96。

种苗：任豆树用1年生裸根苗或半年生容器苗，苏木采用种子点播。

整地：以局部整地(穴状或鱼鳞坑整地)为主。株行距：任豆树4m×5.5m，苏木1m×1m，种植穴为40cm×40cm×30cm。于造林前一个月整地。

植苗：种植前1个月先回表土再将有机肥与心土拌匀回坑填满。种植时每坑放磷肥、复合肥各0.25kg 拌匀，种植深度以超过苗木原土痕即3 ~4cm，分层压紧，细土覆盖筑成树盘保湿。

幼林抚育：造林后连续抚育3 年，每年2 次，分别于5 ~6 月、9 ~10 月进行，主要是除草、松土、培蔸和施肥。在造林区域严禁放牧。

(4)效益评价：此模式所选择的树种生长较快，是较好的用材林树种，可用于药材、饲料等行业，因而此模式除有较好的生态效益外，还具有一定的经济效益。

10. 广西百色市任豆树×金银花，林药型造林模式

(1)适宜范围：岩溶裸露率较高，通常在50% 以上，且具有一定坡度，多石窝、缝隙的中度、重度石漠化土地。

(2)技术思路：此类山地石窝缝隙较多；仅有少部分石窝可种植任豆树，但又可充分利用缝隙种植药材金银花，可在较短的时间内获得良好的经济效益；既能增加群众收入，又能改善生态环境。

(3)技术措施

造林树种配置，根据石窝土壤情况适度种植任豆树，通常栽植密度不超过750 株/hm^2；采取缝隙种植金银花"见缝隙插针"的配置方法，可适当密植。

种苗：任豆树用1 年生裸根苗或容器苗；金银花采用半年生一级扦插苗。

整地：以局部整地(穴状或鱼鳞坑整地)为主，种植穴规格为任豆树40cm ×40cm ×30cm，金银花要锄松缝隙定植穴，规格因地而定；造林前1 个月整地。

造林：种植前半个月将农家肥与心土混合回穴，种植时每穴放复合肥0.25kg，栽植深度以高于苗木土痕3 ~4cm，分层压实，覆盖细土，筑树盘再用杂草或枯枝落叶覆盖，以减少水分蒸发，蓄水保墒。

幼林抚育：造林后连续抚育3 年，每年2 次，分别于5 ~6 月、9 ~10 月进行，主要是除杂草、松土、培蔸和施肥。

(4)效益评价：金银花是一种用途很广的中药材，具有较高的经济价值；而任豆树是一种优质用材树种，有一定的经济价值；更重要的是两者混交能迅速覆盖，相互促进，具有良好的生态价值。

11. 广西百色市任豆树×木豆，林农复合混交模式

(1)适宜范围：岩溶石山下部缓坡地带，基岩裸露度较少，水热条件好，土层浅而贫瘠的轻度、中度、重度石漠化土地。

(2)技术思路：在石山下部缓坡地带，岩石裸露不多，土层有一定的深度、植物根系能向下深入，应充分利用区域的水热条件营造以任豆树、木豆为主的混交林，通过木豆的固氮作用达到改良土壤，促进林木丰产增收的目的。

(3)技术措施

种苗：任豆树用1 年生一级裸根苗或容器苗，木豆用种子点播。

造林树配置：任豆树和木豆为行间或小块状混交，沿等高线环山块状整地，株行距2m ×2.5m，穴规格：任豆树40cm ×40cm ×30cm，木豆30cm ×30cm ×20cm，于造林前1 个月整地。

造林：种植前应把表土、有机肥与心土拌匀回穴，种植时每穴放复合肥0.25kg；种植深度，任豆树以高于原苗木土痕3 ~4cm，分层压紧，覆盖细土筑成圆形盘状，最后覆盖杂

草保湿。木豆每坑点播 3 ~5 粒种子，用细土覆盖。

幼林抚育：造林后连续抚育 3 年，每年 2 次，主要是除草松土扩穴和施肥。

(4)效益评价：木豆具有固氮作用，能改善土壤，促进任豆树生长，同时木豆叶是优良的青饲料，可用于发展养殖业，加速农村经济发展。因而本模式兼顾到生态与经济效益。

12. 广西百色市竹子纯林造林模式

(1)适宜范围：山谷、洼地土层深厚湿润，地下水位高，土壤水分充足，适宜于竹子生长的轻度石漠化土地，主要指宜林地、无立木林地及坡耕地等。

(2)技术思路：山谷、洼地常受洪水冲蚀，造成表土流失。而竹子生长快、根系发达，抗冲刷保土效果好，是保护农田、耕地和改善生态环境的主要树种。

(3)技术措施

种苗：采用一年生吊丝竹箩筐苗。

整地：大穴整地按 2m×3m 或 3m×3m 块状整地，穴规格 50cm×50cm×40cm，于造林前一个月整地。

造林：种植前先回表土，种植时将箩筐苗放正坑中，以筐面与地面平齐，分层覆土压实、用细土筑成圆盘后覆盖杂草以保土壤湿润。

幼林抚育：造林后连续抚育 3 年，每年 2 次，分别于 5 ~6、9 ~10 月进行，主要是穴内除草、松土、扩穴和施肥。

(4)效益评价：竹子是一次种植，多年受益，且用途非常广泛，目前市场供不应求，是农村优先发展的树种，经济效益尤为突出，且涵养水源、保持水土的功能较强。

13. 广西百色市任豆树纯林造林模式

(1)适宜范围：岩溶石山中、上部岩石裸露的平缓地带，局部有土坑、土层较深，水肥条件较好的轻度、中度、重度石漠化土地。

(2)技术思路：本模式适宜在基岩裸露度较多，但具有一定的土层，种植任豆树能速生，可保护农用、耕地，加速石山绿化，遏制石漠化。

(3)技术措施

种苗：采用半年生一级容器苗或一年生裸根大苗造林。

整地：穴状整地，株行距为 2m×3m，每公顷密度为 1666 株，穴规格为 40cm×40cm×30cm，整地于造林前一个月进行。

造林：造林前先表土回穴，将心土与有机肥拌匀回填。种植时每穴放复合肥 0.25kg，种植深度以营养土与坑面平齐或超过原苗木土痕 3 ~4cm，分层压实，再覆细土筑成圆盘，盖草保湿。

幼林抚育：造林后连续抚育 3 年，每年 2 次，分别于 5 ~6、9 ~10 月进行，主要是除草、松土和施肥，同时严禁放牧。

(4)效益评价：任豆树是优质用材树种，具有一定的经济效益。

14. 广西百色市苏木纯林造林模式

(1)适宜范围：岩溶石山中、下部岩石裸露的平缓地带，局部有土坑、土层较深，水肥条件较好的轻度、中度石漠化土地。

(2)技术思路：本模式造林地基岩裸露度较多，具有一定的土层，种植苏木能速生，加速石山绿化，遏制石漠化扩展。

(3)技术措施：整地规格 40cm×40cm×30cm，株行距 1m×1m，用一年生裸根苗造林，加强抚育管理，促进其尽快覆盖地表。5～6 年生时进行间伐，即收得第一批药材，同时加强后期水肥管理。

(4)效益评价：苏木是一种中药材，市场销售情况良好，具有较好的经济价值，苏木种植密度大，郁闭早，生态效益明显。

15. 广西百色市香椿(苦楝)×苏木混交造林模式

(1)适宜范围：岩溶石山中、下部岩石裸露的平缓地带，局部有土坑、土层较深，水肥条件较好的地带。

(2)技术思路：本模式适宜在岩石裸露较多，有一定的土层，适宜乔木树种香椿生长。苏木适应性强，能速生，具有快速绿化岩溶石山，遏制石漠化的效果。

(3)主要技术措施：密度配置：株行距 3m×3m；整地规格：香椿 50cm×50cm×30cm，苏木 40cm×40cm×30cm，于秋冬季至春季苗木萌芽前造林，株间混交。

(4)效益评价：苏木是药材，香椿、苦楝除具有较好的生态效益外，也是优质用材林树种，生态、经济效益具佳。

16. 广西百色市香椿(苦楝、酸枣)×金银花生态经济型造林模式

(1)适宜范围：岩溶石山中、下部基岩裸露度较高的平缓地带，局部有土坑、土层较深，水肥条件较好的轻度、中度石漠化土地。

(2)技术思路：本模式适宜在岩石裸露率较多，有一定的土层厚度，种植金银花能迅速覆盖地表，而香椿、苦楝、酸枣等为乔木树种，与金银花形成乔木、灌木(藤本)相结合的复层林分，能加速石山绿化，遏制石漠化扩展。

(3)技术措施：乔木造林株行距 3m×3m，用 1 年生苗木于立春前后造林，金银花采取“见缝插针”方式造林，适当密植；种植前 3 年每年至少进行 1 次抚育。

(4)效益评价：金银花、香椿、苦楝、酸枣均有一定的经济价值，且生态效益显著，属生态经济型治理模式。

17. 任豆树×吊丝竹混交造林模式

(1)适宜范围：各类岩溶山地中下部，基岩裸露度在 50% 以下的轻度、中度石漠化土地，且不具备天然下种侵入的宜林荒山荒地、无立木林地等。

(2)技术思路：石漠化土地基岩裸露率高，造林难度较大。但可充分利用该区的水热条件，通过“见缝插针”办法种植任豆树和吊丝竹，形成阔叶混交林，加速岩溶山地植被的生态恢复。

(3)技术措施：在保护好现有林草植被的前提下，适当调控乔灌木密度和覆盖度。任豆树和吊丝竹混交造林，造林密度任豆树 750～900 株/hm^2，吊丝竹 450～600 株/hm^2。任豆树采用 1 年生裸根大苗或 3 月龄的容器苗，吊丝竹采用 1 年苗造林。整地时主要考虑岩石裸露和植被状况，株行距不作统一要求。以局部整地为主，整地时间为造林前 1 个月完成。穴规格：任豆树 40cm×40cm×30cm，吊丝竹 50cm×50cm×40cm。造林后连续抚育 3 年，每年 2 次，第一次 5～6 月，第二次 9～10 月，主要是松土、扩穴，并结合施肥。竹子 3 年后开始择伐，并适当调整林分密度，以形成结构良好的混交林。

(4)效益评价：竹子是一次种植，多年受益，且用途非常广泛，目前市场供不应求，是农村优先发展的树种，经济效益尤为突出，且涵养水源、保持水土地功能较强。而任豆树除

有较好的生态效益外，还是优质的用材树种，叶可做饲料。

18. 任豆树×银合欢混交造林模式

(1)适宜范围：岩溶石山中、下部，局部有土穴、土坑的石漠化土地均可。

(2)技术思路：两个树种树叶均可作为动物饲料，银合欢叶子蛋白质含量较高，根瘤又可固氮，根系发达，落叶量大，是水土保持的优良树种。在土坑较大处种任豆树，培育大乔木；土浅处种银合欢，以保持水土、改良土壤。

(3)技术措施：任豆树采用1年生裸根苗，银合欢用3月龄的容器苗或用种子点播。穴状整地，根据土被情况，确定整地规模，深度25~30cm。混交比例为1:1，造林密度1200~1800株/hm^2。

(4)效益评价：两个树种均有较好的生态效益，混交后形成复层林，且两个树种树叶可做饲料，而任豆树是优质用材，具备一定的经济效益。

19. 任豆树×山葡萄(乔藤型)造林模式

(1)适宜条件：岩石裸露50%以下的坡下位，坡度较平缓，利于采收葡萄。

(2)技术思路：山葡萄是水土保持优良木质藤本植物，果实是配制葡萄酒原料，有较好市场前景。在土层较深处种山葡萄，间种任豆树，提高土地利用率和生态效能。

(3)技术措施：石穴或缝隙种植任豆树，土层较深处种植山葡萄。任豆树750~1000株/hm^2，山葡萄150~250丛/hm^2。任豆树采用1年生裸根苗造林，山葡萄用1年生扦插苗种植。局部整地，种植穴40cm×40cm×30cm。山葡萄每穴放复合肥0.6~0.8kg做基肥。

(4)效益评价：山葡萄、任豆树均具有较好的水土保持作用，且经济效益良好。

20. 基干林带任豆树、木棉、榕树、香椿、酸枣、银合欢、竹子等混交林带造林模式

(1)适宜范围：热带、南亚热带的高速公路、国道、省道线两侧30m范围及江河两岸的石漠化土地。

(2)技术思路：高速公路、国道、省(自治区)道等主要交通要道，也是西南大通道，石漠化治理示范工程建设，不但可遏制石漠化，改善生态环境，也是美化路容，对外树立良好形象，促进经济发展的重要措施。

(3)技术要点

种苗：任豆树、银合欢采用半年生营养杯苗，竹子、木棉、榕树等采用一年生竹筐苗造林。

整地：在保护好现有植被前提下，在栽植穴内除灌草挖穴。整地应根据不同地段，如低洼、农田边、裸露地等采用不同的方法，如穴状、水平沟、反坡梯田、鱼鳞坑等。株行距：任豆树2m×3m，木棉10m×5m：竹子、榕树、苏木2m×3m。穴规格除任豆树为40cm×40cm×30cm外，其余均为50cm×50cm×40cm，要求纵向成行(与公路垂直)，于造林前一个月整地。

造林：造林前将农家肥与心土拌匀后回穴，种植深度均要超过苗木原土痕3~5cm，分层踏实，并筑树盘以免冲刷淹埋，盖草保湿。

幼林抚育：造林后连续抚育3年，每年2次，主要是除草、松土和施肥。

(4)效益评价：所选树种的干形通直、冠幅较好，具有较好的绿化美化效果。

二、云贵高原亚热带区

1. 贵州省贞丰县花椒经济型生态林模式(顶坛模式)

(1)适宜范围：岩溶地区山地中下部、洼地、河谷地区，坡度相对平缓，岩层倾斜，岩缝较多，水热条件较好的轻度、中度石漠化、潜在石漠化地区，尤其在干热河谷。

(2)技术思路：石灰岩土壤具有一定的肥力，但保水性差，土壤干燥，种植根系发达、耐干旱的经济树种——花椒，以此带动石漠化土地治理，促进农村经济发展。

(3)技术措施：选用竹叶椒、小红袍等优良品种，进行人工分段培育壮苗；花椒选用 1 年生实生苗；在雨季采用鱼鳞坑整地；栽植穴朝下坡外缘用石块砌成挡土墙；种植密度以 1200 株/hm^2 为宜；造林后每年进行松土、抚育、培土，第 2 年开始定期剪枝、施肥，防治病虫害。

(4)效益评价：花椒从第 3 年开始结果，5 年左右进入盛果期，经济效益相当显著，另外花椒冠幅的覆盖面较宽，有利于减少雨水冲击，保持水土。本模式目前在石漠化地区得到广泛推广。

(5)可选树种：金银花、杜仲、乌桕、栓皮栎、漆树、盐肤木等。

2. 贵州省贞丰县香椿生态用材林模式

(1)适宜范围：岩溶地区山坡中下部、丘陵地区，岩石裸露率 30% ~70%，岩层倾斜，水热条件较好的耕地边缘或轻度、中度石漠化土地。

(2)技术思路：香椿具有生长快，根系发达，主根长，干形好等特点，种植后既能绿化石漠化山地，又能解决的当地群众用材问题。

(3)技术措施：不炼山，不全砍，水平阶或鱼鳞坑整地，尽量保留原有植被；在穴外围用石块或心土砌挡土墙，在两侧修集水沟；栽植密度以 1800 株/hm^2 左右为宜，但要注意保护好主梢；造林后第二年开始抚育，连续抚育 3 年。

(4)效益评价：香椿根系发达，持水保水功能良好；干形好，材质佳，色泽光亮，是做家具的良好材料。本模式的生态、经济效益俱佳。

(5)可选树种：苦楝、柳杉、侧柏、山合欢、朴树、榆树、冬青、任豆树、女贞、皂夹、香叶树等用材树种。

3. 贵州省高海拔岩溶区华山松生态林模式

(1)适宜范围：海拔 1000 ~2000m 的山地、丘陵地区，岩石裸露率 30% ~70%，岩层倾斜，水热条件较好的中亚热带轻度、中度石漠化土地。

(2)技术思路：华山松具有喜钙、深根性特性，能适应高海拔地区生长，是高海拔地区石漠化土地治理的首选树种。

(3)技术措施：不炼山，不全砍，水平阶或鱼鳞坑整地，尽量保留原有植被；在穴外围用石块或心土砌挡土墙，在两侧修集水沟；造林可适当密植，栽植密度 2700 ~3900 株/hm^2 左右为宜；造林后第二年开始抚育，连续抚育 3 年。

(4)效益评价：华山松在 6 ~10 年能郁闭成林，到 20 年左右可间伐或择伐部分木材，经济和生态效益明显。

4. 贵州省凯里市白云质石漠化土地滇柏治理模式

(1)适应范围：针对石砾含量高、土壤瘠薄、保水功能差、生境严酷、宜林程度低的白云质石漠化土地。

(2)技术思路：选用耐干旱瘠薄、喜钙质、成活容易的滇柏，进行适当密植，可撒播部分龙须草种籽，尽快提高地表盖度。

(3)技术措施：不炼山，保护原有植被，采用穴状或水平阶整地；为减少土壤水分损失，实行随整地，随种植；适当密植，栽植密度为6000～9000株/hm^2；采用当年生容器苗造林；造林后全面封禁，并注意有害生物防治。

(4)效益评价：本模式既能改善生态环境，又能增加森林景观效应，同时获得较好的生态和社会效益。

(5)可选树种：柏木、侧柏、藏柏、福建柏等柏类。

5. 贵州省修文县石漠化土地封山育林模式

(1)适应范围：石灰岩山地面积大，土层浅薄、原生性植被基本被破坏，土壤保水性差、基岩裸露率高、气候温暖、雨量充沛，雨热同期，海拔在600～1600m符合封山育林条件的岩溶丘原、山原、低中山、中山及岩溶丘陵盆地的石漠化土地。

(2)技术思路：尽管石漠化土地土被不连续，土层浅薄，但有机质含量高，团粒结构发育良好，适宜于多种乔灌树种生长。可在封山育林的基础上，补植部分适生乔木或灌木树种，提高其涵养水源和保持水土的功效。

(3)技术措施：根据"见缝插绿"的原则，采取"栽针、抚阔、留针"的方法，实行块状整地栽植目的树种；依据"适地适树"的原则，选择岩溶地区适生的马尾松、华山松、刺槐、滇柏等树种；从补植后第2年开始连续抚育3年，以促进林木生长。落实封山育林的管护措施；为了减少森林资源消耗，巩固治理成果，大力推广改灶节柴，发展沼气池及小型水电设施。

(4)效益评价：充分利用植被的自然恢复能力，具有投资少，易操作，见效快，形成的复层混交林分有极好的生态功能。

6. 贵州省赫章县中山山原华山松、云南松水源涵养林模式

(1)适应范围：海拔在1600m以上，年均温13～14 ℃，年降雨量在1100mm以下的高海拔、低热量、降水少，且干湿交替明显的云贵高原高中山区石漠化土地。

(2)技术思路：针对高海拔，人工造林困难的现状，选择乡土树种华山松、云南松，依据树木的生物学特性，在阴坡、半阴坡以华山松为主，阳坡以云南松为主，充分利用水热条件，提高植被盖度。

(3)技术措施：依土被情况采用穴状整地，整地时要尽量保留原有植被，尤其是阔叶树种，使之形成针阔混交林；主要采取植苗造林，苗木以营养袋苗为主；栽植密度为2250～3600株/hm^2；造林后通常进行3年抚育，主要是进行穴状松土和除草；造林地列入森林管护范畴，加强保护。

(4)效益评价：本模式根据不同坡向配置树种，可充分发挥土地潜力，另外保留原有植被，形成针阔、乔灌混交，生态效益显著。

7. 贵州省干热河谷车桑子、金银花栽植模式

(1)适应范围：海拔600m以下，年均温18 ℃左右，生长期270天以上，年降雨量800mm以上的干热河谷的石漠化土地。

(2)技术思路：由于该地段的生态环境恶劣，造林非常困难。以先绿化后提高为指导思

想，通过选择耐干旱瘠薄的车桑子、金银花，增加地表植被盖度，逐步改变小生境。

(3)技术措施：不炼山，采取鱼鳞坑整地，外围筑保护埂；车桑子采取在雨季开始前半个月进行点播，用种量 4.5kg/hm^2；金银花采用扦插苗，并用生根粉等生根药剂处理；造林后要加强管理和抚育。

(4)效益评价：采用本模式对干热河谷地区立地条件较差的石漠化土地进行治理效果明显，且金银花可带来一定的经济收入。

8. 云南省砚山县圆柏、车桑子混交水土保持林模式

(1)适宜范围：海拔在 1000 ~ 2000m 的中山中下部的重度、极重度石漠化土地。

(2)技术思路：圆柏是乔木树种，生长较慢，车桑子是灌木树种，生长快，两者均耐干旱瘠薄、对土壤要求不高，可形成乔灌混交复层林分。

(3)技术措施：不炼山，保留原有植被，采取穴状整地；圆柏采取容器苗造林，车桑子采用点播造林；车桑子与圆柏的配置比例为 1∶2，圆柏密度为 1200 株/hm^2；对于死穴、空穴要补植补播至郁闭成林，每年松土和除草 1 次；造林地要纳入封山管护范围。

(4)效益评价：该模式在 2 ~ 3 年即可基本郁闭，并形成乔灌混交、针阔混交林，水土保持作用显著。

(5)可选树种：阔叶树种有新银合欢、圣诞树等，针叶树种有冲天柏、滇柏等。

9. 云南省广南县金银花生态经济型模式

(1)适宜范围：海拔 400 ~ 1500m，母岩为石灰岩、白云岩等发育形成的红壤、黄红壤，基岩裸露度较大，通常具有一定的坡度。

(2)技术思路：金银花属藤本植物，其枝叶覆盖面积大，可起到保持水土、涵养水源的效果，生态效益好；另外，金银花是一种用途广泛的中药材，可增加农民的经济收入，有利于农民脱贫致富。

(3)技术措施：根据土壤分布状况确定栽植株数，采取“见缝插针、见土补植”的方式，以 2250 株/hm^2 为宜；在保留原有植被的前提下，鱼鳞坑(穴状)整地，在穴周围修建集水沟和土埂，并施农家肥 8400kg/hm^2(或磷肥 300kg/hm^2)；1 年生扦插苗，地径 0.4cm 以上、苗高 30cm 以上，育苗期间可采用 ABT 生根粉浸泡处理；郁闭前每年除草一次，并且适当进行修枝；造林后 2 ~ 3 年内每年追加复合肥一次施肥量，345kg/hm^2；划入封山管护范围；农村大力发展沼气池和节柴灶，节约薪材消耗。

(4)效益评价：4 ~ 5 年可基本实现覆盖，有效地减少水土流失，改变小生境，提高土壤肥力；金银花产量可达 1800kg/hm^2 左右，按 5 元/kg 计，收入可达 9000 元/hm^2，经济效益可观。

10. 云南省砚山县花红李经济型生态林模式

(1)适宜范围：海拔 400 ~ 1500m，年降水量 800mm 以上，母岩为石灰岩、白云岩等碳酸岩类发育形成的红壤、黄红壤，基岩裸露率 70% 以下的轻度、中度石漠化土地。

(2)技术思路：花红李果实较大，味道好，且适合在岩溶区域生长，覆盖大，郁闭较早。

(3)技术措施：不炼山，采用穴状整地，施基肥；花红李采用 1 年生裸根苗造林，栽植密度 900 ~ 1500 株/hm^2；每年要采取松土、抚育、培土、追肥等管护措施；为了防止水土流失，沿山体等高线隔一定距离种植生物隔离带。

(4)效益评价：本模式能有效减少水土流失，为农民增加收入，具有较好的生态和经济效益。

11. 滇东北高湿低温山地生态脆弱带综合治理模式

(1)适宜范围：滇东北金沙江中下游海拔2200~2400m以上的山地，区内湿度大、温度低，森林破坏严重，植被覆盖率低，水土流失极其严重，且潜在危险性大，造林不易成活。

(2)技术思路：根据区内高湿低温的特点，实行封山育林，保护好现有植被，选择适宜的耐寒树种，营造以保水、保土为主的生态防护林。

(3)技术要点

天然林保护：对于现有植被实行严格保护，尤其对土层浅薄、岩石裸露、更新困难的林地，主干流江河两侧的森林，采取有效的保护措施，对天然林进行全面管护。

封山育林：在高湿低温区且具有天然下种能力或萌蘖能力的采伐迹地；人工造林困难的高山、陡坡、岩石、裸露地，但经封育可望成林或增加林草盖度的地块，实行封山育林育草，加快森林植被恢复速度。一般较偏僻的地区、水土流失严重的地区及恢复植被较困难的宜封地区，实行全封。对于当地群众生产、生活和放牧有实际困难的近山地区，可采取半封或轮封。

造林技术措施：树种及其配置：主要树种有落叶松、冷杉、铁杉、云杉、华山松、桦树(白桦、红桦)、花楸树等。宜林地、草地或退耕地营造块状或带状混交的针阔混交林；灌木林或阔叶疏林则补植针叶树种，形成针阔混交林。

苗木：采用容器苗，针叶树种苗高25cm以上，阔叶树种苗高40cm以上。

整地：采用穴状、鱼鳞坑等方式整地，规格40cm×40cm×60cm。

造林：雨季造林，株行距2.0m×3.0m，随起随栽，适当深栽，细土壅根、踏实。

抚育管理：造林后进行封育，禁止人畜破坏，促进灌草生长。刀抚、锄抚相结合，每年8~9月份对幼林进行抚育，抚育内容包括松土、培土、正苗、清除病株、除杂等。同时对缺苗穴及时进行补植补造。

(4)效益评价：本模式采用天然林保护、封山育林、人工造林等综合措施，因地制宜地对高湿低温石漠化山地生态脆弱带进行综合治理，提高林草植被覆盖度，减少水土流失，改善脆弱的生态环境。

12. 黔西中山水源涵养林建设模式

(1)适宜范围：年降水量1000~2000mm，一年中干湿交替明显，热量低，年平均气温13~14℃。主要指乌江两大支流六冲河、三岔河的发源地及北盘江上游的中山和山原地貌的石漠化土地。

(2)技术思路：以营建水源涵养林、水土保持林为主攻方向，按照适地适树的原则，栽针保阔，适度加大造林密度，尽快恢复森林植被。

(3)技术要点

树种选择：阴坡、半阴坡以华山松为主，阳坡以云南松为主。整地时保留栎类等阔叶幼树，使之形成针阔混交林。华山松与云南松混交对云南松的生长及干形有利，也应提倡应用。

造林的方法：主要采用块状整地的方式，规格不用过高，只要能做到苗正根舒即可。采用植苗造林，苗木以营养袋苗为主。华山松采用春天培育的百日苗，在雨天进行丛植，每穴

2～3 株，要求苗高 10cm 以上，地径 0.2cm 以上，株行距 1.0m×1.5m 或 1.5m×1.5m。

(4)效益评价：该模式的造林投资成本较低，但具有较高的保持水土功能，是高海拔区域的一种有效模式。

13. 滇东北金沙江河谷高湿高温区高效生态经济型治理模式

(1)适宜范围：金沙江下游河谷高湿高温区，海拔 800～1000m，光热条件好，温度较高，气候湿润的轻度、中度石漠化土地，尤其是旱地石漠化土地。

(2)技术思路：根据区域高温高湿的特点，综合区域立地条件，营造以苦丁茶、竹子等为主的生态经济型防护林，实现生态治理与经济发展的双赢局面。

(3)技术要点

树(草)种及其配置。树种选用苦丁茶和竹子，块状和带状混交。

苗木：苦丁茶采用容器苗，苗高 40cm 以上；竹子用竹鞭或实生苗栽植。

整地：采用穴状、鱼鳞坑等方式整地，规格 40cm×40cm×60cm。

造林：雨季造林，苦丁茶株行 1.0m×1.0m，竹子(3.0～5.0)m×2.0m，随起随栽，适当深栽，细土壅根，踏实。

抚育管理：造林后，每年 8～9 月份对幼林进行抚育管理，包括松土、培土、扶正苗木、清除病株等。对缺苗穴及时进行补植补造。

(4)效益评价：营建生态经济型防护林，在取得良好的生态成效的同时，还具有较高的经济产出，深受当地农民喜欢。

14. 滇东及滇东南石漠化岩溶山地人工促进恢复植被模式

(1)适宜范围：雨热同季，水热条件较好，基岩裸露度较大，由于人为活动频繁，森林植被破坏严重，石漠化问题突出，生态环境严重恶化的石漠化区域。

(2)技术思路：针对岩溶山地森林植被覆盖率低、水土流失严重、岩石裸露比率大、土壤间歇性干旱、造林难度大等特点，采用生长迅速的喜钙树种进行人工补植造林，人工促进封山育林，恢复森林植被。

(3)技术要点

补植树种：选择喜钙、生长迅速、耐干旱瘠薄的多用途树种，如墨西哥柏、侧柏、冲天柏、藏柏、川滇桤木、旱冬瓜、银荆、黑荆、滇合欢、任豆树、南酸枣、苦楝、刺槐、苦刺、台湾相思、杜仲、香椿等。

树种配置：针阔叶树种小块状混交配置。

种苗：采用容器苗造林，根据不同树种苗木的生长速度和定植时间进行育苗，苗木高度控制在 30cm 左右。

整地：根据石灰岩山地土被分布不连续、土壤易流失的特点，不进行全面林地清理，以 2490～4455 株/hm^2 的造林密度作为控制性指标，采用见缝插针的方法，于冬春季节进行穴状整地，规格 40cm×30cm×30cm，尽量保留原有植被。

造林：整地合格后，将表土回到坑中，在 6～8 月份雨水把土壤下透后，及时定植，用枯枝落叶或地膜覆盖穴口。

抚育管护：造林后加强管护，严防火灾和人畜破坏，每年抚育 1～2 次，在抚育中只将影响目的树种生长的灌木和杂草清除即可。

封山育林：人工补植后，全面封山，禁止采伐、砍柴、放牧、采药等一切人为破坏活动，3 ~5 年后即可恢复森林植被。

(4)效益评价：本模式能较好保护和恢复岩溶地区的植被，提高森林覆盖率，增加木材、薪材的产量，减少水土流失，提高土壤肥力，改善生态环境和农业生产条件，提高农作物产量，增加群众收入。

15. 黔东白云质砂石山乔灌草相结合治理模式

(1)适宜范围：此模式适宜在黔东立地条件差、土壤极为瘠薄、石砾含量高、蓄水保土功能差、生境严酷、宜林程度低、适宜树种少的白云质砂石石漠化山地。

(2)技术思路：保护现有植被，选用耐干旱瘠薄的乔灌木树种造林，或实施封山育林，尽快恢复植被，改善生态环境。

(3)技术要点：树种及其配置：选择滇柏、柏木、侧柏、藏柏等喜钙柏类树种，以及车桑子、龙须草等。乔灌草混交造林，乔木株行距 1.5m×2.0m，灌木或草本植物株行距 0.5m×0.5m。

种苗：本着就地育苗、就近造林的原则，在春季培育容器苗。滇柏、藏柏容器苗长至 30cm 高时即可出圃上山造林。

整地造林：冬季或雨季人工穴状整地，挖穴规格 30cm×30cm×25cn，整地时不炼山，尽可能保护好现有草类植被。随整地随栽植，用一年生容器苗密植，并适当深栽，栽植密度为 4440 ~4995 株/hm^2。车桑子采取点播的方式种植，用种量 4.5 ~7.5kg/hm^2。

管护措施：造林后全面封禁 5 年以上。封禁期间不准割草，不准放牧，不准放火烧山，不准开山挖沙取石等。同时要注意林业有害生物防治。侧柏毒蛾，宜在 4、5 月份用虫菊酯进行防治。

(4)效益评价：乔木、灌木、草本结合治理白云质砂石山地是成功的，可以尽快改善生态环境，增加森林景观，获取较好的生态效益和社会效益。

16. 黔东南低山、丘陵区岸路沿线混交林建设模式

(1)适宜范围：该模式适宜在贵州省东部黔东南州黎平县、从江县等地，海拔 500 ~900m，夏季炎热，年平均气温 16℃以上，年降雨量 1300mm 左右的公路、江河沿岸，具有较好水分条件的石漠化土地。

(2)技术思路：以保护现有天然林，改善森林生态系统结构，提高防护效益和经济效益为主攻方向，按适地适树原则，多林种、多树种合理配置，营建混交林，发展珍贵阔叶林；在森林植被遭到破坏的江河沿岸及公路沿线加速营建护岸、护路林。

(3)技术要点

树种选择：马尾松、柳杉、鹅掌楸、竹子、桤木等。

整地方法：块状，规格为 50cm×50cm×40cm 或 40cm×40cm×35cm。

混交方式：针叶树种和阔叶树种采用带状或块状混交，混交比例 1:1。

造林方法：冬、春季节选用Ⅰ、Ⅱ级良种壮苗进行人工栽植。

抚育管理：每年刀抚 1 ~2 次，连续 3 ~4 年。

(4)效益评价：本模式充分利用该区水、热条件好，土壤肥沃的优势，通过人工造林，形成多树种、乔灌结合的森林植被，生态效率明显。

17. 坡度小于 25°的耕(林)地工程改造模式

(1)适宜范围：岩溶地区基岩裸露度在 30% 以上，坡度在 25°以下、水土流失较严重，

但通过工程治理，可以减少或根治水土流失的石漠化坡耕地、宜林地、无立木林地、未利用地。

(2)技术思路：将坡耕(林)地通过炸石造地和客土改良等工程技术措施实施坡改梯，修建引水沟和淤地坝改善耕作条件；在地埂上适当种植乔灌草植物，形成生物墙；采用地膜覆盖、水平种植等技术，以遏止石漠化的恶化和减少水土流失。同时，在治理区域内，建设户用型沼气池，容积 6 ~ 8m^3，以农户为单位在岩溶干旱缺水地区建立农村地头水柜(60 m^3)，解决人畜饮水和旱地浇灌。

(3)技术措施：在对耕(林)地进行沿等高线进行改造后，外侧用石头作地埂，沿地埂补植 30 株左右的用材树种或经济树种，提高经济效益，减少水土流失。

④ 效益评价：该模式是农业综合开发的重要内容之一，也是石漠化区域提高土地生产力的重要举措，具备生态、经济效益。

18. *岩溶地区轻度、中度石漠化经济型生态林治理*

(1)适宜范围：岩溶地区山地中下部、洼地、河谷，坡度相对平缓，一般坡度在 25°以下，基岩裸露度 30% ~50%，岩层倾斜，有较多的岩缝，水热条件好的轻度、中度石漠化土地。

(2)技术思路：在立地条件稍好的地区，充分利用当地水热条件，种植花椒、金银花等经济树种，增加当地群众的经济效益，改善区域生态环境，实现石漠化治理与经济发展同步推进。

(3)技术措施：造林树种以山葡萄、白藤、花椒、金银花等灌木经济树种为主，也可选用杜仲、乌桕、栓皮栎、漆树、盐肤木、竹子、枇杷等生态型经济树种。花椒、杜仲、乌桕等用实生苗，金银花、山葡萄、白藤等用扦插苗，条件许可时采用容器苗或切根苗。采用鱼鳞坑整地，栽植穴下坡外缘用石块砌成挡土墙，以保持水土。

(4)效益评价：该模式结合当地农村产业结构调整而设计，具有较高经济价值。

19. *岩溶地区生态用材林治理模式*

(1)适宜范围：岩溶地区中下部、丘陵地区，坡度 25°以下，基岩裸露率 30% ~70%，岩层倾斜，水热条件较好的轻度、中度石漠化土地。

(2)技术思路：在立地条件较好的地区，栽植侧柏、香椿、苦楝、华山松、桤木、山合欢、朴树、榆树、冬青、任豆树、女贞等用材树种，通过人工造林恢复林草植被。该模式既能绿化石漠化土地，又能为当地群众解决用材和能源问题。

(3)技术措施：在高海拔地区可选用华山松等树种，其余地区可选用香椿、苦楝、华山松、桤木、山合欢等速生树种。不炼山、不全面砍山，鱼鳞坑整地，尽量保留原有植被。造林后连续抚育 3 年。

(4)效益评价：该模式兼顾到农村的用材和薪材需要，经济、生态效益兼备。

20. *坡度大于 25°、水土流失严重的坡耕地实行退耕还林治理模式*

(1)适宜范围：岩溶地区基岩裸露率在 30% 以上，坡度在 25°以上、水土流失严重的石漠化坡耕地，依据《退耕还林条例》应坚决纳入退耕还林还草工程。

(2)技术思路：退耕地树种选择既要具有生态效益，又要能增加群众的经济收入，以调动群众的积极性。一般以生态树种为主，经济树种则视立地条件和群众的喜好，可选择竹子、花椒、杜仲、枇杷等；也可选择藤本金银花，适当配置针阔叶树种，如滇青冈、冲天柏、清香木等。石漠化地区退耕还林还草工程所选用树种、密度及配置、造林技术措施等可参照《退耕还林技术模式》或各省制定的退耕还林技术手册。

(3)技术措施：退耕地整地方式采用鱼鳞坑，规格视土被情况而定，栽植密度为1500株/hm² 左右，连续刀抚3年，适当施肥。地表可种植多年生草本植物，增加地表盖度。

(4)效益评价：该模式以生态效益为主。采用人工造林治理石漠化，具有修复速度快的特点。

21. 中度石漠化山地封山育林恢复植被模式

(1)适宜范围：适宜于岩石裸露率高达70%以上，土壤极少且浅薄，多不规则零星镶嵌在石缝中，因其下基岩透水，保水蓄水功能差，植被恢复过程较漫长，但该地区热量充足，降水量丰富，水热同季，周围又有植物种源，具备天然下种和封育条件的宜林地、无立木林地、未利用地的重度、极重度石漠化土地。

(2)技术思路：采用全面封禁的技术措施，严禁放牧、放火烧山等人为破坏活动，利用周围地区植物天然下种，先育草，后育灌，最后形成乔灌草相结合的植物群落。对有特殊意义的重要地段，如经济条件许可，可采用爆破或挖坑客土造林的办法，人工促进恢复植被。

(3)技术措施：设立封山育林标牌，落实管护人员和制度，选择合适的耐瘠薄、干旱和喜钙的乡土岩溶先锋树种进行补植补造。

(4)效益评价：封山育林与客土造林相结合，不仅解决了难利用地的植被恢复，而且可使一些特殊地段(风景名胜区、水土流失严重区等)加快植被恢复的步伐和增加林草覆盖率。

22. 黔中荒山荒地飞机播种生态公益林模式

(1)适宜范围：适宜于存在大面积宜林荒山荒地、无立木林地、未利用地，植被覆盖度不超过50%，土壤呈微酸性和酸性反应，且适合飞机播种造林的石漠化土地。

(2)技术思路：为加快石漠化荒山荒地的造林步伐，根据许多树种具有天然下种能力的生物学特征，选择马尾松、云南松、柏木等树种进行飞播造林，通过以飞促封，以封保播的管护，措施建设大面积的生态公益林。

(3)技术措施：严格按飞播造林的规程规范执行，对植被覆盖度过高的地段进行适当的割草砍灌，确保飞播种子接触地面；飞播后加强飞播地段的管护工作，严禁人畜破坏，加强野外火源的管理。

(4)效益评价：飞播造林具有投资省、见效快、实施面积大的特点。该模式实施区早期播种的地区已成林成材，近期播种的也已郁闭成林，生态公益效益显著。

23. 低中山河谷山地木豆栽植模式

(1) 适宜范围：适宜在云贵高原向广西低山丘陵过渡的斜坡地带，海拔多在1000～1300m的属珠江流域南盘江和北盘江水系的干热河谷，年均降雨量1300mm，年均气温16.5℃，干热河谷气候特征明显，岩溶地貌广布，土壤以山地黄棕壤和黄壤为主，多为石旮旯石漠化土地。

(2)技术思路，选用生长快、适应性强、根系发达、适宜作饲料的木豆树种，通过与香椿、喜树、花椒、柏树、楸树等混交营造生态林，达到快速恢复植被，推进畜牧业发展的目的。

(3)技术措施：实施行间混交，每2行木豆种1行其他乔灌木树种；加强造林地的抚育管理，通常前3年每年抚育不低于1次，合理追肥。

(4)效益评价：种植木豆投资少、见效快，是石旮旯地石漠化治理较为理想的模式。种植木豆，每公顷只需种子费 25～30 元，播种后 6～7 个月即可收获，一次播种，可收获 5～6 年，年产豆量平均为 3000～4500kg/hm^2，产值可达 6000～9000 元。

24. 黔中低中山生态经济型防护林模式

(1)适宜范围：在海拔 1000m 左右，河谷切割较深，高原面较破碎，土壤瘠薄、石漠化较严重的区域。

(2)技术思路：按照“适地适树”的原则，把防护林体系建设与群众的脱贫致富紧密结合起来，充分调动群众植树造林积极性，加快生态环境与经济建设步伐。营造速生、高效的生态经济林分。

(3)技术措施：选择马尾松、杜仲、黄柏、香椿、苦楝、华山松、桤木、山合欢等速生树种。不炼山、不全面砍山，鱼鳞坑整地，尽量保留原有植被。造林后连续抚育 3 年，种植时施基肥 2kg/穴。

(4)效益评价：本模式具有明显的生态效益和经济效益。营建的生态经济型防护林既改善了当地的自然环境，又提高了群众的生活水平，群众乐于接受。

25. 南、北盘江干热河谷水土保持林模式

(1)适宜范围：在海拔 600m 以下，年平均气温 18～20℃，生长期 340 天以上，年降雨量 1000～1400mm 的红水河、南盘江及北盘江干热河谷地区的中度以上石漠化地区。

(2)技术思路：该区域冬春干旱严重，夏季高温高湿，树种选择及造林难度很大。因此，按照先绿化后提高的思路，选择车桑子、金银花、滇柏等岩溶先锋造林。合理、科学造林育林，加大抚育管护力度，尽快恢复森林植被。

(3)技术措施：整地规格不宜过大，严禁随意破坏现有植被；种植密度适当加密；造林后用枯枝落叶或石头覆盖种植穴，防止水分蒸发。

(4)效益评价：车桑子、金银花是干热河谷地带岩溶生态修复的主要树种，金银花具有一定的经济效益，在干热河谷地区立地条件较差的荒山采用本模式效果比较理想。

26. 黔中新桥河流域石漠化综合治理模式

(1)适宜范围：在中亚热带季风湿润气候区内，年降水量 700mm，年蒸发量 800mm，岩溶地貌发育强烈，岩石裸露程度大，水土流失严重，由白云岩、石灰岩等成土母岩发育成的石灰土上。

(2)技术思路：以白云质砂石山、石山、灌丛地和陡坡耕地为治理重点，“造、封、管、沼、节”并举，努力增加林业生态建设的科技支撑力度，提高营造林质量，不断扩大森林植被面积，遏制水土流失和石漠化，实现生态、经济、社会效益统一协调发展。

(3)技术措施：选择适应性强，根系发达，水土保持功能强，具有一定经济价值的树种造林，如喜树、桤木等；不炼山，保护好现有林草植被；整地方式根据立地实际而定，可采取随整随造。

(4)效益评价：通过对关岭县新桥省级生态综合治理示范区 3 年的综合治理，建设 4m^3 商品化玻璃钢沼气池 80 口、6m^3 水泥浇灌沼气池 40 口和节柴灶 180 户。农户通过使用沼气、电、煤，大大降低了农户对植被资源的破坏。模式区净增森林面积 600hm^2，森林覆盖率由过去的 8.2% 提高到现在的 71.4%。模式区内的水土流失和土地石漠化得到有效控制，生态环境明显改善。

27. 黔中荒山荒地水土保持林建设模式

(1)适宜范围：山体切割大，坡度较陡的石漠化荒山荒地。

(2)技术思路：针对该区的自然和社会经济特点，选择耐干旱瘠薄、根系发达、穿透力强、生长迅速的树种进行人工植苗造林，加速石漠化土地的修复。

(3)技术措施：根据防护林的林种功能要求，提倡营造宽带状或大块状针阔混交林。选择的树种有马尾松、火炬松、华山松、柳杉、杉木、刺槐、麻栎、白栎、栓皮栎、檫木、香椿、喜树、梓木、楸树、杜仲、黄柏、山苍子等。采取“见缝插针方式”整地，配置方式因地而宜，密度适当加大。

(4)效益评价：本模式通过人工植苗造林，充分利用了林地资源，遏制了水土流失，而且增加了有林地面积，扩大了森林资源，提高了森林覆盖率，效益明显。

28. 云南省曲靖华山松与栎类混交水土保持林建设模式

(1)适宜范围：岩石裸露率60% ~70%，海拔2100 ~2300m，石旮旯地里土壤厚度30 ~ 50cm，土壤湿润、半湿润的岩溶山地。

(2)技术思路：华山松、栎类均具有耐干旱瘠薄，根系发达、穿透力强、生长迅速的特性，形成针阔混交林，生态效益明显。

(3)技术措施：根据防护林的林种功能要求，提倡营造宽带状或大块状针阔混交林。采取“见缝插针方式”整地，配置方式因地而宜，密度适当加大，采用1年生裸根苗人工植苗造林。

(4)效益评价：该模式造林成活率高，郁闭成林早，受益快。

29. 云南陆良县柏树与青冈、滇合欢混交水土保持林模式

(1)适宜范围：山高坡陡，海拔范围1800 ~2700m，坡度25° ~35°，岩溶地貌发育，基岩裸露率在70% ~89%的重度、极重度石漠化土地。

(2)技术思路：圆柏、青冈、滇合欢均具有耐干旱瘠薄，根系发达、穿透力强、生长迅速的特性，郁闭后形成针阔混交林。可选阔叶树种有麻栎、栓皮栎、圣诞树等。

(3)技术措施：青冈、麻栎、栓皮栎、滇合欢种子不易储藏，采用冬季凸膜育苗，应用GGR生长调节剂浸种8小时后播种，翌年6月出圃造林。圆柏采用一年生容器苗造林。人工造林后严格封山管护，严禁放牧。

(4)效益评价：该模式在人工造林3年后，保存率达到86%，草本植物恢复较快，昔日白茫茫的石灰岩裸露地被林草覆盖了70%，石漠化治理效果好。

30. 以砂仁种植为核心的“砂仁-养猪-沼气”生态经济模式

(1)适宜范围：在花江岩溶峡谷约海拔800m以上的地带，为碳酸盐岩夹碎屑岩地区，有一部分土山土坡，土坡上土层较深厚，土壤质地较好。但由于山高坡陡，河谷深切，土(田)高水低又受干热河谷气候制约，降水量较周围邻近地区明显偏少。

(2)技术思路：峡谷地区适宜发展喜热耐旱、适合在中性土壤上生长的香料植物——砂仁。砂仁是一种热带、亚热带多年生草本植物，砂仁株高可达1.2m，甚至高达1.5m，根系发达具有保水保土和美化环境的双重作用。食药两用，全株可入药，具有燥湿、怯寒、消食等多种功效。砂仁果实含芳香油高，是一种重要的调味香料，目前市场价鲜果5元/kg左右，干果约60元，可以帮助农户较快地脱贫致富，有较高的经济效益。

(3)技术措施：砂仁育苗一般在当年10月进行，主要采用撒播种子育苗，育苗前进行

整地和用石灰对育苗地进行消毒处理，出苗30cm后，进行移栽，移栽时砂仁苗根系要放在原苗圃地、较厚土层的石旮旯窝窝里，移栽时间宜在每年雨季的5~7月，若在冬春干旱季节种植，就要及时浇水。砂仁种植间距1m×1m左右，在砂仁地里还可套种适生经果林如柿树、石榴、桃、核桃等乔木果树，树间距4m×4m，利用砂仁养猪和发展沼气。

(4)效益分析：此种模式起源于贵州贞丰县兴北镇查耳岩村戈背组，从1997~2002年户年均净增经济效益98元，山上林草植被快速恢复。该模式具有较好的生态、经济和社会效益。

三、湘鄂中、低山丘陵中亚热带区

1. 湖南省隆回县金银花生态经济型治理模式

(1)适宜范围：成土母岩为石灰岩、白云岩等碳酸岩类，土壤为红壤，基岩裸露较高的南亚热带和中亚热带的中度、重度石漠化土地。

(2)技术思路：金银花属藤本植物，除能绿化和减少水土流失外，金银花还是一种中药材，市场前景良好，与乔木或灌木树种混交，具有较好的生态效益，兼顾到经济与社会效益。

(3)技术措施：选择灌木树种车桑子、紫穗槐等，与金银花混交形成经济型生态复层林。金银花密度750株/hm^2左右，紫穗槐(车桑子)密度1500株/hm^2，按土体分布情况配置植株；保留原有植被，采用鱼鳞坑整地或反坡梯整地，穴的两侧设引水沟或集水面；造林后第二年进行穴状抚育，实行封禁，形成复层结构。

(4)效益评价：本模式具有郁闭快，水土保持功能强、生态功能稳定的特点，另外金银花是中药材，可增加农民收入，有利于农村产业结构调整。

2. 湖南省隆回县退耕还林金银花林药造林模式

(1)适宜范围：该模式适宜于高海拔山区的石漠化坡耕地，是石漠化区域退耕还林还草中重点推广的模式。

(2)技术思路：金银花是木质藤本植物，冠幅大，根系发达且盘绕，固土能力强，又是一种名贵中药材，具有较高的经济和药用价值。在采取坡改梯或营造生物埂的前提下，对坡度25°以上及水土流失严重的坡耕地，大力实施以金银花林药栽植方式为主的退耕还林工程建设，既能保持水土，又能帮助农民迅速脱贫致富。

(3)技术要点

三木(厚朴、黄柏、杜仲)+两花(金银花、雪花皮)+草本药材(牛膝、白术)生态经济型立体栽植模式。厚朴、黄柏、杜仲是名贵的中药材，雪花皮是丛状灌木，都具有较好的保持水土、涵养水源的能力，牛膝、白术是较好的草本药材，经济价值高，种植得当，既能提高覆盖度，又能增产增收，达到长短结合，综合平衡的效果。退耕3年后，金银花、雪花皮形成篱笆，防护效益、经济效益兼具，不再间种草本药材，实行封禁，让草本植物郁闭，继续形成乔—灌—草立体结构模型。

栽植方式：沿等高线改造，梯地宽3~5m，中间栽植厚朴(黄柏、杜仲)，栽植密度为750株/hm^2，林下种植牛膝、白术等草本药材；梯地外侧栽植金银花(雪花皮)锁边，栽植密度为2250株/hm^2。

果木林(苹果、梨、桃)-金银花高效经济型栽植模式。苹果、梨、桃等果木林在高海拔山区特殊气候条件下，季节推迟，果质特别，具有良好的经济价值。

栽植方式：沿等高线改造，梯地宽 3 ~ 5m，中间栽植苹果(梨、桃)，密度为 750 株/hm^2；梯土边栽植金银花锁边，密度为 2250 株/hm^2。

金银花-雪花皮高效经济型生态林栽植模式。金银花是木质藤本植物，冠幅大，枝叶茂盛，遮盖面宽而严实，根系发达且盘绕，固土能力强，保土效果好，抗性强。又是名贵中药材，产量高，市场广，效果好，深受老百姓喜爱。雪花皮是丛状灌木，杆多叶茂，既是名贵的造纸原料，具有较高的经济价值，又是保持水土、涵养水源的阔叶树种。该模式经营操作简便，经济效益和生态效益良好，是高寒山区的一种主要造林模式。

栽植方式：沿等高线改造，梯地宽 3 ~ 5m，中间栽植金银花，密度为 2250 株/hm^2；梯土边栽植雪花皮锁边，密度为 2250 株/hm^2。

(4)效益评价：该模式很好地解决了农、林矛盾，见效快，效益好，群众容易接受。

3. 湖南省新化县马尾松防护林模式

(1)适应范围：基岩裸露率高，土壤瘠薄的中亚热带石漠化土地。

(2)技术思路：在保留原有植被的条件下，采取“见缝插针、见土植树”的方式，栽植造林绿化先锋树种—马尾松，与原有保留的阔叶树种构成针阔混交林。

(3)技术措施：不炼山，不全砍，采取穴状或鱼鳞坑整地；采用 1 年生马尾松裸根苗或半年生营养袋苗；适当密植，2700 ~ 4200 株/hm^2，造林后穴上用石块、枯枝落叶或塑料薄膜覆盖；造林后加强森林管护，严禁人畜破坏；前 3 年每年进行 1 次松土、除草。

(4)效益评价：马尾松是造林绿化的先锋树种，造林成活率高，且保留了原有树种，形成复层混交林，生态功能稳定。

4. 湖北省咸丰县低山河谷杜仲、柏树经济型生态混交林

(1)适应范围：在海拔 500m 以下岩石裸露率 50% 以下水热相对充足的低山河谷地段的中度、重度石漠化土地。

(2)技术思路：杜仲是一种经济价值较高的中药材，对土壤的要求不高；柏树耐干旱瘠薄，成活率、保存率高，是治理石漠化土地的先锋树种。两者混交种植具有较强的互补性。

(3)技术措施：不炼山，尽量保持原有植被，采取鱼鳞坑整地；混交按 1∶3 的比例，在土层深厚的地块种植杜仲 600 ~ 900 株/hm^2，柏树交叉种植在杜仲之间；造林后加强管护，避免人畜破坏；杜仲在造林后 3 年内要进行施肥，施肥量 120 ~ 180kg/hm^2。

(4)效益评价：柏树密植有利用于尽早郁闭成林，保持水土，种植杜仲可获得可观的经济效益，有利于农村的脱贫致富，本模式的生态、经济效益俱佳。

5. 湖南省岩溶地区工矿废弃地治理模式

(1)适应范围：岩溶地区由于开矿、取石后形成的废弃石漠化土地。

(2)技术思路：将废弃石漠化土地分成石壁顶部、石壁、料场迹地和边坡 4 部分，并分别采取不同的治理技术，实现石漠化土地的最终治理。

(3)技术措施：在石壁顶部采用草本或灌木树种进行绿化，以防止下雨时对石壁的冲刷，另外顶部(10m 范围内)尽量少采用高大乔木树种，防止塌方；石壁的治理技术主要有喷混植生、液压直喷、植生槽(盆)、钢筋砼框格悬梁、三维网喷混植生、梯级爆破等工程与生物技术；料场迹地的治理可采用爆破整地技术，造林树种可选择喜钙质、深根性、耐瘠薄干旱的树种，如柏木、刺槐等；边坡治理主要在保存原有植被基础上，进行挖穴客土植树，以阔叶灌木树种为主；另外在边坡和料场迹地撒播草种、保水剂和土壤混合体，快速增加地表盖度；治理后严禁牲畜破坏。

(4)效益评价：该模式投资虽较大，但能较快实现绿化，改善生态环境，另外城郊可适当栽植部分观赏性树种，提高景观效应。

6. 湘西封山育林人工增阔促进天然植被恢复模式

(1)适宜范围：岩石裸露率高，土层瘠薄的丘陵、低山区，植被稀少，造林难度大，但具有天然下种或萌蘖能力的疏林、灌丛、阔叶林采伐迹地以及宜林地的石漠化土地及潜在石漠化土地，主要在湘西、怀化推广应用。

(2)技术思路：根据立地条件状况，充分利用南方优越的水热条件、树种天然下种和萌芽能力强的特点，采取全面封禁、人工补植阔叶树等技术措施，减少造林投入，加速植被恢复，形成混交林，提高森林的涵养水源、保持水土功能。

(3)技术要点

规划设计：选择适宜的乡土树种，按照建立生态公益林的要求，根据“见缝插针”的原则，采取“育针、补阔、留灌”的方法，营造块状、行状或株间混交的多种形式的复层林。

封禁保护：制定封育规章制度，落实护林人员和报酬，制定可行的乡规民约，树立封育标志，搞好管护工作。加强宣传管理，在封育期内，禁止采伐、砍柴、放牧、割草和其他一切不利植物生长繁育的人为活动。定期检查，发现问题及时纠正或处理。

人工促进：对封育区内的林间空地、天窗，采取人工植苗、点播的方式增加树种的密度和多样性。如树种单一的针叶林可采取补植阔叶树种的方式，如枫香、桤木、刺槐、酸枣、檫木、马尾松等。整地规格需视树种而定，一般以 30cm×30cm×30cm 为宜。对造林地上原有的和天然下种侵入的幼树进行抚育、培土等，促进快速成林。

配套措施：改燃、改灶节柴，提倡烧煤。在有条件的地方大力推广沼气、小水电等清洁能源，减轻农村生活用柴对森林植被的压力。

(4)效益评价：本模式具有投资少，见效快，效果好的特点。采取封山育林方式，同时辅以人工促进措施，可加快植被恢复进程，形成针阔混交林。湘西土家族苗族自治州近 10 年来累计封山育林 31.4 万 hm^2，其中已封山育林 11.9 万 hm^2，目前在封面积 19.5 万 hm^2。花垣县兄弟河流域自 1989 年以来封山育林 2800hm^2，现已全部封山成林，从而使境内的森林覆盖率由 34% 上升到 55%，昔日的荒山秃岭，如今已绿树成林，效果十分显著。

7. 湘西中低山防护林体系建设模式

(1)适宜范围：在海拔 1000m 以上，山体较大，坡面长，坡度陡，相对高差大，土层浅薄、气候复杂，降水丰富，雾多，空气湿度大、植被稀少，水土流失严重，生态环境脆弱，经济欠发达的湖南省武陵山区、雪峰山区、幕阜山区、南岭等大山体及河流两侧的石漠化土地上推广。

(2)技术思路：人工造林与封山育林相结合，兼顾生态和经济效益，建设水土保持林和水源涵养林。在山顶选择适生的高山适生树种，采用封、造结合的方式建设水源涵养林；在山腰选择固土能力强的树种营造水土保持林；在山脚选择经济价值较高的适生经济、药材树种，营造高效经济林。坡面较大时，设计、布设“一坡三带”，即水源涵养林带、水土保持林带和农林复合型经济林带。

(3)技术要点

山顶水源涵养林：选择油松、日本落叶松、黄山松、柳杉、刺柏、光皮桦、桤木等适宜高山生长，涵养水源、保土能力强的树种，采用块状或带状混交方式营造混交林。一般秋冬季节穴状整地，规格 50cm×50cm×50cm。冬春季造林，栽植密度 3000～4500 株/hm^2，随起随栽，苗正根舒，适当深栽，分层添土、踏实。造林后辅以封山育林措施，以形成乔灌草复层结构。控制林分郁闭度在 0.5～0.7。

山腰水土保持林：选择保土保水能力强、生长快的树种，如桤木、光皮桦、黄山松、油松、马褂木、马尾松等营造混交林，形成异龄复层结构混交林分。混交方式采用带状混交，栽植密度 3000～4500 株/hm^2。林带的宽度一般 20m 左右，两带之间的距离为 50m 左右。

山脚高效经济林：选择水果、木本油料、干果、药材等经济林树种，如脐橙、茶叶、油茶、梨、李等，建设高效经济林。

(4)效益评价：本模式在湖南省中方县、沅陵县推广面积达 5350hm^2，年产值在 1 亿元以上，成效显著，既保持了水土，又成为当地群众脱贫致富的主要途径之一。

8. 湘西高湿低温区植被恢复模式

(1)适宜范围：在海拔 1200～2000m、相对高差 800m 以上的地带，主要气候特点为高湿、低温。土壤由石灰岩发育而成，土层浅，植被稀疏，自然恢复力差，造林成活率低。在湖南、湖北、重庆边区的山原地带应用较广，可在长江中游地区及其他适宜区推广。

(2)技术思路：由于模式区的气候条件恶劣，造林树种选择是成功的关键。为此，须选择合适的造林树种进行人工更新，以形成针阔混交林，提高植被的覆盖度，增强涵养水源、保持水土的功能。

(3)技术要点

树种选择：以日本落叶松为主，马褂木、黄山松、华山松等在山原地貌表现良好，亦可应用推广。

造林技术：保留有价值的阔叶林，沿等高线呈“品”字形穴垦整地，穴规格为 50cm×50cm×40cm。日本落叶松与马褂木以 8∶2 的比例进行带状混交。日本落叶松用 2 年生苗，马褂木用当年生苗造林。立春至雨水间造林，行距 2.0m×3.0m×2.5m。栽植时先汇集表土，增加定植穴土层厚度，做到苗正根舒、深栽压实。造林当年锄扶、刀扶各一次，以后每年刀扶 2 次，连续抚育 3 年。

(4)效益评价：本模式简单易行，植被恢复快，容易形成结构合理的复层混交林，生态效益显著。

9. 湘西北低山、丘陵区水土保持林建设模式

(1)适宜范围：在湘西北低山、丘陵区的低海拔山坡、山谷应用，但忌在风大、有雪害的地段应用。该区域年降水量 900～1400mm，母岩以石灰岩为主，土层厚度通常低于 40cm。且该区域人口密度大，石漠化呈块状或片状分布，天然植被稀疏，树种单一，森林质量差，生态防护功能弱。

(2)技术思路：桤木是从四川省、重庆市引进的外来树种，对土壤要求不严，耐旱耐干燥贫瘠，酸碱度适应范围广，生长快，改良土壤能力强。大力发展桤木，营造桤木与柏木、刺槐等混交林，可促进树种、林种结构调整，提高森林涵养水源、保持水土的能力，建立起稳定的森林生态体系，同时，大大提高土壤肥力。

(3)技术措施

整地：整地时间为8～9月份。坡度25°以下的荒山、荒地、退耕还林地，带状整地，带宽0.8～1.0m，深度20～25cm；坡度25°以上，穴垦整地，穴的规格为60cm×60cm×50cm，表土回填为龟背形。

栽植：造林时间为当年12月至翌年2月中旬。在土层较深厚、肥沃的地段营造薪炭林时，密度6000～7500株/hm^2；营造用材林，栽植密度1650～3300株/hm^2。栽植时选择阴雨或细雨天，当天起苗，当天栽植，未栽植完苗木应于隐蔽处存放或假植。苗木选择生长健壮，无病虫害，无机械损伤，根系完好的1～2年生实生苗，苗高80～100cm，地径粗0.8～1.0cm，要求栽实、踏紧、根舒、苗正。在冲风的山脊、山洼、风口要适当深栽；土壤贫瘠的"三难地"应适当带土移栽，以提高成活率。

营造混交林：在岩石裸露、土层瘠薄的"三难地"上造林时，可选择柏木、刺槐小块状或行间混交，以形成复层林冠，桤木给柏木蔽荫，且根系具有根瘤，可以提高土壤肥力，促进柏木生长。桤木与柏木混交，行间距2.5m，栽植密度2700～3000株/hm^2；桤木与刺槐混交，行间距2.0m，栽植密度2250～2700株/hm^2。桤木作为伴生树种，8～12年便可采伐用作坑木或造纸材。

抚育管理：桤木造林后头3年应加强抚育，每年夏、秋各抚育1次，即每年4月初至5月中旬进行第1次抚育，培兜，扩穴、松土，将树四周杂草铲除培兜，有条件的每穴施复合肥或磷肥0.25kg；第2次抚育时间在9～10月份，主要是清除杂草。桤木薪炭林，栽植密度一般较大，可采用平茬方法，使其大量萌芽，增加薪材产量。

(4)效益评价：本模式技术简单，容易操作，能尽快恢复植被，达到较好的绿化效果，解决群众的烧柴等问题，同时能促进林种、树种结构的调整，具有较高的生态效益。花垣县林业科学研究所的调查资料表明，19年生桤木林的最大株胸径为35.4cm，树高28.5m；11年生桤木的平均胸径为14cm，高9.5m。

10. 鄂西南石漠化坡地林业生态治理模式

(1)适宜范围：在鄂西南山地恩施州境内的碳酸盐石质山地。由于森林过度采伐，植被破坏，坡地遭受严重侵蚀，土壤流失严重，肥力急剧减退，岩石裸露，形成石漠化坡地。本模式适宜在鄂西南山地、长江中上游山地同类型地区推广应用。

(2)技术思路：土壤瘠薄地带以封育为主，土层稍厚的地区进行人工造林。在土层厚度小于30cm或坡度大于45°的地带，以封山为主，保护与恢复包括乔木、灌木、藤木以及草本植物在内的天然植被；在适宜人工造林的地块进行人工补植、补播，增加单位面积树种密度；采取封山育林方式，禁止林地内的一切人畜活动，保证植被的恢复与正常生长。

(3)技术措施

造林树种：刺槐、柏树、杜仲、刺楸、黄连木等为主要造林树种，同时配置馒头果、牡荆、胡枝子等灌木树种，植被稀少地带配置豆科或禾本科草种；加强后期管护，防止人畜破坏。

营造林方式：在具备人工造林条件的地带采用植苗或直播造林。株行距：刺槐2.0m×3.0m；柏树1.5m×2.0m；杜仲2.0m×2.0m；刺楸2.0m×3.0m；黄连木3.0m×3.0m。

(4)效益评价：本模式通过封山育林、植树造林相结合，具有投资少、见效快的特点。

四、川渝鄂亚热带区

1. 重庆市黔江区中山丘陵区刺槐与马尾松混交水土保持林模式

(1)适宜范围：海拔1000～1800m的石灰岩中山丘陵区，气候属中亚热带暖湿季风气候类型，对土壤瘠薄、土层较薄的中度以上石漠化土地。

(2)技术思路：刺槐、马尾松均具有耐干旱瘠薄、生长快，成活率、保存率高，根系发达，能耐高温的特性，是干旱贫瘠、植被恢复难度大地段的造林先锋树种。混交后，森林生态系统功能稳定，生态效益显著。

(3)技术措施：采用穴状整地或反坡梯整地，两侧开挖引水沟，穴外围筑保护埂；可按1∶1进行混交，根据土被情况，每树种种植密度为1200～1800株/hm^2；为提高成活率，尽量采用1年生容器苗造林；造林后第2年至第4年，每年穴状抚育1～2次，以松土、除草为主。

(4)效益评价：本模式造林树种具有生长快、成活率高、成林快的特点，能达到石漠化土地的生态修复，有较好的生态效益。

(5)可选树种：柏木、油茶、麻栎等。

2. 重庆市武隆县生态旅游区红椿、猕猴桃混交模式

(1)适应范围：年降水量1000mm以上，年日照1000小时以上，海拔800～1600m的中山山地，基岩裸露度高的石漠化土地。

(2)技术思路：对于旅游风景区，红椿具有较高的观赏价值，猕猴桃具有较高的经济价值，且均有较强的耐寒性；两者混交后，形成复层林，生态效果明显，既能满足石漠化土地的治理要求，同时兼顾到经济效益和景观效应。

(3)技术措施：不炼山，穴状或水平阶整地；采用良种嫁接苗，造林密度为每树种600～900株/hm^2为宜，植苗后用地膜或石块覆盖；造林后3年内每年进行穴状抚育1～2次，并列入管护范围。

(4)效益评价：红椿干形好，枝繁叶茂且美观，可供游人观赏；猕猴桃具有较高的营养价值，市场前景看好，且符合目前生态农业的实际需要；混交后，大大提高了涵养水源、保持水土的功效。

(5)可选树种：乔木树种可选择景观效应好的枫香、马褂木等。

3. 四川省低山丘陵区桤木、柏树混交生态林模式

(1)适应范围：四川省的低山丘陵区，基岩裸露率30%～70%，属亚热带湿润气候，年均降雨量在1000mm以上的石漠化土地。

(2)技术思路：该区域土地瘠薄，水土流失严重。桤木具有生长快，材质好，根系发达，具有较好的水保功能；柏木的生长虽较慢，但具有喜钙质土地、耐瘠薄和干旱的特性；两者混交并密植有较好的涵养水源、改善生态环境的作用。

(3)技术措施：采取穴状或鱼鳞坑整地，外围筑保护埂，以熟化土地；混交比例为1∶4左右，桤木栽植密度450～750株/hm^2，桤木种植在土层相对较深厚的地块，柏木混交在其四周；选用1年生裸根苗，或半年生营养袋苗；造林后加强抚育管理，纳入封山管护范围。

(4)效益评价：造林3年后，能有效地减少水土流失，到20年左右，桤木可进行择伐，满足部分用材的需要，本模式的生态、经济效益俱佳。

4. 湖北省山区、丘陵栎类薪炭林模式

(1)适应范围：在中亚热带暖湿季风气候区，基岩裸露率 70% 以下、降水量 1000mm 左右的轻、中度石漠化土地。

(2)技术思路：在保留原有植被的前提下，种植适应性强、材质坚硬、耐烧、且萌芽能力强的栎类，营建薪炭林。另外，栎类还可作为木耳培植材。

(3)技术措施：不炼山，采用鱼鳞坑整地；用实生苗或挖树蔸进行种植；在经营上采取矮林作业；造林后要加强管护，有计划地进行采伐；加强有害生物的防治工作。

(4)效益评价：本模式由于栎类的萌芽更新能力强，具有很好的绿化作用，同时能满足当地薪炭材的需要，部分栎类树木可用于培育木耳，增加农民收入。该模式的生态、经济、社会效益都较好。

5. 丹江库区石灰岩山地的川柏—白花刺混交型水土保持林营造模式

(1)适宜范围：石灰岩山地的原生性植被破坏后，基岩(地表)裸露，水土流失加剧，土层逐年变薄，普遍为茅草覆盖，杂灌难以生存，属生态系统十分脆弱的重度、极重度石漠化区域。本模式适宜在丹江库区上游的汉江两岸以及石灰岩山地类似立地类型推广。

(2)技术思路：针对当地土层浅薄、岩石裸露度大的实际，选用适宜当地生长的川柏造林，尽量保存林下原有灌木和草本或适当栽植灌木，恢复植被，并形成复层林相，提高防护效益，改善生态环境。

(3)技术措施：由于土层浅薄，肥力低，雨量较少，大苗造林难以成活，宜用 1 年生川柏苗造林。鱼鳞坑整地，沿等高线布置，株行距 2.0m × 3.0m，穴的规格为 50cm × 50cm。石灰岩山地常见的杂灌树种有盐肤木、酸枣、黄荆条、刺槐、马桑等，在灌木稀少的地方采用人工栽植耐干旱瘠薄、易成活、固土能力强的白花刺，株行距 50cm × 50cm，以增加地面覆盖。

配套措施：栽植川柏时尽量客土造林，每穴客土 25kg。为了提高成活率，穴内应加入保水剂，并用枯枝落叶或石块覆盖。

(4)效益评价：实践证明，在丹江库区石灰岩山地人工营造川柏林，林下栽植白花刺灌木，是适宜当地立地条件的最好造林模式。10 年前按此方式营造的林分，现已郁闭成林，生态效益十分明显。

6. 鄂西北山地针阔混交型水源涵养林建设模式

(1)适宜范围：适宜于鄂西北山地北部边缘，基岩裸露度较大，雨量丰富，气候适中，自然条件较好的石漠化土地或潜在石漠化土地。

(2)技术思路：对海拔 800m 以上、目的树种较多、林相较为整齐的杂灌木林地，封山育林恢复植被；对目的树种较少的疏林地、退耕地，通过补植补造乡土树种如栎类等加速植被恢复。

(3)技术措施：按山区 $20hm^2$ 一个封育区的标准合理划分封育区，每个封育区设立标牌，标明封山育林区边界、保护目的和对违规者的惩罚；建一个护林棚，固定一名护林员，进行巡山护林；制订、落实封育区的目的树种的恢复方案，通过乡土树种植苗恢复植被。

(4)效益评价：该模式具有见效快，投资少，生态效益明显的特点。

7. 岩溶地区山地生态薪炭林治理模式

(1)适宜范围：岩溶地区中下部、丘陵地区，基岩裸露率 30% ~70% 的潜在石漠化、轻中度石漠化，岩层倾斜，水势条件较好的地区，人口相对集中，农村能源紧缺的石漠化区域。

(2)技术思路：选用热能含量高的乔木或灌木树种，如栎类、刺槐、桤木、赤桉、车桑子等树种进行植被恢复。对于具备一定的自然恢复能力的灌木林地、疏林地、宜林地及无立木林地，采用封山育林，通过补植补造人为干扰加速演替进程；对于自然恢复能力弱的宜林地、无立木林地及未利用地和坡耕地，采用人工造林恢复植被。

(3)技术措施

人工造林：一般不炼山、不全面砍山，鱼鳞坑整地，尽量保留原有植被，造林密度及配置因地制宜，视造林地土被情况，可见土栽植。造林后连续抚育 3 年。成林后采取矮林作业，实行有计划采伐。

封山育林：在保持原有植被的情况下，在林中空隙地见缝插针补植补造萌芽能力强的薪炭林树种，采用合适的封育方式。

(4)效益评价：能在较短的时间内解决农村能源短缺问题，且能防止水土流失，增强水源涵养、保持水土的功效。

8. *石漠化山地逐级恢复治理模式*

(1)适宜范围：基岩裸露率 70% 以上，立地条件极端恶劣，且母树和幼树非常缺少的重度、极重度石漠化土地。

(2)技术思路：对石漠化土地进行全面封育，补植补播适应性强的草本或灌木树种，等立地条件得到改善后，然后补植补播乔木树种，再形成乔灌草复层林分。

(3)技术措施：在保留原有植被的基础上，对石缝、石沟等有土壤的地块，补植补播草本或灌木树种，可不进行抚育；当土地上植被综合盖度达到 80% 以上时，可依据土壤分布实际适当补植部分耐瘠薄、干旱的石漠化区域先锋乔木树种，但尽量不要破坏原有植被；成林后严禁进行采伐。

(4)效益评价：该模式因地制宜，具有较好的生态效益。

第 14 章

石漠化治理成功典型案例

岩溶区域的广大干部群众为改变当地生态恶化、贫穷、落后的局面，自发或结合生态建设工程的实施，对石漠化土地治理进行了有益的尝试，积累了大量的防治经验，树立了一批防治典型。作者经多次深入石漠化区域开展调查研究，对西南地区石漠化防治的典型案例进行了总结归纳，以供石漠化防治与研究相关人员参考。

一、贵州毕节市观音河流域石漠化治理典型

贵州毕节市观音河流域属长江水系乌江支流，是典型的岩溶地貌，流域内山高坡陡，耕地质量差，人口压力大，加上粗放的农业耕作方式，水土流失极为严重，群众生活十分贫困。1988 年，区域内水土流失面积 88. 12km^2，占流域面积的 59. 1%，其中中度流失率以上达 80. 0%，年土壤侵蚀总量达 46. 55 万 t，土壤侵蚀模数 5282t/(km^2 · a)，人均耕地 0. 2hm^2，粮食总产量 1098. 4 万 kg，平均单产 1612. 9kg/hm^2，人均占有粮食 251. 6kg，农民人均纯收入仅 262. 2 元，绝大多数群众长期处于贫困线以下。

1988 年在当时任贵州省委书记胡锦涛同志的倡导下，经国务院批准，毕节地区成为全国农村改革试验区。而观音河流域属其中试验区之一，为推进观音河流域的石漠化治理，采取了以下措施：

1. 生物措施

主要是对潜在石漠化、石漠化土地上的疏林、灌丛草地实施封禁，并辅以人工植被恢复，严禁人畜破坏，尽快提高郁闭度，改善和保护生态环境。封禁的主要方式有全封、半封和轮封；在宜林荒山荒地、无立木林地及未利用地(轻度、中度石漠化土地)营造以华山松、刺槐等适生树种为主的水土保持林；对陡坡耕地进行退耕还林，对立地条件较好，交通方便，便于管理的退耕地，适当发展经济林。流域内林地面积增加到 6119. 33hm^2，原有破碎的有林地、疏林地林相大为改观，植被覆盖率由 28. 38% 提高到 41. 04%。水土流失基本得到控制，流失面积降低到 49. 87km^2，减少了 43. 41%，年土壤侵蚀量降低到 13. 30 万 t，减少径流量 1590 万 m^3。

2. 工程措施

通过炸石客土等方式对坡耕地进行梯田化改造，变“三跑”地为“三保”地；因害设防，配置小型水利水保工程，解决岩溶地区易涝易旱问题；同时兴建木质能源替代工程，如兴建沼气池等。

3. 农业耕作措施

在流域内大力推广绿肥免耕，横坡聚垄、合理密植、营养袋移植、地膜覆盖、保水剂的使用等配套技术，以及实施套种和轮作技术，增加地表盖度，增强土壤水分入渗能力。

4. 技术与行政组织保障技术

采取把组织动员群众投工投劳的职责承包到县、乡行政领导，把技术服务、掌握质量标准的职责承包给技术人员的“双向”承包办法，既强调互相配合，又强调各负其责，确保工程的质量。层层落实责任制，建立流域管护机构，负责治理成果的维护与巩固；落实专人管护，拟订管护制度和措施，落实责、权、利；在乡、村聘请专、兼职监督与监察人员，负责对生态环境治理的监督和预防保护；加强石漠化治理成果的检查力度，兑现奖罚制度。

通过以上一系列治理措施，观音河流域的石漠化治理取得了显著的成效。粮食总产量由治理前的1098.4万kg，提高到2004年的1899.8万kg，增长73.0%；平均单产由治理前的1612.9kg/hm^{2}提高到3195.0kg/hm^2，增长98.1%；人均粮食达到410.0kg，增长63.0%；农民人均纯收入增加到1152.0元，增长3.4倍。流域内90.0%以上的群众已解决温饱，开始步入小康，50.0%以上的群众购买了电冰箱、洗衣机等家用电器，物质文化生活不断丰富。近年来，观音河流域随着生态环境得到改善，流域抗御自然灾害的能力明显增强，基本无重大灾害发生。尽管1993年发生降雨量113mm/24h的大暴雨，但该流域基本上无重大灾情发生，粮食产量比上年还增加10%，而毕节市其他地区则遭受重大灾害。通过治理，使流域内广大群众走上了脱贫致富道路，增强了群众对石漠化土地的治理和保护生态环境的意识。

二、贵州贞丰“顶坛”模式治理典型

贵州省贞丰县北盘江镇顶坛片区，有18个村民小组，2904人，总面积28.26km^2，历史上由于植被破坏，造成水土流失，岩石大面积裸露，生态环境恶化，农民长期难以摆脱贫困。

1992年以来，在贞丰县北盘江镇党委、政府的扶持和科技部门的帮助下，通过认真调查研究，因地制宜地发展花椒产业，种植以乡土型的优质花椒（竹叶椒变种）为主，香味浓，含油量高，环境适应性强、耐旱、易管理的优势，根系发达，能有效固持水土，对治理石漠化和防护水土流失有着不可低估的作用。顶坛片区植被覆盖率1997年为9.0%，1999年增加到10.75%，2000年增加到24.0%；修建水池（水窖）9个，可蓄水16 860m^3；封山育林1000.0hm^2，水土流失减轻面积达1333.3hm^2；至2002年，顶坛片区种植花椒达1600hm^2，贞丰县花椒发展到9300hm^2。该模式在黔西南州条件适宜的24个乡镇进行推广，2004年花椒种植面积已近1666.7hm^2，省内外前来参观、购种者络绎不绝。

经过多年生产实践并逐渐建立起了“优质高效经济林（经济作物）+林产品加工+庭院经济+小水窖”的“顶坛”模式，至2000年，顶坛片区人口自然增长率平均降到2.16‰，人均粮食增加175kg，人均纯收入达到1335元/人，核心示范村人均达2000元/人。至2002年，贞丰县花椒产量达6万kg，产值达180万元；花椒种植不仅控制了水土流失，遏制了石漠化的扩展，生态环境得到显著改善，同时农民人均纯收入由1994年的不足200元增至2002年的2630元，一般花椒种植户年均收入1万~2万元，“猪-沼-椒（经果林）”生态农业示范户达人均3200元，富裕户达4万~5万元/户。同时培训农民实用农业技术1800余人次，提高了农民的科学技术文化与生态素质。因种植花椒效益好，贞丰县政府决定扩建6666.7hm^{2}的花椒基地，并在兴北镇筹建花椒交易市场和花椒加工厂。

“顶坛”模式是岩溶生态环境治理与开发的典范。1999年4月温家宝总理到顶坛考察时说："这是在人类无法生存的地方创造的奇迹"。

三、贵州花江石漠化综合治理典型

花江石漠化治理工程位于贵州省关岭县以南、贞丰县以北北盘江河谷两岸，总面积 47.63km^2，包括关岭县板贵乡的孔洛箐、三家寨、坝山、木工和贞丰县兴北镇的查尔岩、板围、云洞湾、水淹坝等 8 个行政村 6513 人，仅有耕地 564.3hm^2，水田面积仅 66.1hm^2。项目区是典型的岩溶干热河谷地带，岩溶分布面积占总面积的 88.1%，年均温 18.4℃，年均降雨量 849.0mm。由于特殊的自然地理条件和人为不合理开发利用的影响，林草植被破坏严重，森林覆盖率低；区内水土流失严重，石漠化逐年加剧；88.0% 的耕地为土壤贫瘠的石旮旯破碎坡耕地，农业生产条件恶劣，而且都是在陡度上耕作，季节性缺水严重，粮食产量低而不稳，群众贫困面大。治理前(1997 年)项目区水土流失面积达 32.6km^2，石漠化土地面积 30.9km^2，林木覆盖率仅 14.2%，人均产粮 180.0kg，人均纯收入 651.0 元，群众生活长期处于贫困状态。

为改变生态恶化、经济落后的状况，针对项目区缺水、缺土、地瘠、贫困的实际，确定了山、水、林、田、路综合治理的思路，因地制宜，因害设防，因势利导，科学防治。具体采取了以下措施：一是封山育林，对于人工造林困难的区域，加强管护、减少人为干扰活动，充分发挥大自然的生态自我修复能力恢复林草植被，项目区累计实施封山育林 1233.3hm^2；二是坡改梯工程，以坡耕地的综合整治为突破口，在土层相对较厚的缓坡耕地实施了坡改梯 324.9hm^2，配套修建耕作便道 68km；三是种植经果林，累计种植花椒、砂仁等具有市场优势的经果林 1686.7hm^2，将石漠化治理与调整农村产业结构相结合，增加群众收入；四是修建小型水利水保工程。修建了蓄水池 267 口，容积 12.4 万 m^3，铺设了输水管道 9.0km，改变了项目区靠天吃饭的局面，保证了生活、生产用水的供应，提高了土地生产力。

通过连续综合治理，项目区石漠化扩展趋势得到有效遏制，群众生产、生活条件明显改善，取得了良好的生态、经济和社会效益。2004 年与 1997 年相比，项目区贫困人口由 3072 人减少到 764 人，人均纯收入由 651.0 元提高到 1800.0 多元，人均产粮由 180.0kg 增加到 249.0kg，土壤侵蚀量减少了 75.0% 以上，林木覆盖率提高了 7.2 个百分点。

四、贵州省大关村石漠化综合治理典型

贵州省罗甸县云干乡大关村地处麻山腹地的岩溶山区，地势起伏大，人多地少，在 196km^2 的土地上生活着 253 户，1306 人；总耕地 103.5hm^2，人均耕地仅 0.067hm^2，在 1984 年以前全村只有水田 4.13hm^2，大部分是坡耕旱地和石旮旯地，人均粮食只有 130kg，人均收入不到 50 元。大关村由于人多地少、粮食不够吃，就盲目开荒，造成水土流失严重，石漠化愈发剧烈，森林覆盖率下降到 10% 左右，引发了水源枯竭危机。在 20 世纪 90 年代初期是一个石漠化严重、生态恶化、严重缺水的贫困山村。

自 20 世纪 90 年代中期开始，在总结生态建设经验的基础上，采取了以下三大举措：一是以封山育林为基础，结合长江防护林及珠江防护林工程、退耕还林工程，加大人工造林力度，在山腰广种杜仲、桃树、梨树、花椒等经济林；发展沼气，解决农村能源；发展以生猪为主的饲养业，进行"粮—猪—沼"生态农业模式的试点，逐步调整农村产业结构，已取得

明显的经济效益和生态效益；二是劈石造田，到 1998 年已平整造出 73hm^2 标准田，粮食产量达 6000 ~ 7500kg/hm^2，人均有粮 410kg，基本解决了温饱问题；三是大修水窖，利用地表泉和雨水修建水窖，全村已建水窖和蓄水池 265 口，基本解决了人畜饮水问题，部分农田灌溉用水有了保障。

如今大关村的山坡上是郁郁葱葱，生态状况明显改善，森林涵养水源能力增强，基本实现了"五个一"奋斗目标：即：一人一亩标准田，人均 500kg 粮食，人均 1200 元纯收入，每户一幢砖混结构的住房，一户一台电视机，多数村民已实现了脱贫致富。罗甸县大关村的实践证明：岩溶山区自然生态环境是能够恢复和改善的，社会经济可以持续向更高目标发展。此种模式在贵州的黔西北、黔南峰丛、洼地区域获得广泛推广。

五、贵州安龙德卧金银花石漠化治理典型

安龙县岩溶地貌广泛发育，占全县总面积的 70%。由于自然因素和人为破坏，基岩大面积裸露，土地退化，生态环境恶化，到处都是石漠化土地。德卧镇大水村在 20 世纪 90 年代，全村耕地均为石旮旯地，山地基岩裸露度超过 50%，石漠化问题突出，严重缺水，群众生活极端贫困。

本地金银花以黄褐毛忍冬为主，它具有生长快，抗逆性强，花期集中的巨大特点，喜温暖湿润气候，适应性强，也能耐寒、耐旱、耐涝，对土壤要求不严，属根萌芽性强的藤本植物，花含有芳香油，可作配制化妆品、香精等的工业原料，其中"绿原酸"等有效成份远远高于其他省区的金银花品种，产干花达 1200.0kg/hm^2。大水井村自 1978 年人工驯化栽培金银花成功后，积累了一定的栽培经验。该村针对金银花的良好生长特性，选择在石窝土中种植金银花，让其枝叶覆盖石头，改善生态环境；同时大力发展金银花产业，提高村民收入。

2002 年前，仅德卧镇大水井村群众自发种植金银花就有 86.0hm^2。2002 年退耕还林又实施了 49.0hm^2，现全村 182 户中 85.0% 农户都种植有金银花，生态、经济效益十分显著。1994 年至 2004 年 10 年间，金银花创收 270.0 多万元，户均近 1.5 万元。德卧镇 2004 年金银花总产量在 40.0t 左右(干花)，产值达 800.0 万元，成为该镇的支柱产业之一。

根据安龙县林业局的统计数据，2004 年，全县有野生、人工栽培金银花面积 2567.0hm^2。该模式在黔西南州贞丰、兴义的一些石漠化地区进行推广，目前黔西南州已发展到 4000hm^2 的种植规模。由于金银花具有良好的生态、经济效益，2004 年国家民进中央、国家林业局在黔西南州实施 2.0 万 hm^2 金银花基地建设，为黔西南州石漠化治理和金银花产业的发展提供了千载难逢的机遇。

六、广西马山县弄拉立体生态治理典型

广西马山县东南部的弄拉村，是一个"地无三尺平，山无三寸泥"的典型岩溶山区，由于历史的原因，弄拉原有天然林自 20 世纪 50 年代"大炼钢铁"至 60 年代就已全部被砍光，主要耕地是深嵌在石缝之间的近 4hm^2 洼地。由于森林植被严重破坏，导致生态环境恶化，石漠化土地面积占土地总面积的 97.7%，旱涝灾害频繁，粮食产量低而不稳，该村曾经是人均粮食不足 80kg，人均纯收入仅 75 元的穷山村，群众生活十分贫困。

十一届三中全会以后，弄拉人解放思想，更新观念，在专家的指导下制定了科学护山、治山、用山规划，以发展林果业为主，以林兴农、以农兴牧，开始实行封山育林，因地制宜

将石山划分为 3 个种植带：山顶缝土种林木，山腰种竹子，山脚以及房前、屋后、路边、沟旁种果树和药材。形成了“山顶林，山腰竹，山脚药果，地上粮，低洼桑”的立体种植模式。

目前全村石漠化山地已恢复为常绿落叶阔叶混交林，森林覆盖率超 60% 以上，林果药材覆盖面积达 70% 以上，生态环境明显改善，既恢复了森林植被，涵养了水源，一年四季清泉不断，又增加了当地群众经济收入，并被列为国家药物自然保护区。2004 年全村农民人均纯收入就已达 5000 元，现已成为岩溶生态重建、经济社会持续发展的典范。陈梦熊院士看到这里山顶树木葱郁，山腰翠竹连绵，山脚药、果迷人，连连称赞说：“这里真是块宝地！看来，人们不仅可以在岩溶地区生存，也可以致富。”

七、广西恭城“四位一体”模式治理典型

20 世纪 80 年代初期，由于历史原因和人口的不断增长，恭城县森林资源遭到过度砍伐，生态环境遭受严重破坏，不少村屯都出现了烧柴难、吃水难问题，农村经济发展受到严重制约。

广西恭城模式是一个由农业生物和农业环境组成的整体，形成了一种包括农田生态、森林生态、草地生态、水域生态等的有序整合，以自我循环为主，以经营农业生物为目标的有机网络，它具有结构有序、反应连锁、反馈调节三大特征，通过正常的物质流、能量流和信息流，使整个农业系统具有生生不息的再生能力和一定限度的调节能力。具体做法是：在石山地区的土山、洼地种上果树、牧草；用牧草圈养牲畜；利用畜禽粪便作为沼气原料建设沼气池，以沼气照明，煮饭炒菜，以沼气池水灌溉果树，以沼渣肥田、喂鱼。通过养殖、沼气、种果三位一体或果、猪、沼、渔四位一体方式，实现农业生产，农民生活的良性循环，改善石山地区生态环境。2001 年，在原来生态农业发展模式基础上，延长产业链，形成“养殖 + 沼气 + 种植 + 加工 + 旅游”五位一体的生态产业模式，引进北京汇源、大连汇坤等一批水果加工企业，发展生态旅游与生态工业，培育和壮大八大产业体系，形成了完整的水果生产与加工产业群。

经过十多年的努力，恭城县的岩溶面貌大为改观。2005 年，全县有水果种植面积 2.53 万 hm^2，水果年产量已达 46.0 万 t，农民人均水果产量近 2t；生猪出栏 34 万头，存栏 24 万头；全县国民生产总值为 2 313 014 亿元，人均国民生产总值 8285 元，县财政收入 1.1508 亿元，农民人均纯收入 2850 元，其中 85% 的收入来自水果生产和销售。此模式已在全国广泛推广，产生了良好的生态、经济和社会效益，是石漠化地区较为成熟的一种综合治理技术。1997 年 10 月，自治区党委、政府在恭城召开生态农业现场会并决定在全区推广恭城经验和做法(恭城模式)。2000 年 5 月，联合国国际能源署可再生能源研讨会在桂林召开，37 个国家和地区的 70 多位专家到恭城参观，称赞恭城县生态农业为“发展中国家农村生态经济发展的典范”。

八、云南省西畴县法斗乡石漠化治理典型

西畴县法斗乡地处云南省东南部，属红河水系，境内地貌主要有岩溶侵蚀中切割地貌、岩溶峰丛溶蚀洼地、岩溶侵蚀中切割低山地貌，土壤侵蚀面积超过国土面积的 60.0%，可利用土地资源匮乏，耕地几乎为石旮旯地，单位产量低且不稳。山穷、水枯、林衰、土瘦成为该乡生态环境恶化的概貌。“吃饭难、饮水难、烧柴难、建房难、行路难、上学难、照明

难、看病难、特困户多”是该乡岩溶地区经济状况的缩影，是一个典型的岩溶山区贫困乡。

从20世纪80年代开始，西畴提出了“搬家不如搬石头，苦熬不如苦干；等不是办法，干才有希望”的号召，全县掀起了石漠化治理的高潮。尤其是2000年，县政府为加快石漠化治理进度，邀请云南省林业、农业、国土、水利等部门专家在石漠化严重的法斗乡建立石漠化治理示范区。具体措施如下：

(1)狠抓科技培训。共举行干部群众培训46期，培训人数达2765人次，进一步提高了全县人民群众的科技意识和管理水平。

(2)加强科学研究，引进科技成果。西畴县技术依托云南省林业科学院，该院承担了滇东南岩溶山区石漠化治理的多项科研课题，通过对40多个树种的品种参试，筛选出了墨西哥柏、冲天柏、川滇桤木、花红李等16个适生树种及配套的育苗、造林技术措施，探索出了较佳的石漠化治理模式，为石漠化土地的治理提供技术支撑。法斗乡引进科技成果进行示范，推广高等固氮植物篱(新银合欢)，有效地治理水土流失；同时建立了墨西哥柏、冲天柏、川滇桤木等生态防护林种苗圃1.5hm^2，将最新的科研成果运用到生产实践中，推进了石漠化治理速度。

(3)实施生态林建设。仅2000年，该乡完成生态防护林、生态经济林建设116.7hm^2，林木长势良好。

(4)该乡实施炸石造田(地)，扩大粮食耕种面积，基本实现粮食自给。全县自1990年以来，11年间炸石造地4528.0hm^2，并适当修筑小型蓄水保水设施，由跑水地变成了保水田(地)，使人均有粮从196.0kg增加到334.0kg。同时，通过梯田边缘修筑生物绿篱，每年减少水土流失量1132.0～2264.0t，年减少表土流失1.9cm以上，取得了良好的经济效益和水土保持效益。

(5)积极发展动物养殖业。为了生态恢复建设与农民增收有机结合，引进獭兔、肉兔20组80只进行试养，初步获得成功，积累了一些经验，为下一步大规模饲养打下了良好的基础。

(6)实施封山育林与沼气池、节能改灶建设相结合。封山育林面积达153hm^2，设立封育标志牌5块，制定管理措施，安排专人管护。帮助群众建沼气池76口，节能改灶120眼，有效地解决了保护生态与群众生产生活用柴的矛盾。

(7)广泛宣传。在项目区内建立宣传标志牌7块，宣传标语20条，并通过开会、电视等媒体经常宣传，提高岩溶地区群众的生态保护意识，动员全社会广泛参与石漠化生态治理。

西畴县法斗乡通过近20年的石漠化治理，如今区域内石漠化扩展的趋势完全得到遏制，生态状况明显改善，农村经济结构初步趋于合理，创造并弘扬了“搬家不如搬石头、苦熬不如苦干；等不是办法、干才有希望”的西畴精神。2005年末，全乡总人口20 812人，全乡实现GDP2712万元，人均有粮335kg，人均纯收入951元，地方财政一般预算收入140.3万元，达到西畴县中等水平。另外，该乡石漠化治理典型经验在云南省文山州进行大面积推广，成效显著。

九、云南巧家高寒山区种草养畜石漠化治理典型

巧家高寒山区因海拔高、气温低，自然条件先天缺陷，植被生长和恢复速度缓慢。而治

理前随着人口增加，人地矛盾愈发突出，高寒岩溶草地的载畜量远超过其合理承载量，导致草地退化，石漠化程度加剧，生态状况恶化。如高寒山区的老店镇大岩洞村，治理前的1987 年全村岩溶土地的植被覆盖度为 52.54%，鲜草产量仅为 3210kg/hm^2，该村农民人均纯收入仅为 208 元，生活极端贫困。

人工种草既是高寨冷凉石漠化地区恢复生态、治理石漠化，又是实现农民收入增加、解决石漠化地区农民生计问题的一项重大措施。从 1987 年开始，在中央、省、市有关部门的关心支持下，该县利用以工代赈、模拟飞播、飞播种草、畜牧科技扶贫、云南半细毛羊新品种培育等项目资金累计建成优质高产人工草地 8400hm^2，实施围栏 5733hm^2，群众投工投劳6.2 万个以上；治理草地病虫害 3733hm^2。

通过人工种植、改良草地、围栏封育和棚圈建设等工程实施，把草地保护与合理利用有机结合起来，改变传统的放牧方式和落后的饲养方法，不仅解决草料不足的问题，促进草地畜牧业的可持续发展，有效增加农民经济收入，使草地植被得以恢复，逐步改善岩溶生态环境。老店镇大岩洞村实施草地治理后，2006 年植被覆盖率提高到 79.63%，提高了 7 个百分点；鲜草产量增加到 12 345kg/hm^2；草地利用方式从以放牧为主向半舍饲转变，当地群众利用圈舍的大量有机肥发展粮食生产，增加了经济收入，该村农民人均纯收入提高到 933 元，为草地畜牧业的可持续发展作出了有益探索，为高寒山区的石漠化治理探索出了一条成功的路子，树立了治理典型。

十、湖北省丹江口库区生态治理模式典型

湖北省丹江口市汉江北部有石漠化土地达 5000hm^2，是丹江口市生态最脆弱的地区之一，土质中石粒含量高达 60%，呈块状连续分布，造林难度大，属典型的岩溶石漠化地区。一位日本专家考察此地后断言："这是一块永远不会变绿的地方"。

随着南水北调工程和退耕还林工程的实施，丹江口市林业局将该地区的造林作为生态建设的"硬骨头"进行攻坚，组建 40 人的专业造林工程服务队，乡(镇)林业站成立了 200 多人的专业造林工程队，专攻造林难点、重点；实行包设计、包苗木、包栽植、包成活、包管护的"五包"责任制；在规划设计的基础上，由专业造林工程队实施种植，放炮开挖 1.0m 见方的标准大窝，大力推广应用截干造林、地膜覆盖保墒、带土移栽、生根粉、吸水保温剂、容器育苗等造林新技术，砌挡土石埂，选择侧柏、塔柏、刺槐等喜碱、耐旱树种造林；落实专业护林人员，实行封禁管理。在 2001 年至 2004 年底，全市 4 年造林达 21 467hm^2，森林覆盖率上升了 5.6%，其中荒山造林 11 700hm^2，部分昔日的石漠化土地披上了绿装。该市石鼓镇 2002 年就开挖标准大窝 52 万个，砌挡土石埂 500 多个，种植苗木 240 万株，全市投入石漠化地区造林资金 36 万元，造林超过 900hm^2。

丹江口市石鼓镇昔日的火焰山，如今看到的树木郁郁葱葱，苗木保存率达到了 85.0%左右，地表植被盖度超过 30%，治理成效明显，为丹江口库区和南水北调工程石漠化地区生态建设提供了试点示范基地，为我国北亚热带区域实施石漠化治理树立了典型。

十一、湖南省慈利县高峰乡封山育林石漠化治理典型

高峰乡是慈利县石漠化最严重的乡镇之一，全乡石漠化土地面积有 7000hm^2。10 年前，到处都是基岩裸露的石头山，水土流失十分严重，而且严重缺水。在干旱季节，全乡 80%

的农户要走十多里山路到溇水河里挑水，严重地影响到当地农民的生产生活。

为了改变岩溶生态环境恶化的现状，该村利用长防林工程，在途经该乡的省道 S306 沿线和流经该乡的溇水河两岸实施封山育林 2000hm^2，通过树立标牌，加强管护，防止人畜破坏，封育成果显著。

通过近十年的封山育林，生态环境逐年改善，抵抗自然灾害的能力明显增强。具体体现在：一是山变绿了，原来裸露的石头山覆盖了林草植被；二是水土流失逐年减少，据高峰乡溇水水文观测站观测数据表明，1998 年该区域水土流失量为 54 万 t，2002 年为 38 万 t，2006 年为 26 万 t；三是森林植被水源涵养功能增强，周边群众的生产生活用水得到明显改善，现在该乡已有 50% 的农户不再缺水，农业生产用水有了一定保障。以上表明，封山育林是治理石漠化投资少、见效快的有效途径。

十二、湖南省慈利县苗市镇洞湾生态经济型石漠化治理典型

洞湾村位于澧水河边，全村人口 1030 人，是典型的岩溶石漠化地区。20 世纪 90 年代以前，人多地少，村民纷纷上山毁林开垦种植玉米等农作物；因岩溶山地基岩裸露度高，林草植被盖度低，岩溶生态环境恶劣，而水灾、旱灾频发，土地生产力急剧退化，粮食产量低且不稳，农民人均纯收入低。1990 年，该村农民人均纯收入仅 700 元。

1992 年，该村结合长防林工程的实施，提出了对山上部土层瘠薄地段营造以耐旱、耐瘠薄、喜碱的绿化先锋树种，建设生态林；对山下部土层较深厚、土体较完整的地段营造经济林的发展思路。通过 10 多年的努力，目前全村岩溶山地山上部陡坡地段栽植了马尾松、国外松容器苗 70 多 hm^2；山下部缓坡地段栽植柑橘、脐橙经济林 20hm^2，同时农民自发利用园地栽植柑橘、脐橙 33. 3hm^2，成为了柑橘、脐橙的重要生产基地。

如今马尾松、国外松等生态林已郁闭成林，并发挥出了较好的生态防护功能，减少了水土流失，减轻了石漠化危害；柑橘、脐橙已挂果受益，农民的收入逐年增加。2006 年，该村农民人均纯收入达 3500 元，达到该县中等偏上水平。

第 15 章

石漠化防治现状及对策

土地石漠化是西南岩溶地区首要的生态问题，也是我国最为严重的三大生态问题之一。虽然自20世纪60年代，我国就开始进行一些石漠化防治的试验性工作；直到20世纪90年代，国家重点生态工程的相继实施后，石漠化防治问题才真正引起高度关注，国家、地方各级政府组织开展了石漠化防治的试点示范工作，在局部地区取得了成效。但我国石漠化扩展的态势并没有得到有效遏制。因而，加快石漠化防治是当务之急。

第 1 节　石漠化防治现状

一、防治成效

截止2004年，我国长江流域等重点地区防护林体系建设工程累计完成营造林340.91万hm^2，其中人工造林135.18万hm^2，飞播造林14.33万hm^2，封山育林191.40万hm^2；完成低效防护林改造20.95万hm^2。长江、珠江流域森林覆盖率已分别达到30.53%和39.91%，比工程实施前分别增加了3.30和4.89个百分点，工程建设取得了明显的生态、经济和社会效益。

1. 生态建设与科学研究为石漠化治理积累了经验

近20年来，西南岩溶地区先后启动了长江防护林建设工程、天然林保护工程、退耕还林(草)工程等一系列生态建设工程项目，石漠化土地局部得到治理；国家林业局、水利部、国土资源部等部委先后在石漠化严重的广西、贵州和云南启动石漠化防治试点示范项目，总结石漠化防治技术与经验；大专院校和科研院所在岩溶地区石漠化地段开展了石漠化专题研究，探索石漠化发生演替规律和生态恢复途径。通过工程项目的实施和科研攻关，在人工造林、封山育林、水土保持等方面积累了丰富经验，为石漠化土地的全面有效治理提供了保障：

造林方面：探索了灌木树种点播、鱼鳞坑整地、切根苗造林、营养袋育苗造林、“客土”造林、节水保水等新技术、新方法，以适应石漠化土地的恶劣环境；筛选了一批岩生、喜钙、耐高温干旱的乡土树种，总结了不同生境、不同树种的营造林栽培技术和分类经营技术。

农业技术方面：探索了炸石造地和客土改良技术、等高耕种技术、地膜覆盖技术、保水剂、保墒技术和等高种植生物篱水保技术、“五小工程”及排灌防洪措施、农业复合经营技术、轮作及套种等等。

农村能源建设方面：开发研建了适合不同区域、不同原料种类的沼气池、节柴灶和适合岩溶地区农村的经济、高效的小水电技术、太阳能利用技术等。

畜牧业技术方面：推行人工种草，草种改良，舍饲圈养技术、林草混交经营技术等。

工程管理方面：推行项目法人制、招投标制、工程监理制、资金管理报账制等，完善检查监督、验收和审计制度，规范工程管理；森林资源实行分类经营，分类指导，生态公益林实施生态补偿；部分重点产煤地区或库区周围征收生态建设补偿基金用于生态建设等。

2. 形成了一批相对成熟的石漠化综合治理模式

在石漠化防治过程中，通过对现有实用技术的集成、组装和配套，研究、探索并形成了许多已被实践证明行之有效的石漠化综合治理技术与模式。如采用花椒、金银花营养袋造林，地膜覆盖技术，并配合沼气池和小型水利水保设施建设的综合治理模式；“山上植树造林戴帽子，山腰种地埂树拴带子，坡地种绿肥铺毯子，山下搞基本农田集约经营收谷子，发展乡镇企业、庭院经济抓票子”的“五子登科”综合治理开发模式；山顶营造生态林，山腰种植经济果木林，山脚实施农业综合开发的综合治理模式；选择炸石造地，实施坡改梯和客土改良，地埂种植生物绿篱的农业综合开发整治模式；“养殖—沼气—种植”三位一体的“恭城模式”；乔灌草相结合的林药、林农、林牧等混交经营模式；以及“总体封山育林，石窝栽种竹木药”，“竹子 + 任豆”、“任豆 + 木豆”、“任豆 + 银合欢”、“任豆 + 金银花”、“任豆 + 山葡萄”、“核桃 + 木豆”、“台湾相思 + 任豆”等等多种成功的石漠化造林模式；在极端石漠化区域实施整体移民、生态恢复与重建模式，这些治理模式在石漠化防治中都取得了良好的效果。

3. 涌现出了一批石漠化治理典型

岩溶地区石漠化土地治理过程中，广大干部群众因地制宜地开展石漠化治理，涌现出了一批石漠化防治典型，有贵州毕节市观音河流域石漠化治理典型、贵州贞丰“顶坛”模式治理典型、贵州花江石漠化综合治理典型、贵州省大关村石漠化综合治理典型、贵州安龙德卧金银花治理典型、广西马山县弄拉立体生态治理典型、广西恭城“四位一体”模式治理典型、云南省西畴县法斗乡石漠化治理典型、云南巧家高寒山区种草养畜石漠化治理典型、湖北省丹江口库区生态治理模式典型、湖南省慈利县高峰乡封山育林石漠化治理典型、湖南省慈利县苗市镇洞湾生态经济型石漠化治理典型等。如国家林业局 2002 年在广西平果县开展的吊丝竹试点示范工程，在基岩裸露度达 60% 的中度石漠化土地上种植的吊丝竹实生苗，2005 年 1 月，竹子高度达到 4m，每丛竹子达 10 株，地表植被综合盖度超过 70%，生态效益显著；该县结合水果、蔬菜的产业发展，以竹子为原料编制竹篓等竹产品，拉动当地经济发展，产生了良好的示范作用。

二、现阶段石漠化治理面临的主要问题

1. 岩溶地区人口压力大，生产生活方式落后

近年来，随着国家重点生态工程的启动和稳步推进，对西南岩溶地区农业结构调整起到了一定促进作用。但由于人口多、密度大，文化与生态素质普遍偏低，岩溶土地自身环境容量有限，而许多群众还未从根本上改变“刀耕火种，广种薄收，毁林开垦，遍山放牧”等生产生活方式，科学防治技术难以全面推广。

2. 防治任务艰巨，形势严峻

我国现有石漠化土地面积 12.96 万 km^2，当前亟需治理的面积达 7.3 万 km^2，况且还有

12.38 万 km^2 的潜在石漠化土地，防治任务十分艰巨。目前，我国石漠化土地恶化的趋势并未得到有效扼制，目前仍呈快速扩展趋势。据中国科学院预测，西南岩溶地区石漠化土地仍以每年 2%～4% 速度在扩展。因而，防治形势非常严峻。

3. 思想认识不到位，生态环境保护意识有待提高

石漠化地区大多地处“老、少、边、穷”山区，人们因长期贫困，思想守旧，观念落后，加上治理涉及面宽、难度很大，地方政府及基层干部对石漠化治理的重要性、必要性和紧迫性认识不够，群众对石漠化防治缺乏信心，“等、要、看、靠”思想严重，“吃饭靠救济，花钱靠扶贫”观念在不少群众中根深蒂固。

4. 资金严重短缺

投入严重不足，资金困难，已成为制约石漠化治理进展的主要因素。石漠化地区地方财政极度困难，群众经济状况只能维持生计，甚至还没有解决温饱问题。西南岩溶地区 8 省区市除广东省财政总体较好外，其余省区市 2004 年财政收入均在全国省级平均财政收入 850.0 亿元以下，其中贵州省还不到 300.0 亿元。广西人均收入 1000 元以下达 160.0 万人，而石漠化地区占了 80.0% 以上。石漠化防治需要大量资金，单纯依靠地方有限的财力是不可能达到治理目标的。

5. 现有的工程项目相互间不配套、不衔接，难以形成规模效应

在石漠化地区实施的工程项目针对石漠化治理而言，目标不一，项目间措施不配套，治理措施单一，大量的石漠化土地得不到治理，治理难以形成规模效应。如退耕还林是针对承包到户的在册耕地，而在石漠化地区还有很多不在册的耕地，其影响很大，也急需退下来恢复林草植被。

6. 石漠化防治缺乏专项工程支撑

近年来随着重点生态工程的实施，部分石漠化土地已纳入到生态治理范畴，但治理范围小，治理强度不大，且以封山管护、封山育护和生态效益补偿为主，部分属近年实施的退耕还林和长江防护林工程、农业综合开发和水土保持工程的治理面积。总之石漠化土地治理面积落后于石漠化扩展速度。另外石漠化治理是一个持续、漫长的过程，是一项复杂的系统工程，涉及面广，持续时间长。因而，仅依靠目前的生态工程很难实现岩溶地区石漠化的全面治理。

第 2 节　加速推进石漠化治理的必要性和紧迫性

加速推进石漠化治理步伐，尽快遏制石漠化扩展趋势，对改善生态环境，实施西部大开发战略，贯彻落实科学发展观，全面推进小康社会建设，建设社会主义新农村和构建和谐社会都具有重大的现实意义。

(1)落实科学发展观，促进区域经济社会协调可持续发展，构建和谐社会的迫切要求

落实科学发展观，就是要坚持以人为本，全面协调可持续发展。我国石漠化土地面积大，扩展快，且集中分布在“老、少、边、山、穷”地区和大江大河中上游生态敏感区域，生态区位极其重要，影响到 2 亿多人的生产生活。土地石漠化危害严重，导致贫困加剧，严重制约着区域经济社会协调发展和人与自然和谐相处，严重影响到民族团结和社会稳定，是构建社会主义和谐社会的重要障碍。因此，石漠化防治不仅是一个生态问题，更是一个十分

重要的经济问题和十分敏感的政治问题，关系到中华民族长远发展和国家的长治久安，必须牢固树立和落实科学发展观，采取强有力措施予以解决。

(2)改善区域生态状况，维护国土生态安全和拓展中华民族生存发展空间的迫切要求

我国人口众多，土地资源贫乏，用占世界10%的耕地却养育着世界22%的人口，土地压力大。而西南岩溶地区人口密度超过220人/km^2，超出全国平均人口密度近一半，耕地资源十分稀缺，人均耕地只有0.5~2亩，生存空间有限。土地石漠化导致大面积的耕地资源消失，吞噬人们的生存和发展空间。据统计，近年来，由于石漠化危害加剧，岩溶地区有近百万人成为生态难民。同时土地石漠化对长江、珠江两大流域的中、下游地区带来十分不利的生态影响，甚至造成灾难性的生态后果，如1998年长江特大洪水。而长江、珠江流域是我国自然条件最优越、人口最集中、经济最发达、发展前景最好的地区。因而，开展石漠化综合治理，是维护国土生态安全、拓展生存空间的大事，是造福当代、惠及子孙的重要社会公益事业。

(3)改变区域贫困状况，建设社会主义新农村、实现全面小康社会宏伟目标的迫切要求

西南岩溶地区生态状况恶劣，自然灾害频发，是我国经济最不发达地区之一。贫困县、贫困人口及少数民族人口较集中，“三农”问题最突出的地区，分布着全国一半左右的贫困人口，是实现社会主义新农村建设和全面建设小康社会任务最艰巨的地区。石漠化不仅是该地区生态恶化的主要因素，也是导致经济贫困的根源。因此，加快土地石漠化的防治，在改善生态状况，恢复和提高土地生产力，减少自然灾害方面有着现实意义；同时，发展岩溶特色经济，是调整农村产业结构，加速石漠化地区人民脱贫致富，建设社会主义新农村和实现全面建设小康社会目标的根本措施。

(4)稳步推进西部大开发战略和巩固成果的迫切要求

生态建设是西部大开发战略的根本和切入点，石漠化重点分布在广西、贵州、云南、四川、重庆等西部省(自治区、直辖市)是实施西部大开发战略的主战场，而石漠化问题是西南地区当前最突出的生态问题，也是西部地区面临的三大生态问题之一，是制约着西部地区经济和社会发展的重要因素。如果石漠化问题不能获得解决，西部地区的生态状况难以得到根本性的改善。这将直接影响到西部地区经济发展、农民脱贫致富，影响到西部地区招商引资、人才吸引和西部大开发成果的巩固，甚至阻碍到西部大开发战略目标的实现。因此，加快石漠化防治是西部大开发战略目标实现的有力保障。

第3节　开展石漠化治理的有利条件

(1)党中央、国务院高度重视石漠化防治工作，为石漠化防治提供了有力的政治保证。石漠化问题已经成为我国三大生态问题之一，受到了党中央、国务院的高度重视和社会各界的广泛关注。党的“十六大”确立了全面建设小康社会的宏伟蓝图，将石漠化防治纳入了国民经济和社会发展“十一五”规划纲要，中央领导同志多次深入石漠化地区视察指导工作，并就石漠化问题做出一系列重要批示、指示，为全面推进我国石漠化防治指明了方向。

(2)综合国力日益增强，为石漠化防治提供了资金保障。近年来，随着我国经济持续稳定发展，综合国力日益增强，宏观经济政策向“工业反哺农业，城市支持农村”转变，国家对生态建设投入不断增大，为开展石漠化治理奠定了强有力的经济基础。

(3)积累了一定的工作基础和丰富的实践经验，为石漠化综合治理提供了技术保障。近年来，国务院有关部门、地方各级政府和大专院校、科研院所在石漠化防治方面做了大量的研究和试点工作，进行了积极有效的探索。全面完成了石漠化本底调查，摸清了石漠化的底数；结合退耕还林工程、天然林保护工程、农村能源建设工程、生态扶贫工程、种草养畜工程等工程建设，开展了石漠化防治试点，建立了一批示范基地、示范点，为石漠化防治总结了经验，探索了路子，培养了人才，提供了一批成熟的技术和模式，起到了良好的示范和辐射作用，收到了明显成效，为石漠化治理提供了技术支撑，奠定了坚实基础。

(4)地方各级党委、政府和广大干部群众积极性高涨，为石漠化治理奠定了社会基础。地方各级党委、政府领导十分重视石漠化防治工作，长期不懈地组织群众开展石山封山育林、植树造林、能源改造、农田水利建设等，将石漠化防治纳入各级政府的重要议事日程，制定了一系列优惠政策，积极调动广大干部群众投身石漠化治理。在长期治理实践中，广大群众充分认识到了石漠化治理是治穷致富的根本措施，要求治理石漠化、建设良好生态的愿望空前高涨。石漠化治理，是一项顺民心、合民意的德政工程，具有深厚、广泛的群众基础。石漠化地区4000多万的农村富余劳动力，将为石漠化治理提供人力资源保证。

总之，我国目前各级政府高度重视，干群治理积极性高涨；综合国力强劲，生态建设成效显著；石漠化治理技术条件基本具备，实施石漠化专项治理的条件成熟。

第4节 石漠化防治思路与对策建议

一、防治指导思想

以邓小平理论和“三个代表”重要思想为指导，按照《全国生态环境建设规划》的要求，全面落实科学发展观，以恢复生态学理论为基础，坚持“预防为主，科学治理，合理开发”的方针，遵循自然和经济规律，以科技为先导，以法律为保障，采取以林草植被建设为主的生态恢复与重建技术，辅以基本农田建设、小型水利水保设施建设、农村能源建设、生态移民、扶贫开发和人畜饮水设施等治理措施；把生态建设与经济社会发展结合起来，遏制石漠化扩展趋势，改善区域生态状况，建立以森林植被为主体的国土生态安全体系，促进经济和社会可持续发展，为建设社会主义新农村和构建和谐社会服务。

二、防治原则

坚持“防、治、用”相结合的原则。切实保护好现有林草植被，防止产生新的石漠化；对已经石漠化的土地积极治理；在对生态环境不造成影响的情况下适度开发利用自然资源。

坚持统筹规划、分步实施、先易后难、先急后缓的原则。统筹全局，科学分区，量力而行，优先治理生态区位重要、对社会经济影响大、扩展快和相对易于治理的石漠化土地，力争在短期内有所突破。

坚持因地制宜、因害设防，分类施策，综合治理的原则。因地制宜，针对不同地区的主要问题，确定主攻方向，以生物措施为主，辅以工程、农艺措施，各种治理措施科学配置，多管齐下，综合治理。

坚持科学防治，讲究实效的原则。依靠科技进步，大力推广和应用先进实用技术和模式，不断提高科学技术在石漠化防治中的贡献率，保证治理成效。

树立“以人为本”的原则。石漠化防治过程中高度关注石漠化地区的民生，把石漠化治理与新型产业(经济增长点)培育相结合，与石漠化地区经济、社会发展和农民脱贫致富相结合，与调整产业结构和改进生产方式相结合，把注重短期经济效益与长远利益相结合，以改善和满足岩溶地区群众的生产、生活和生态与发展的需求为目标。

坚持多渠道、多层次、多形式筹集资金的原则。以国家投入为主导，广泛动员全社会共同参与，鼓励多元投资主体投入石漠化治理。

生态补偿原则。石漠化防治的主要作用是为了构筑两江(长江和珠江)生态屏障，确保国家在西部大开发中的整体生态安全，是一项社会公益性事业。因此应坚持生态补偿的原则，即两江中下游生态治理受益区应拿出一定数量的资金用于补偿岩溶地区的石漠化治理。

坚持政策引导与农民群众自愿相结合的原则。尊重农民群众意愿，不搞强迫命令。要通过政策宣传、引导，增强群众生态环保意识，使生态治理逐步成为群众自觉行动。

三、治理措施

按照《全国生态环境建设规划》的要求，全面落实科学发展观，坚持“预防为主，科学治理，合理开发”的方针，遵循自然和经济规律，以科技为先导，以法律为保障，采取以生物措施为主，辅以工程措施、生态移民与扶贫开发措施、科技支撑措施等，将生态建设与区域经济社会发展、建设社会主义新农村和解决“三农”问题结合起来，遏制土地石漠化扩展趋势，改善区域生态状况，建立以森林植被为主体的国土生态安全体系，促进经济和社会可持续发展。

对西南岩溶地区石漠化土地进行统筹规划，分阶段实施，先试点后全面推广。高起点、高标准地编制岩溶地区石漠化治理综合规划，根据财力、物力和技术，优先在生态区位重要、对社会经济影响大、扩展快和相对易于治理的石漠化区域开展试点示范，探索治理技术，总结防治经验，力争在短期内有所突破。根据区域自然条件与社会条件的相似性，科学分区，分类施策，确保治理成效。

(一)积极推进岩溶地区生态修复与重建为主的林业建设项目，改善生态状况

石漠化土地因缺土少水，林草覆盖率低，水土流失严重，生态系统脆弱，实施生态修复与重建是关键。加强岩溶地区现有林草植被的保护和管理，对潜在石漠化土地和岩溶地区非石漠化土地中的乔灌木林地、牧草地纳入封山管护；对符合封山育林规定的林地、牧草地和未利用地纳入封山育林。积极开展石漠化土地的人工造林和种草，恢复林草植被。针对不同地段、不同石漠化程度等差异实施不同的恢复模式，做到适地适树(草)，树种选择注重适生、速生、防护功能强，营造多树种复层混交林；营造林模式要考虑生态环保，避免产生新的石漠化，同时加强新技术、新工艺的应用，加快植被恢复进程；根据市场需求，选择名、特、优、新品种，建立基地林，培育经济增长点。

加大森林生态效益补偿力度和广度，将岩溶地区的森林、灌木林、草地全部纳入生态效益补偿范围，使岩溶地区植被得以休养生息，持续发挥生态效能。

(二)实施以基本农田建设和人畜饮水工程为主的农业建设项目，改善生存环境

石漠化土地因基岩裸露率高，土被不连续，土层浅薄，地表水缺乏，地下水埋藏较深，缺土少水是石漠化土地的典型特征，人地、人粮和人水矛盾突出。建议对于坡度小于25°的

坡耕地(石旮旯地)，科学实施坡改梯工程，进行等高耕作，固土保水，减少耕地水土流失，同时开展沃土改造工程，改善农业生产条件，提高单位土地生产力，缓解岩溶地区粮食紧缺。遵循“因害设防”的原则，在房屋周围选择合适的地段建立人畜饮水工程，保证石漠化区域群众的生活用水，改善生存状况。

(三)加强小型水利水保工程为主的水利建设项目，提高水资源利用率

石漠化区域特殊的水文地质条件，造成“下雨涝灾，天晴旱灾”，旱涝灾害频发。按标本兼治的原则，结合人工造林、种草和坡改梯工程、沃土工程的实施，依靠先进适用技术，高效合理利用有限的水土资源，建设投资少、见效快的各类拦、蓄、积、灌、排水工程为主的小型水利水保工程，充分利用降水，解决灌溉与拦蓄泥沙问题，变跑水田为保水田(地)。

(四)积极推广以沼气池为主的能源建设项目，调整农村能源结构

石漠化区域能源缺乏，仍以薪材为主，是造成土地石漠化的重要诱因。人工造林中适当发展薪炭林，同时加快薪材替代能源建设。以沼气池建设为重点，依据当地实际积极发展小水电、太阳能等新兴能源。

(五)加大对石漠化区域人口调控和扶贫开发力度，发展特色生态经济产业，加速区域经济发展

1. 实施人口调控及生态移民工程，缓减石漠化土地人口压力

部分石漠化区域由于人口已远远超出了土地资源承载力，人地矛盾、人水矛盾、能源矛盾十分突出，生态状况严重恶化，甚至已经丧失了人类最基本的生存条件。首先加强岩溶地区人口调控，合理控制岩溶地区人口的自然增长；同时对生境条件恶劣、不适宜人类生存的石漠化地区，通过移民方式将群众转移到其他条件较好的土山地区，并从政策、资金和技术等方面给予扶持；同时减少原有石漠化地区的人类活动，给石漠化地区林草植被以休养生息的机会，尽快恢复林草植被，实现生态系统的恢复与重建。

2. 扶贫先扶智，提高干部群众的文化水平和生态意识

针对石漠化区域特殊的自然、社会状况，加大宣传和科技培训力度，提高项目区群众的科技文化水平和石漠化防治意识。

3. 扶持特色产业发展，实施产业化经营，培育支柱产业，加速区域脱贫致富

石漠化地区虽然生态系统较脆弱，经济发展相对滞后，但有丰富的种质资源、水力资源、矿产资源、旅游资源，尤其是农村剩余劳动力资源丰富，为石漠化地区经济发展奠定了坚实基础。通过合理引导和重点扶持，发展岩溶地区特色产业，实行产业化经营，实现岩溶地区的经济、社会的可持续发展。

(1)生态产业项目。结合生态建设项目的实施，调整农村产业结构，重点发展特色用材林、经济果木林、竹林和高效农业。

(2)旅游产业。岩溶地区因岩溶地貌发育完善，石芽、石笋、峰林、峰丛、漏斗、溶蚀洼地、溶洞、落水洞、竖井、暗河随处可见，景观千姿百态、丰富多彩，发展旅游产业的自然基础条件具备。同时，岩溶地区也是少数民族聚集区，少数民族风情文化种类繁多，开发价值高，如贵州黄果树瀑布、织金洞、天生桥，广西桂林、阳朔岩溶风光、乐业县的大石围天坑，云南路南石林、广南的“世外桃源”等。因此，充分挖掘岩溶地区的旅游资源，发展少数民族地区的岩溶旅游产业，是促进岩溶地区经济发展的重要举措。

(3) 水力资源。岩溶地区地处湿润区域，雨量充沛，山高坡陡，河多且水流湍急，落差

较大，水力资源丰富，开发潜力巨大，合理开发利用水能资源必将为岩溶地区经济发展注入新的活力。如广西的红水河、贵州的乌江和云南、四川的金沙江等。

(4)矿产资源。石灰岩是岩溶地区分布最广、含量最大的矿藏，是建筑行业最重要的建筑材料之一；同时有许多伴生矿产资源，包括铝、锡、锑、锌、铟、铜、铁、金、银、锰、砷等。合理开发和利用岩溶地区的矿产资源，是促进石漠化地区经济发展和加速脱贫致富的重要途径之一。

四、防治对策与建议

林业、农业、水利、畜牧等多部门分工协作，实施全面治理，在实现生态恢复与重建的过程中，改善农村生产生活条件，培育支柱产业，加速区域的脱贫致富步伐。

1. 提高认识，切实加强领导

石漠化问题是西南地区首要的生态问题，是制约该地区经济社会发展的主要因素之一。党和国家对石漠化防治问题高度重视，党的十六届五中全会建议将石漠化防治纳入国民经济和社会发展"十一五"规划。各级政府需要进一步提高对防治石漠化重要性的认识，要站在人与自然和谐发展与落实科学发展观的高度，增强责任感、使命感和紧迫感，将石漠化防治纳入国民经济和社会发展规划，提到重要议事日程，切实加强领导，研究制订防治规划和相关政策，采取切实有效措施，全力抓好石漠化防治工作。同时，要建立地方行政领导防治石漠化任期目标责任制，并以此作为各级地方行政领导政绩考核和职务升迁的重要内容。

2. 切实加大投入，启动石漠化专项防治工程

目前，国家在石漠化防治方面还没有专项投资。近年来，国家虽然实施了一系列生态建设工程，并已取得了一定的成效，但由于各项工程都有特定的建设目标和治理对象，对石漠化防治的贡献十分有限。石漠化治理的资金、力度、速度都与当前石漠化的严峻形势和艰巨的治理任务很不适应。为了促进全面建设小康社会、构建和谐社会，建设社会主义新农村，建议尽快编制全国石漠化综合防治规划，启动石漠化治理专项工程，把石漠化防治纳入国家生态建设总体构架之中，使石漠化土地扩展态势得到遏制，扭转石漠化土地恶化态势，缓减石漠化危害。

3. 加强科学研究，提高科技含量，进行科学防治

石漠化治理难度大，要以科技为核心，切实将科技保障贯穿于石漠化防治的全过程，提高石漠化防治科技含量：①加强石漠化形成、发生、发展、演变机理的基础性研究与产业开发技术模式研究，特别是石漠化评价及预警体系、防治关键技术的研究，结合工程建设的需要，组织科技人员对技术难题进行攻关。②积极总结、筛选、组装配套一批适用的科技成果和先进成熟技术，大力推广适宜生长的耐旱、抗寒、喜碱、抗病虫害的植物良种、造林技术及先进适用的治理技术和模式，如生态和经济相结合的治理模式。③组织各级科技单位作为技术依托单位，负责技术指导，建立健全科技组织体系，通过建立一批科技示范区、示范点，积极推进石漠化治理工作。④积极开展多层次、多形式的科技培训，特别是要加强对基层科技人员及农民的培训。

4. 加强保护，依法防治，确保石漠化治理成效

石漠化地区生态系统极为脆弱，自然修复能力差，一旦遭到破坏，很难恢复。石漠化产生的主要原因与不合理的人为活动密切相关，石漠化的治理必须从源头上抓起，坚持预防为

主、科学治理、合理利用的方针。当前，应加强对现有法律法规的宣传普及工作，提高岩溶地区广大干部群众知法、懂法、守法的能力，增强自觉防治意识；加强执法队伍建设，改善执法条件和手段，提高执法监督水平；以现有法律法规为基础，尽快出台有关配套法规文件，建立较为完善的法律体系和管理制度，加大执法力度，实现依法防治石漠化。

5. 进一步完善监测体系，为科学决策提供依据

虽然此次监测系统地掌握了石漠化的空间和程度分布，但是在人为活动与自然变化的共同作用下，石漠化的面积、程度及其分布都是变化的，需进一步跟踪监测。因此，应以本次石漠化本底调查为基础，建立起基于“3S”技术的石漠化信息管理系统，并确定 5 年为周期的定期监测制度，以查明石漠化的现状、分布和动态变化趋势，为国家和地方科学防治提供基础依据；对石漠化防治工程效益进行监测，及时对工程建设进展及成效做出客观评价，减少工程建设的盲目性；同时，通过典型地区动态监测与定位监测站长期观测相结合，掌握石漠化发生机制和演变规律，建立预警模型，逐步建立土地石漠化预测预警机制，为有效地预防和降低石漠化危害提供服务。

参考文献

1. AAAS, 1993, Annual meeting Program, Detroit, Michigan, 26 ~ 31 May: 39

2. Ahern J. 1999. Integration of landscape ecology and landscape design: An evolutionary process. In: Wiens IA, Moss MR eds. Issues in landscape ecology. Snowmass Village: International Association for Landscape Ecology, 119 ~123

3. Allegrucci G, *et al.* 1997. Patterns of Gene Flow and Genetic Structure in Cave – dwelling Crickets of the Tuscan Endemic, Dolichopoda schiavazzii. Heredity, 78: 1 ~ 11

4. Bonan G B. 1995. Land-atmosphere interactions for climate system models: coupling biophysical, biogeochemical, and ecosystem dynamical processes. Remote Sens. Environ. , 51: 57 ~ 73

5. Chapman J L, Reiss M J. 1992. Ecology: Principles and Applications. Cambridge: Cambridge University Press

6. Costanza R R, *et al.* 1997. The Value of the World's Ecosystem Services and Natural Capital. Nature, 387: 253 ~ 259

7. Crouch D. P. . 1991, Karst as basis of Greek urbanization. In: Proceedings of the international conference on environmental changes in karst areas. Edited by Sauro U. *et al.* , University of Padova

8. David T. *et al.* 1991, Restoration in New Zealand. New scientists

9. Dobson AP, *et al.* 1997. Hopes for the Future: Restoration Ecology and Conservation Biology. Science, 277: 515 ~ 522

10. Ehrenfeld, J. G. 2000. Defining the Goals of Restoration: Honesty is the Best Policy. Restoration Ecology, 8: 2 ~ 9

11. Gams I. . 1991, The origin of the term karst in the time of transition of karst (kars) from deforestation to forestation. In: Proceedings of the international conference on environmental changes in karst areas. Edited by Sauro U. *et al.* University of Padova

12. Halbert, C. L. 1993. How adaptive is adaptive management Implementing adaptive management in Washington State and British Columbia. Reviews in Fisheries Science, 1: 261 ~ 283

13. HAN G. L. and LIU C. Q. 2004. Water geochemistry controlled by carbonate dissolution: a study of the river waters draining karst-dominated terrain, Guizhou Province, China, Chemical Geology, 204: 1 ~ 21

14. I Rodriguez-Iturbe. 2000. Ecohydrology: a hydrologic perspective of climate-soil-vegetation dynamics. Water resource research, 36(1): 3 ~ 10

15. JI Hong-bing, WAND Shi-jie, OUYANG Zi-yuan, *et al.* 2004. Geochemistry for red residua underlying dolomites in Karst Terrains of Yunnan – Guizhou Plateau: Ⅰ. The formation of the Pingba profile, Chemical Geology, 203(1/2): 1 ~ 27

16. Kobza R M, *et al.* 2004. Community Structure of Fishes Inhabiting Aquatic Refuges in a Threatened Karst Wetland and Its Implications for Ecosystem Management. Biological Conservation, 116 (2): 153 ~ 165

17. Lauritzen S. E. . 1993, Natural environmental change in Karst: The quaternary record, in karst terrains environmental changes and human impact. Edited by Paw L. w. Williams, Catena 25

18. Lee, K. N. and J. Lawrence. 1986. Adaptive management: Learning from the Columbia River basin fish and wildlife program. Environmental Law, 16: 431 ~ 460

19. LeGrand H E. 1973. Hydrological and Ecological Problems of Karst Regions. Science, 179: 859 ~ 864

20. LIU Qi-ming, WANG Shi-jie, PIAO He-chun, and OUYANG Zi-yuan. 2003. The changes in soil organic matter in a forest-cultivation sequence traced by stable carbon isotopes, Australian Journal of Soil Research, 41: 1317 ~ 1327

21. Nicod J., Julian M. & Anthony E.. 1996, A historical review of man – karst relationships: miscellaneous use of karst and their impacts. Review of Geogr., (103): 289 ~ 338

22. Odum H T. 1983. Systems Ecology: An Introduction. John Wiley & Sons

23. Patten B C, Jorgensen S E. 1994. Complex Ecology: The Part – Whole Relation in Ecosystems. Prentice Hall Canada

24. Sabine Mühlinghaus and Samuel Wlty. 2001. Endogenous development in Swiss mountain communities: local initiatives in Urnasch and Schamserberg. Mount. Res. & Develop. 21(3): 236 ~ 242

25. WANG S. -J., LI R. -L., SUN C. -X., *et al.* 2004b. How types of carbonate Rock Assemblages constrain the distribution of Karst Rocky Desertified land in Guizhou Province, P R China: Phenomena and Mechanisms, Land Degradation & Development, 15: 123 ~ 131

26. WANG S. -J., LIU Q. -M. & ZHANG D. F. 2004a. Kast rocky desertification in southwestern China: Geomorphology, landuse, impact and rehabilitation, Land Degradation & Development, 15: 115 ~ 121

27. WANG Shi-jie, ZHANG Dian – fa, LI Rui-ling. 2002. Mechanism of rocky desertification in the karst mountain areas of Guizhou province, Southwest China, International Review for Environmental Strategies, 3(1): 123 ~ 135

28. YUAN D X.. 1997, Rocky desertification in the subtropical karst of south China[J]. Z Geomorph N F, 12 (2): 108

29. YUAN Dao-xian, 1997, The carbon cycle in the karst. Z. Geomorph. N. F., Suppl – Bd. 108: 91 ~ 102

30. YUAN Dao-xian. 1997. Rock desertification in the subtropical karst of south China. Z. Geomorph. N. F., 108: 81 ~ 90

31. Zalewski M, Janauer G A, *et al.* 1997. Ecohydrology: A new paradigm for the sustainable use of aquatic resources. Paris. UNESCO, 1 ~ 56

32. 敖惠修，何道泉．粤北石灰岩山地的造林树种及造林技术[J]．广东林业科技，1994(1)：16 ~ 19

33. 万国江等著．碳酸盐岩与环境(卷一)[M]．北京：地震出版社，1995，16 ~ 40

34. 蔡道雄，卢立华．浅谈石漠化治理的对策及造林技术措施[J]．世界林业研究，2002，15(12)

35. 蔡运龙．中国西南喀斯特区的生态重建与农林牧发展：研究现状与趋势[J]．资源科学，1999，21(5)：37 ~ 41

36. 蔡运龙．中国西南喀斯特石山贫困地区的生态重建[J]．地球科学进展，1996，11(6)：602 ~ 606

37. 曹建华，李先琨．中国西南岩溶生态系统的特征、演变与生态恢复[J]．生态科学进展，1(1)：121 ~ 133

38. 曹建华，王福星，何师意等．广西弄岗自然保护区碳酸盐岩岩面内生地衣保水性岩溶意义[J]．地球科学，1995，16(4)：419 ~ 431

39. 曹建华，袁道先，等．受地质条件制约的中国西南岩溶生态系统[M]．北京：地质出版社，2005

40. 曹清尧，潘红星，何绍明等．加快我国石漠化治理该不容缓[J]．林业经济，2002.4：18 ~ 20

41. 柴宗新．试论广西喀斯特区的土壤侵蚀[J]．山地研究，1989，7(4)，255 ~ 260

42. 柴宗新．试论土地侵蚀[J]．山地学报，1996，(2)

43. 常恩福，李品荣，陈强等．滇东南岩溶山区4个树种的造林试验结果分析[J]．云南林业科技，2001，(2)：7 ~ 12

44. 常庆瑞，安韶山，刘京．陕北农牧交错带土地荒漠化本质特性研究[J]．土壤学报，2003，40(4)：518 ~ 523

45. 中国地质调查局．中国岩溶地下水与石漠化研究论文集[C]．南宁：广西科技出版社，2003：

1～11

46. 陈敏．水城县喀斯特山地植被恢复技术探讨[J]．贵州林业，2002，1：28

47. 陈起伟，兰安军，熊康宁 等．基于遥感光谱特征的喀斯特石漠化信息提取[J]．贵州师范大学学报（自然科学版），2003，21(4)：82～87

48. 陈强，常恩福，李品荣等．滇东南岩溶山区造林树种选择试验[J]．云南林业科技，2001，(3)：11～16

49. 陈述彭，重庆禧，郭华东等．遥感信息机理研究[M]．北京：科学出版社，1998

50. 陈晓平．喀斯特山区环境土壤侵蚀特性的分析研究[J]．1997，土壤侵蚀与水土保持学报，13(4)：31～36

51. 程胜高 等．环境影响评价与环境规划[M]．北京：中国环境科学出版社，1999

52. 戴昌达，雷利萍．TM 图像的光谱信息特征与最佳波段组合[J]．遥感学校，1989，(04)

53. 但新球，喻甦，吴协保等．我国石漠化区域划分及造林树种选择探讨[J]．中南林业调查规划，2003，22(4)：20～24

54. 党安荣，等．ERDAS IMAGINE 遥感图像处理方法[M]．北京：清华大学出版社，2003

55. 傅伯杰，刘国华，陈利顶 等．中国生态区划方案[J]．生态学报，2001，21(1)：1～6

56. 傅松玲，黄宝龙．皖东石灰岩山地次生林演替趋势与树种的生理特性分析[J]．林业科学，2002，38(1)：50～55

57. 甘露，陈刚才，万国江．贵州喀斯特山区农业生态环境的脆弱性及可持续发展的对策[J]．山地学报，2001，19(2)：130～134

58. 甘露，万国江，梁小兵 等．贵州岩溶荒漠化成因及其防治[J]．中国沙漠，2002，22(1)：69～74

59. 高华端．乌江流域岩溶宜林石质山地立地分类研究[J]．贵州大学学报，2002，21(4)：248～252

60. 高华端．乌江流域岩溶宜林石质山地立地因子研究[J]．山地农业生物学报，1999，18(4)：209～215

61. 宫阿都，何毓蓉．土壤退化研究的进展及展望[J]．世界科技研究与发展，2001，23(2)：18～20

62. 谷花云，安裕伦，杨柏林 等．石漠化智能化解译系统的构建及其应用[J]．中国岩溶，2003，22(2)：156～160

63. 光耀华，郭纯青 等．岩溶浸没内涝灾害研究[M]．广西：广西师范大学出版社，2001

64. 广南县志[郑州][M]．北京：中华书局，2001

65. 广西科学院石山课题组．广西石山地区生态重建工程技术可行性研究[M]．南宁：广西科技出版社，1994

66. 广西自治区地质矿产局．广西自治区区域地质志[M]．北京：地质出版社，1985

67. 广西自治区国土资源厅，都安瑶族自治县土地利用现状图（1:10 万）．1999

68. 贵州省林业厅．贵州省喀斯特石漠化地区生态重建工程建设的探讨[J]．贵州林业科技，1998，26(4)：2～6

69. 郭纯青．中国喀斯特区资源与环境可持续发展的思考[J]．火山地质与矿产，2001，22(2)：121～125

70. 郭芳，姜光辉，裴建国 等．广西主要地下河水质评价及其变化分析[J]．中国岩溶，2002，21(3)：1995～2001

71. 郭华东 等．感知天地—信息获取与处理技术[M]．北京：科学出版社，1999

72. 郭景恒，朴河春，张晓山 等．生态系统转换对土壤中碳水化合物的影响[J]，生态学报，2002，22(8)：1368～1370

73. 国家林业局．退耕还林技术模式[M]．北京：中国林业出版社，2002

74. 国家林业局．西南岩溶地区石漠化监测技术规定[S]，2004

75. 国家林业局．西南岩溶地区石漠化监测报告[R]，2006

76. 何纪星，朱守谦，祝小科．喀斯特森林树种水分生态初步研究．见：朱守谦主编．喀斯特森林生态研究(Ⅰ)．贵阳：贵州科技出版社，1993，63～73

77. 何强，井文涌，王翊亭．环境学导论[M]．北京：清华大学出版社，1994

78. 何师意，冉景丞，袁道先 等．不同岩溶环境系统的水文和生态效应研究[J]．地球学报，2001，22(3)：265～270

79. 何腾兵．贵州喀斯特山区水土流失状况及生态农业建设途径探讨[J]．水土保持学报，2000，14(5)：28～34

80. 贺中华，杨胜天，梁虹 等．基于 GIS 和 RS 的喀斯特流域枯水资源影响因素识别—以贵州省为例[J]．中国岩溶，2004，23(1)：48～55

81. 洪业汤．岩溶(喀斯特)环境与西部开发[J]．第四纪研究，2000，20(6)：532～536

82. 胡宝清，王世杰，严志强，等．喀斯特石漠化灾害预警及其风险评估模型研究[J]．地球科学进展，2004，19 (增刊)：147～152

83. 胡衡生，吴欢，黄励．广西石漠化的成因及可持续发展对策[J]．广西师院学报(自然科学版)，2001，18(4)：1～4

84. 黄惠．广西平果县石漠化治理模式[J]．广西林业科学，2005，34(3)：157～159

85. 黄奕龙，傅伯杰，陈利顶．生态水文过程研究进展[J]．生态学报，2003，23(3)：580～587

86. 贾亚男，袁道先．地理学报，土地利用变化对岩溶水水质的影响[J]．2003，58(6)：831～838

87. 蒋树芳，胡宝清，黄秋燕 等．广西都安喀斯特石漠化的分布特征及其与岩性的空间相关性[J]．大地构造与成矿学，2004，28(2)：214～219

88. 蒋勇军，袁道先，张贵 等．岩溶流域土地利用变化对地下水水质的影响—以云南小江流域为例[J]．自然资源学报，2004，19(6)：707～715

89. 蒋志刚，马克平，韩兴国．保护生物学[M]．杭州：浙江科学技术出版社，1997

90. 蒋忠诚，王瑞江，裴建国 等．中国南方表层岩溶带及其对岩溶水的调蓄功能．中国岩溶．2001，20(2)：106～110

91. 蒋忠诚，李先琨，曾馥平．岩溶峰丛洼地生态重建技术与示范．中国地质科学院 1999～2003 科技成果汇编 [C]，2004：190～192

92. 蒋忠诚，袁道先．西南岩溶区的石漠化及其综合治理综述[A]．中国地质调查局，中国岩溶地下水与石漠化研究论文集[C]．南宁：广西科技出版社，2003：13～19

93. 蒋忠诚．广西弄拉峰丛石山生态重建经验及生态农业结构优化[J]．广西科学，2001，7(4)：308～312

94. 蒋忠诚．岩溶动力系统中的元素迁移[J]．地理学报，1999，54(5)：438～444

95. 金小麒．喀斯特地区林业生态建设的重要性和可行性分析[J]．贵州环保科技，2000，6(1)：42～45

96. 瞿林．广南县岩溶森林保护及石漠化治理[J]．林业调查规划，2001，26(4)：68～75

97. 赖检发．广西岩溶地区生态移民调查[J]．西部大开发，2005，56(8)：34～35

98. 赖兴会．云南石漠化土地的分区及其绿化造林树(草)种选择[J]．林业调查规划，2002(增)：109～111

99. 蓝安军，熊康宁，安俗伦．喀斯特石漠化的驱动因子分析—以贵州省为例[J]．水土保持通报，2001，21(6)：19～23

100. 蓝安军．喀斯特石漠化过程、演化特征与人地矛盾分析[J]．贵州师范大学学报 (自然科学版) 2002，20(1)：40～45

101. 郎奎健 等．IBM PC 系列程序集—数理统计，调查规划经营原理[M]．北京：中国林业出版社，1989

102. 李彬．中国南方岩溶区环境脆弱性及经济发展滞后原因浅析[J]．中国岩溶，1995，14(3)：

209～215

103. 李昌珠，艾文胜，张康民 等．“三岩”造林困难地植被恢复技术研究与示范[J]．湖南林业科技，2001，28(3)：6～12

104. 李春生．喀斯特地区退化土地生态重建初探—以紫云县为例[J]．贵州师范大学学报(自然科学版)，1999，17(4)：52～56

105. 李德生，刘文彬，许慕农．石灰岩山地植被水土保持效益的研究[J]．水土保持学报，1993，7(2)：57～62

106. 李林立，况明生，蒋勇军．我国西南岩溶地区土地石漠化研究[J]．地域研究与开发，2003，22(3)：71～74

107. 李品荣，常恩福，陈强等．滇东南岩溶地区石质山封山育林效果初探[J]．云南林业科技，2001，(4)：13～17

108. 陈强，李品荣，常恩福等．滇东南岩溶山区川滇桤木生长适应性初步研究[J]．云南林业科技，2001，(4)：18 ～23

109. 李瑞玲，王世杰，熊康宁 等．喀斯特石漠化评价指标体系探讨—以贵州省为例[J]．热带地理，2004，24(2)：145～149

110. 李瑞玲，王世杰，周德全 等．贵州喀斯特地区岩性与土地石漠化的空间相关分析[J]，地理学报，2003，58(2)：314～320

111. 李瑞玲．贵州岩溶地区土地石漠化形成的自然背景及其空间地域分异[D]．中国科学院研究生院(地球化学研究所)，2004

112. 李先琨，苏宗明．广西岩溶地区“神山”的社会生态经济效益[J]．植物资源与环境，1995，4(3)：38～44

113. 李香真，曲秋皓．蒙古高原草原土壤微生物量碳氮特征[J]．土壤学报，2002，39(1)：97～104

114. 李兴中，李双岱．茂兰喀斯特森林区水文地质特征．见：周政贤主编．茂兰喀斯特森林科学考察集[M]．贵阳：贵州人民出版社，1987，74～94

115. 李阳兵，王世杰，容丽 等．西南喀斯特山地石漠化及生态恢复研究展望[J]，生态学杂志，2004a，23(6)：84～88

116. 李阳兵，王世杰，容丽 等．关于喀斯特石漠化和石漠化概念的讨论[J]．中国沙漠，2004，24(6)：689～695

117. 李阳兵，王世杰，容丽．关于中国西南石漠化的若干问题[J]．长江流域资源与环境，2003，12(6)：593～597

118. 李阳兵，王世杰，谢德体 等．喀斯特山区景观生态特征与景观生态建设[J]．生态环境，2004c，13(4)：702～706

119. 李阳兵，王世杰，熊康宁．浅议西南喀斯特山地的水文生态效应研究[J]．中国岩溶，2003，22(1)：24～27

120. 李阳兵，谢德体，魏朝富．喀斯特生态系统土壤及表生植被某些特性变异与石漠化的相关性[J]，土壤学报，2004b，41(2)：196～202

121. 李玉辉．喀斯特的内涵的发展及喀斯特生态环境保护[J]．中国岩溶，2000，19(3)：260～267

122. 李育材．关于我国西南部地区石漠化治理情况的调查报告[J]．林情调研，2001，4

123. 林俊清．贵州喀斯特与非喀斯特地貌分布面积及其特征分析[J]．贵州省教育学院学报，2001，12(4)：43～46

124. 林中衍．广西岩溶地区石漠化生态经济治理模式[J]．广西师范学院学报，2004，21(2)：34～37

125. 刘方，王世杰，刘元生等．喀斯特石漠化过程土壤质量变化及生态环境影响评价[J]．生态学报，2005，25(3)：639～644

126. 刘纪选 等．航天遥感图像数据索引及应用事例．中国地质调查局，2004

127. 刘纪远 等．中国资源环境遥感宏观调查与动态研究[M]．北京：中国科学技术出版社，1996

128. 刘济明．黔中喀斯特植被土壤种子库初步研究．见：朱守谦主编．喀斯特森林生态研究(Ⅱ)[M]．贵阳：贵州科技出版社，1997，128～135

129. 刘南威 等．自然地理学[M]．北京：科学出版社，2000

130. 刘映良．喀斯特典型山地退化生态系统植被恢复研究(博士论文)[D]．南京林业大学，2005

131. 刘照光，包维楷．生态恢复重建的基本观点[J]．世界科技研究与发展，2001，23(6)：31～35

132. 龙翠玲，穆彪，李援越 等．喀斯特森林不同演替阶段群落的太阳辐射能特征[J]．贵州气象，1998，22(5)：22～25

133. 龙健，黄昌勇 等．贵州高原喀斯特环境退化过程中土壤质量的生物学特性变化[J]．水土保持学报，2003，17(1)：26～29

134. 龙健，黄昌勇，李娟．喀斯特山区不同土地利用方式对土壤质量演变的影响[J]．水土保持学报，2002，16(1)：76～80

135. 龙健，黄昌勇，滕应 等．南方红壤矿山复垦土壤的微生物特征研究[J]．水土保持学报，2002，16(2)：126～128

136. 龙健，江新荣，邓启琼 等．贵州喀斯特地区土壤石漠化的本质特征研究[J]．土壤学报，2005，42(3)：419～427

137. 龙健，李娟，黄昌勇．我国西南地区的喀斯特环境与土壤退化及其恢复[J]．水土保持学报，2002，16(5)：5～9

138. 龙明忠，杨洁，吴克华．喀斯特峡谷区不同等级石漠化土壤侵蚀对比研究—以贵州花江示范区为例．贵州师范大学学校(自然科学版)2006，24(1)：25～30

139. 卢立华，黎明，黄永标．广西马山县石灰岩溶区生态重建技术研究[J]．广西林业科学，2003，32(2)：88～90

140. 卢耀如，等．岩溶水文地质环境演化与工程效应研究[M]．北京：科学出版社，1999

141. 路洪海，冯绍国．贵州喀斯特地区石漠化成因分析[J]．四川师范学院学报(自然科学版)，2002，23(2)：189～192

142. 罗中康．贵州喀斯特地区荒漠化防治与生态环境建设浅议[J]．贵州环保科技，2000，6(1)：7～10

143. 麦雄发，李玲．喀斯特石漠化危险度的模糊模式识别—以广西都安瑶族自治县为例[J]．广西师范学院学报(自然科学版)，2004，21(3)：47～50，59

144. 梅再美，王代懿，熊康宁 等．不同强度石漠化土地植被恢复技术初步研究—以贵州花江试验示范区查尔岩试验小区为例[J]．中国岩溶，2004，23(3)：253～258

145. 聂跃平．贵州中南部地区喀斯特地貌发育的趋势面分析[J]．南京大学学报，1994，30(1)：154～159

146. 欧斌，等．桃金娘造林技术研究[J]．江西林业科技，2001，6：10～11

147. 欧阳自远．中国西南喀斯特生态脆弱区的综合治理与开发脱贫[J]．世界科技研究与发展，1998，20(2)：53～56

148. 潘根兴，曹建华．表层带喀斯特作用：以土壤为媒介的地球表层生态系统过程—以桂林峰丛洼地岩溶系统为例[J]．中国岩溶，1999，4：287～296

149. 潘根兴．地球表层系统土壤学[M]．北京：地质出版社，2000

150. 彭建，杨明德．贵州花江喀斯特峡谷水土流失状态分析[J]．山地学报，2001，19(6)：511～515

151. 彭少麟，陆宏芳．恢复生态学的焦点[J]．生态学报，2003，23(7)：1249～1257

152. 彭少麟．恢复生态学与植被重建[J]．生态科学，1996，15(2)：26～31

153. 朴河春，朱建明，余登利等．影响 C4 草本植物 C/N 比值变化的因素与土壤有机 C 积累的关系[J]，第四纪研究，2004，(06)：21～29

154. 任海，彭少麟．恢复生态学导论[M]．北京：科学出版社，2001

155. 任美锷，刘振中等．岩溶学概论[M]．北京：商务出版社，1983

156. 沈小春．发展沼气建设与石漠化治理[J]．广西林业，2003(4)：30～32

157. 沈有信，江洁，陈胜国 等．滇东南喀斯特山地退化植被土壤种子库的储量与组成[J]．植物生态学报，2004，28(1)：101～106

158. 史运良，王腊春，朱文孝，等．西南喀斯特山区水资源开发利用模式[J]．科技导报，2005，23(2)：52～55

159. 宋林华．喀斯特地貌研究进展与趋势[J]．地理科学进展，2000，19(3)：193～202

160. 苏维词，杨 华．典型喀斯特峡谷石漠化地区生态农业模式探析—以贵州省花江大峡谷顶坛片区为例[J]．中国生态农业学报，2005，v (13)4：217～220

161. 苏维词，等．喀斯特峡谷石漠化地区生态重建模式及其效应[J]．生态环境，2004，13(1)：57～60

162. 苏维词，杨汉奎．贵州岩溶区生态环境脆弱性类型的初步划分[J]．环境科学研究，1994，7(6)：35～40

163. 苏维词，周济祚．贵州喀斯特山地的"石漠化"及防治对策[J]．长江流域资源与环境，1995，4(2)：177～182

164. 苏维词，朱文孝，熊康宁．贵州喀斯特山区的石漠化及其生态经济治理模式[J]．中国岩溶，2002，21(1)：19～24

165. 苏维词，朱文孝．贵州岩溶山区生态型农业产业化发展面临的对策[J]．经济地理，1998，18(6)：578～582

166. 苏维词，朱文孝，滕建珍．喀斯特峡谷石漠化地区生态重建模式及其效应[J]．生态环境，2004，13(1)：57～60

167. 苏维词．贵州喀斯特山区的土壤侵蚀性退化及其防治[J]．中国岩溶，2001，20(3)：217～223

168. 苏维词．中国西南喀斯特山区石漠化的现状成因及治理的优化模式[J]．水土保持学报，2002，16(2)：29～32，79

169. 苏维词．中国西南岩溶山区石漠化治理的优化模式及对策[J]．水土保持学报，2002，16(5)：24～29

170. 苏永中，赵哈林，张铜会 等．科尔沁沙地旱作农田土壤退化的过程和特征[J]．水土保持学报，2002，16(1)：25～28

171. 苏宗明．广西石灰岩山地封山育林效果的分析[J]．广西植物，1990，10(4)：343～350

172. 孙波，张桃林，赵其国．我国中亚热带缓丘红粘土红壤肥力的演化[J]．化学和生物学肥力的演化．土壤学报，1999，37(2)：203～216

173. 孙承兴，王世杰，周德全，李瑞玲，李艳丽．碳酸盐岩差异性风化成土特征及其对石漠化形成的影响[J]．中国岩溶，2002，4：308～314

174. 覃小群．桂中岩溶干旱的特征及综合治理对策[J]．桂林工学院学报，2005，25(3)：278～283

175. 田汉勤．陆地生物圈动态模式：生态系统模拟的发展趋势[J]．地理学报，2002，57(4)：379～388

176. 童立强，丁富海．西南岩溶石山地区石漠化遥感调查研究[A]．中国地质调查局，中国岩溶地下水与石漠化研究论文集[C]．南宁：广西科技出版社，2003：36～45

177. 屠玉麟．贵州喀斯特地区生态环境问题及其对策[J]．贵州环保科技，2000，6(1)：1～6

178. 屠玉麟．贵州喀斯特农业生态环境的类型划分[J]．中国岩溶，1991，10(2)：127～136

179. 屠玉麟．岩溶生态环境异质性特征分析—以贵州岩溶生境为例[J]．贵州科学，1997，15(3)：176～181

180. 万军，蔡运龙．应用线性光谱分离技术研究喀斯特地区土地覆被变化－以贵州省关岭县为例[J]．

地理研究，2003，22(4)：439～446

181. 万军．贵州省喀斯特地区土地退化及生态重建研究进展[J]．地球科学进展，2003，18(3)：447～453

182. 王德炉，喻理飞，熊康宁．喀斯特石漠化综合治理初步评价－以花江为例[J]．山地农业生物学报，2005，24(3)：233～238

183. 王德炉，朱守谦，黄宝龙．贵州喀斯特石漠化的类型及程度评价研究[J]．生态学报，2005，25(5)：1057～1063

184. 王德炉，朱守谦，黄宝龙．石漠化的概念及其内涵[J]．南京林业大学学报(自然科学版)，2004，28(6)：87～90

185. 王德炉，朱守谦，黄宝龙．石漠化过程中土壤理化性质变化的初步研究[J]．山地农业生物学报，2003，22(3)：204～207

186. 王德炉．喀斯特石漠化的形成过程及防治研究[D]．南京林业大学，2003

187. 王克林，章春华．湘西喀斯特山区生态环境问题与综合整治战略[J]．山地学报，1999，17(2)：125

188. 王明章．贵州省岩溶地下水资源及其开发利用[A]．中国地质调查局，中国西南地区岩溶地下水资源开发利用[C]．北京：地质出版社，2006：35～61

189. 王明章．论岩溶石漠化地质背景及其研究意义[J]．贵州地质，2003，20(2)：63～67

190. 王明章．岩溶石漠化治理问题研究[J]．贵州地质，2004，21(1)：48～53

191. 王桥 等．环境遥感[M]．北京：科学出版社，2005

192. 王世杰 等．碳酸盐岩风化成土作用的初步研究[J]．中国科学(D辑)，1999，29(5)：441～449

193. 王世杰，季宏兵，欧阳自远 等．碳酸盐岩风化成土作用的初步研究[J]．中国科学(D辑)，1999，29(5)：441～449

194. 王世杰，李阳兵，李瑞玲．喀斯特石漠化的形成背景、演化与治理[J]．第四纪研究，2003，23(6)：657～666

195. 王世杰，欧阳自远，刘秀明，贵州岩溶地区土层的物质来源、成土过程、年代学及与石漠化相关性研究[J]．矿物岩石地球化学通报，2006，25(Supplement)：15～19

196. 王世杰，孙承兴，周德全 等．贵州高原岩溶台地红色风化壳的物源辨析[J]．第四纪研究，2002，22(6)：107

197. 王世杰．喀斯特石漠化的成因与防治．见李喜先主编．21世纪100个科学难题[M]．北京：科学出版社，2005，320～326

198. 王世杰．喀斯特石漠化概念演绎及其科学内涵的探讨[J]．中国岩溶，2002，21(2)：101～105

199. 王宇，张贵．滇东岩溶高原石漠化及防治对策[A]．中国地质调查局，中国岩溶地下水与石漠化研究论文集[C]．南宁：广西科技出版社，2003：26～35

200. 王宇．云南暗河水资源开发利用条件及典型工程研究[A]．中国地质调查局．中国西南地区岩溶地下水资源开发利用[C]．北京：地质出版社，2006：11～34

201. 王在高，梁虹，杨明德．喀斯特流域地貌类型对枯水径流的影响—以贵州省河流为例[N]．地理研究，2002，21(4)：441～448

202. 王濯凝．我国岩溶研究的一些新进展[J]．中国岩溶，1996，15(4)：398～401

203. 韦启番．我国南方喀斯特区侵蚀特点及防治途径[J]．水土保持研究，1996，3(4)：72～76

204. 韦启蟠．热带亚热带喀斯特地区土壤退化与对策[A]．见：龚子同主编．土壤环境变化[C]．北京：中国科学技术出版社，1992. 183～187

205. 魏鲁明，陈正仁，张丛贵．茂兰兰科植物的区系特点和生态分布[J]．见：朱守谦主编．喀斯特森林生态研究(Ⅱ)．贵阳：贵州科技出版社，1997，173～181

206. 魏鲁明，朱守谦，李援越．茂兰喀斯特森林数量分类初步研究[J]．见：朱守谦主编．喀斯特森林

生态研究(Ⅰ). 贵阳：贵州科技出版社，1993，22～51

207. 翁金桃. 桂林岩溶与碳酸盐岩[M]. 重庆：重庆出版社，1998

208. 熊康宁，黎平，周忠发 等. 喀斯特石漠化的遥感-GIS 典型研究—以贵州省为例[M]. 北京地质出版社，2002

209. 熊康宁. 喀斯特地区环境移民生态重建与经济协调发展[ ]. 见：贵州省科学技术协会编. 贵州喀斯特地区生态环境建设与经济协调发展学术研讨会论文集[C]. 1999，69～75

210. 徐樵利. 中国南方石灰岩荒山开发利用新探[J]. 自然资源学报，1993，8(2)：115～121

212. 延军平 等. 跨世纪全球环境问题及行为对策[M]. 科学出版社，1999

213. 阳含熙，卢泽愚. 植物生态学的数量分类方法[M]. 北京：科学出版社，1981，16～32

214. 杨成涛，谢云华. 滇东高原的石漠化治理[J]. 国土绿化，2004(1)：28

215. 杨汉奎，程仕泽. 贵州茂兰喀斯特森林群落生物量研究[J]. 生态学报，1991，11(4)：307～311

216. 杨汉奎. 脆弱岩溶生态. 贵州岩溶环境研究[C]，贵州人民出版社，1988

217. 杨汉奎. 喀斯特环境研究的展望. 贵州环保科技，1996，(2)：1～5

218. 杨汉奎. 喀斯特荒漠化及其灾难. 长江流域山地开发与灾难防治[M]. 北京：地图出版社，1992

219. 杨继镐，汪炳根，唐俊. 广西大青山石灰岩山地土壤理化性质的演替及其造林绿化[J]. 林业科学，1990，26(5)：402～409

220. 杨立铮. 中国南方地下河的分布[J]. 中国岩溶，1985，4(1～2)：92～100

221. 杨勤业，李双成. 中国生态地域划分的若干问题[J]. 生态学报，1999，19(5)：596～601

222. 杨胜天，朱启疆. 贵州典型喀斯特环境退化与自然恢复速率[J]. 地理学报，2000，55(4)：459～465

223. 杨胜天，朱启疆. 论喀斯特环境中土地退化的研究[J]. 中国岩溶，1999，18(2)：169～175

224. 杨有林，贾晓霞，卢琦. 浅析亚非防治荒漠化合作框架的可行性与现实意义[J]. 世界林业研究，2000，13(3)：26～31

225. 杨玉盛，何宗明，林光耀等. 退化红壤不同治理模式对土壤肥力的影响[J]. 土壤学报，1998，35(2)：276～282

226. 姚长宏，蒋忠诚，袁道先. 西南喀斯特地区植被喀斯特效应[J]. 地球学报，2001，22(2)：159～164

227. 姚长宏，杨桂芳，蒋忠诚. 贵州省岩溶地区石漠化的形成及其生态治理[J]. 地质科技情报，2001，20(2)：75～82

228. 伊武军 等. 资源、环境与可持续发展[M]. 北京：海洋出版社，2001

229. 殷建强. 贵州省石漠化生态恢复主要治理模式总结与探索[J]. 贵州林业科技，2005，33(3)：52～57

230. 喻理飞，朱守谦，叶镜中 等. 退化喀斯特森林自然恢复评价研究[J]. 林业科学，2000，36(6)：12～19

231. 喻理飞，朱守谦，叶镜中. 退化喀斯特森林自然恢复过程中群落动态研究[J]. 林业科学，2002，38(1)：1～7

232. 喻理飞等. 退化喀斯特群落自然恢复过程研究—自然恢复演替系列[J]. 山地农业生物学报，1998，17(2)：71～77

233. 喻理飞，朱守谦，叶镜中 等. 人为干扰与喀斯特森林群落退化及评价研究[J]. 应用生态学报，2002，13(5)：529～532

234. 喻甦，但新球，吴协保. 石漠化土地综合治理模式探讨[J]. 中南林业调查规划，2003，22(3)：18～21

235. 袁道先，蔡桂鸿. 喀斯特环境学[M]. 重庆：重庆出版社，1988：24～33

236. 袁道先，刘再华，林玉石，等. 中国岩溶动力系统[M]. 北京：地质出版社，2002

237. 袁道先．全球岩溶生态系统对比：科学目标和执行计划[J]．地球科学进展，2001，16(4)：461～466

238. 袁道先．我国西南岩溶石山的环境地质问题[J]．世界科技研究与发展，1997，5：93～97

229. 袁道先．中国岩溶学[M]．北京：地质出版社，1993

240. 曾馥平，王克林．桂西北喀斯特地区6种退耕还林(草)的效应[J]．农村生态环境，2005，21(2)：18～22

241. 曾意纯 等．石灰岩山地造林树种[J]．湖南环境生物职业技术学院学报，2001，7(4)：10～12

242. 张殿发，欧阳自远，王世杰．中国西南喀斯特地区人口、资源、环境与可持续发展[J]．中国人口资源与环境，2001，11(1)：77～81

243. 张殿发，王世杰，周德全等．贵州省喀斯特地区土地石漠化的内动力作用机制[J]．水土保持通报，2001，21(4)：1～5

244. 张惠远，蔡运龙，万军．基于TM影象的喀斯特山地景观变化研究[J]．山地学报，2000，18(1)：18～25

245. 张惠远，王仰麟．山地景观生态规划—以西南喀斯特地区为例[J]．山地学报，2000，18(5)：445～452

246. 张明，张凤海．茂兰喀斯特森林下的土壤．见：周政贤主编．茂兰喀斯特森林科学考察集[M]．贵阳：贵州人民出版社，1987，111～123

247. 张萍，曾信波．植被蓄水保土功能研究[J]．山地农业生物学报，1999，18(5)：300～304

248. 张卫，覃小群，易连兴等．滇黔桂湘岩溶水资源开发利用[M]．武汉：中国地质大学出版社，2004

249. 张永生 等．遥感图像信息系统[M]．北京：科学出版社，2000

250. 赵锐等．中国环境与资源遥感应用[M]．北京：气象出版社，1999

251. 赵晓英，陈怀顺，孙成权．恢复生态学—生态恢复的原理与方法[M]．北京：中国环境科学出版社，2001

252. 郑永春，王世杰．贵州山区石灰土侵蚀及石漠化的地质原因分析[J]．长江流域资源与环境，2002，11(5)：461～465

253. 中国地质调查局，中国地质科学院岩溶地质研究所．中国西南地区岩溶地下水资源开发与利用[M]．北京：地质出版社，2006

254. 中国地质调查局．中国岩溶地下水与石漠化研究[M]．南宁：广西科学技术出版社：2003

255. 中国地质科学院岩溶地质研究所，中国西南环境地质图[M]．地质出版社，1997

256. 中国科学院《中国自然地理》编辑委员会．中国自然地理地貌[M]．北京：科学出版社，1981

257. 中国科学院《中国自然地理》编辑委员会．中国自然地理—总论[M]．北京：科学出版社，1985，363～372

258. 中国科学院地质研究所岩溶研究组，中国岩溶研究[M]．北京：科学出版社，1979

259. 钟爱平．贵州喀斯特地区水土保持综合治理及生态农业建设典型模式探讨—以毕节市观音河流域为例[J]．贵州环保科技，2000，6(1)：56～60

260. 钟详浩，何毓成，刘淑珍．长江上游防护林体系建设(乌江流域)[M]．成都：四川科技出版社，1992：102～135

261. 周成虎 等．遥感影像地学理解与分析[M]．北京：科学出版社，2001

262. 周德全，王世杰，张殿发．关于喀斯特石漠化研究问题的探讨[J]．矿物岩石地球化学通报，2003，22(2)：127～132

263. 周劲松．山地生态系统的脆弱性与荒漠化[J]．自然资源学报，1997，12(1)：10～15

264. 周游游，霍建光，刘德深．岩溶化山地土地退化的等级划分与植被恢复初步研究—以湘西洛塔河流域坡耕地为例[J]．中国岩溶，2000，19(3)：268～274

265. 周政贤．贵州石漠化退化土地及植被恢复模式研究[J]．贵州科学，2001，19(4)：22～26

266. 周政贤．正视石漠化[J]．当代贵州，2001

267. 周政贤，毛志忠，喻理飞 等．贵州石漠化退化土地及植被恢复模式[J]．贵州科学，2002，20(1)：1～6

268. 周政贤主编．贵州森林[M]．贵阳：贵州科技出版社，1992

269. 周政贤主编．茂兰喀斯特森林科学考察集[M]．贵阳：贵州人民出版社，1987，1～23

270. 周忠发，黄路迦．喀斯特地区石漠化与地层岩性关系分析—以贵州高原清镇市为例[J]．水土保持通报，2003，23(1)：19～22

271. 朱守谦，何纪星，祝小科等．喀斯特森林小生境特征初步研究．见：朱守谦主编．喀斯特森林生态研究(Ⅰ)[M]．贵阳：贵州科技出版社，1993，52～61

272. 朱守谦，何纪星，祝小科．乌江流域喀斯特区造林困难程度评价及分区[J]．山地农业生物学报，1998，17(3)：129～134

273. 朱守谦，喻理飞，雷维良．乌江流域水土流失现状初步研究[J]．贵州农学院丛刊，1991，17(1)：18～24

274. 朱守谦，祝小科，喻理飞．贵州喀斯特区植被恢复的理论和实践．见：贵州喀斯特地区生态环境建设与经济协调发展学术研讨会论文集[C]．贵阳，1999，153～160

275. 朱守谦．喀斯特森林生态研究．见：朱守谦主编．喀斯特森林生态研究(Ⅱ)[M]．贵阳：贵州科技出版社，1997，1～8

276. 朱守谦．茂兰喀斯特森林初析．见：周政贤主编．茂兰喀斯特森林科学考察集[M]．贵阳：贵州人民出版社，1987，210～223

277. 朱守谦等．乌江流域喀斯特石质山地水分特征研究．见：森林生态环境、山区综合开发、天然林保护学术讨论会论文集[C]

278. 朱守谦主编．喀斯特森林生态研究(Ⅲ)[M]．贵阳：贵州科技出版社，2003

279. 朱守谦主编．喀斯特森林生态研究[M]．贵阳：贵州科技出版社，2003

280. 朱学稳．峰林喀斯特的性质及其发育和演化的新思考(1)[J]．中国岩溶，1991，10(1)：51～62

281. 朱学稳．峰林喀斯特的性质及其发育和演化的新思考(2)[J]．中国岩溶，1991，10(2)：137～150

282. 朱学稳．峰林喀斯特的性质及其发育和演化的新思考(3)[J]．中国岩溶，1991，10(3)：171～182

283. 朱震达，崔书红．中国南方的土地荒漠化问题[J]．中国沙漠，1996，16(4)：331～337

284. 朱震达，吴焕忠等．中国荒漠化(土地退化)防治研究[M]．北京：中国环境科学出版社，1998

285. 朱震达．中国土地荒漠化的概念、成因与防治[J]．第四纪研究，1998，(2)：145～153

286. 祝小科，朱守谦．乌江流域喀斯特石质山地植被自然恢复配套技术[J]．贵州林业科技，1998，26(4)：7～14

287. 祝小科，朱守谦，刘济明．乌江流域喀斯特石质山地植被自然恢复配套技术[J]．贵州林业科技，1998，26(4)：7～14

288. 祝小科，朱守谦．喀斯特森林自然恢复过程的实验研究初报．见：朱守谦主编．喀斯特森林生态研究(Ⅱ)[M]．贵阳：贵州科技出版社，1997，142～147

289. 祝小科．光皮桦生殖生态学初步研究—结实量和幼苗幼树数量．见：朱守谦主编．喀斯特森林生态研究(Ⅱ)[M]．贵阳：贵州科技出版社，1997，108～117

290. 邹成杰，何宇彬．喀斯特地貌发育的时空演化问题初论[J]．中国岩溶，1995，14(1)：49～59